刊行にあたって

一般財団法人厚生労働統計協会では，厚生労働統計や厚生労働行政の動向について広く一般国民に知っていただく趣旨で，「国民衛生の動向」などの専門誌を発刊して参りました。そうした取り組みの１つとして，月刊誌「厚生の指標」において，保健医療や介護などを対象とする若手研究者等による論文の投稿を広く受け付け，査読のうえ掲載し，その活動を奨励してきているところです。

近年，看護師，栄養士等の保健医療や介護などに携わる専門職のキャリアアップのために，研究発表や論文投稿が求められるようになって参りました。それに伴い，統計分析を用いた量的研究について学び直す機会を求める声が聞かれるようになってきました。

そこで，看護師，栄養士等の医療関係専門職が量的研究を学ぶために必要な研修カリキュラム等について，聖路加国際大学元学長の井部俊子名誉教授に，当協会の委託研究としてご検討いただきました。その結果を踏まえ，令和元年から，看護系や栄養分野の若い研究者や現場の看護師，栄養士等の医療関係専門職の方を対象として，気鋭の研究者等を講師とする「医療職のための統計セミナー」を開始いたしました。新型コロナウイルス感染症の感染拡大以降は，オンライン研修に切り替えましたが，毎回，全国から多数の医療職の皆様の参加をいただいております。

この中で，限られた講義時間では必ずしも伝えきれない内容や，さらに量的研究について体系的に学ぼうとする方々へのニーズに対応するため，セミナーの開催と併せ，書籍を発刊することとした次第です。

本書は，このセミナーの当初からご参画いただいている順天堂大学の坂巻准教授と東京理科大学の篠崎准教授がとりまとめと編集を担当し，本セミナーの講師を中心とする専門家の先生方が分担執筆をしたものであります。本書の趣旨や内容については，坂巻，篠崎両先生による「まえがき」をご覧いただきたいと思います。

当協会は，本年をもって，1953（昭和28）年の創立以来70年を迎えることとなりました。この間の政府や関係者，そして誰よりも国民一人ひとりの努力により，わが国は，今では世界一を争う長寿国となるに至りました。わが国の衛生に関する統計や知識の普及啓発も，地道な活動ではありますが，その一助になったと自負しております。今後も，さらにこうした取り組みを進め，社会に貢献して参りたいとの決意を込め，本書を「厚生労働統計協会創立70周年記念誌」といたします。

本書が，現場での研究発表や量的研究を志す医療関係専門職の皆様の取り組みに少しでも役立てることができれば，これに勝る喜びはありません。

2023年10月

一般財団法人　厚生労働統計協会

会長　松谷　有希雄

本書の読者へ（編者まえがき）

本書は，厚生労働統計協会が発行している『厚生の指標』の連載「医療職のための統計シリーズ 医療職のための学び直し－研究デザインから論文報告までの生物統計学の道標－」を改訂して作成されたものである。連載の企画目的は，学会発表や論文投稿の経験がある医療職，特に生物統計学（医療統計学や医学統計学などとも呼ばれる）を何らかの形で学んだ経験があり，統計手法を使ったことはあるものの，さらに理解を深めたいと感じている方に向けて，生物統計学の観点から研究の基盤を学ぶ機会を提供することである。

本書の特長は，「研究立案から論文報告」までに必要な生物統計学に関する内容を網羅し，上記のような研究に携わる医療職の方を想定して「再入門」の観点から書かれていることである。統計学や生物統計学に多少なりとも触れたことのある方には，生物統計学に関する基礎的な内容について新たな視点で書かれた説明が補助線となって，より本質的な内容を自身の言葉で理解するために役立てていただけるだろう。

生物統計学の「入門書」は，統計的には正しいが，数学的・抽象的な表現を含む専門家育成を意図した入門書か，統計的には必ずしも正しくはないが，わかりやすさを追求した，いわゆる統計ユーザーに向けた入門書が多い。いずれの入門書も研究を直接的・間接的にサポートするうえで意義はあると思われるが，特に「ハウツー」に特化した後者のような入門書は，「わかった気にはなれる」ものの，読者が本当に必要としているものを正しく与えないかもしれない。例えば，手元のデータに合わせて統計手法を選択させるハウツー本の「フローチャート」は誰にとってもわかりやすく，自身の研究で統計解析を行ううえでの根拠資料として大変重宝しそうである。しかし，そういったフローチャートが実際の統計的問題に対して正しく対処しないことも多く，下手をすると統計的な理論が示すものと真逆の示唆を与えていることもある。また，「ハウツー」で見知ったことが正しく理解したことと取り違えてしまうと，質の低い学会・論文発表をするか，ひどい場合は査読で厳しい指摘を受けて発表すらできなくなることもある。

本書は，なるべく専門用語（ジャーゴン）を避けるか，使用する場合はかみ砕いた説明を添えることを意識してはいるが，それでも専門的な内容も多く，立ち止まりながら読まないとすぐには理解が難しい場面もあると思う。しかし，本書を何度も読み直していただければ，質の高い投稿論文や研究発表につなげることができると信じている。

想定する読者は，まずは，医師・歯科医師，看護師，保健師，助産師，理学療法士，臨床検査技師，栄養士などのあらゆる医療職で，特に，研究のために統計手法を用いる方々である。さらに，一般の統計学や生物統計学の教科書には書かれていない重要な内容，新たな視点での解説を多く含んでいることから，生物統計学を学びたい，学び直したい方々全員が本書の対象になる。例えば，大学・大学院で一般的な統計学や生物統計学などの講義を受けた方にとっても，取り組んでいる統計解析を伴う研究や仕事の本質を理解する助けになるだろう。また，生物統計学が専門ではないものの，大学などで量的研究について教える立場の方々には他の教科書とは異なる視点を得ていただく機会となり，幅広く教育の充実に本書が寄与することを期待している。さらには，医療・ヘルスケアに関わる企業で新たな薬剤や機器の開発，リアルワールドデータの利活用を行っている方々にとっても有益な内容を提供できる。本書のような形でまとまった成書は他にないので，幅広く，多くの方々に読んでいただきたい。

現在，様々な解析ソフトウェアの発展も手伝って，生物統計学を用いることは難しくなくなったが，正しく使うことはいまだに難しい。そのために，生物統計家や生物統計学者という専門家がいる。これは他の分野でも同様であろう。例えば，想定される読者である医療職の方々もそれぞれが専門性を持っているわけだが，その方々が自身の専門領域の内容は簡単だと思うことはないのではないだろうか。ある専門領域の内容を正しく理解することが難しいのは当然である。身の周りに生物統計学の専門家がいれば協同・協働することもできるが，誰もが専門家と一緒に仕事できる環境にあるわけではない。また，生物統計家と協同・協働するにしても，最低限の生物統計学に関する素養が必要となることもある。このような背景を踏まえて本書は書かれている。正しさのために難しい内容を扱ってはいるが，いきなり難解な数式の解説をするのではなく，読者が統計手法を正しく理解するために必要な補助線を引くことで，本質的な理解の助けになるように心掛けた。非専門家の方々にこそ，本書で生物統計学に「再入門」してほしい。

2023年10月

坂巻顕太郎，篠崎智大

目　次

第1回　医学系研究における生物統計学の役割 …… 6
第2回　量的研究におけるリサーチクエスチョンの立て方 …… 15
第3回　リサーチクエスチョンに対応する臨床研究デザインの型 …… 22
第4回　分析研究で用いる代表的な臨床研究デザインとその特徴 …… 29
第5回　データの分布と1変数の要約 …… 38
第6回　2つの変数の関係と要約 …… 47
第7回　推測の基礎 …… 56
第8回　検定とp値 …… 68
第9回　臨床研究で注意をしたい代表的なバイアス …… 82
第10回　交絡バイアスに対処するための方法 …… 90
第11回　回帰モデル …… 98
第12回　イベント発症リスクに対する回帰モデル …… 110
第13回　発症や治癒までの期間を考慮する …… 125
第14回　回帰モデリング …… 136
第15回　無計画な解析における問題 …… 149
第16回　データ数に関する議論 …… 162
第17回　統計解析ソフトRによる図表の作成と統計解析 …… 172
第18回　文献検討の進め方 …… 184
第19回　既存データの利用 …… 191
第20回　メタアナリシスの紹介 …… 196
第21回　報告ガイドラインの紹介 …… 205
第22回　記述疫学 …… 214
第23回　質問紙の作り方 …… 221
第24回　スクリーニング検査の評価 …… 230
あとがき …… 242
監修・執筆 …… 243
索引 …… 244

第1回　医学系研究における生物統計学の役割

坂巻　顕太郎

1．はじめに

臨床現場で生じる疑問（clinical question）は，科学的に答えられる疑問（research question）に翻訳し，その答えをデータから探索・検証することが重要である。データを適切に扱うには，どのようにデータを集めるか，集めたデータをどのように解析するか，解析結果をどのように解釈するか，といった一連を考える必要がある。そのためには，（生物）統計学の基本的な知識を有していることが望ましい。

今回は，介入効果を評価する研究の位置づけ，研究デザインとエビデンスレベル，論文報告におけるデータや解析結果の提示，データの見方を概説し，研究のために生物統計学を利用する非専門家が生物統計学を学ぶ際のポイントを俯瞰する。以下では，詳細な用語の説明などはせずに解説が進むことがあるが，それらは**第2回**以降に解説がなされるので，適宜，参照してほしい。

2．介入効果を評価する研究の実施

介入効果を評価する研究は，**図1**のようなプロセスで実施する。これらのプロセスは常に直線的に進むわけではなく，研究の実施可能性などを考えながら各段階を行ったり来たりする。その際，データに関する知識，つまり，研究の対象とする領域（ドメイン）の専門知識と生物統計学の知識が必要となる。専門知識とは，例えば，医学，看護学，栄養学などの知識のことであり，臨床的疑問を研究仮説に変換する，データ収集の方法（研究デザイン）の実現可能性を考える，解析結果を解釈する，など様々な場面で必要となる。生物統計学の知識は，データ解析や解析結果の解釈のみで必要となるわけではなく，臨床的疑問に答えるためのデータをどのように得るかを考える

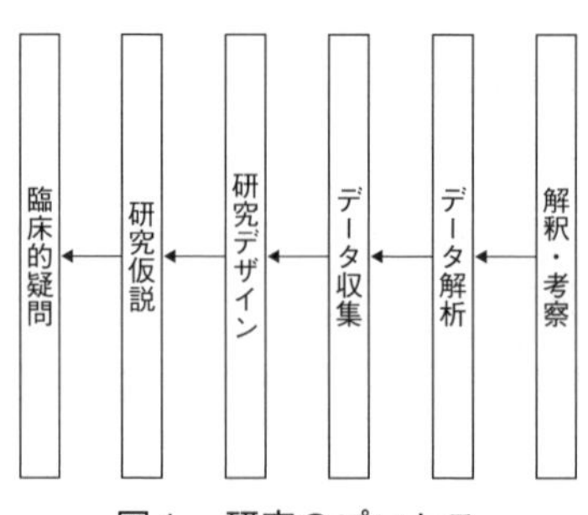

図1　研究のプロセス

際にも必要となる。つまり，研究仮説や研究デザインを考える際にも生物統計学の知識が必要といえる。これらの知識を組み合わせて研究は実施される。

ここで注意してほしいのは，介入効果を評価する研究を実施するには，関連するいくつもの研究が必要となることである。例えば，「職場環境の改善」という介入が，「(職員の) ストレス」というアウトカムを改善するかどうかを評価する研究の実施を考える。この研究を実施する前には，臨床的疑問を明確にする，測定方法を確立する，研究デザインやデータ解析の方法を確立する，などの研究が必要となる。例えば，職場環境が悪化しているかどうか，職員がどの程度のストレスを感じているかどうか，といった記述的研究により，解決すべき臨床的疑問が明確になる。また，ストレスを評価するためには，ストレスを測定するための尺度が必要となり，質問票を新たに開発する，既存の測定方法の妥当性や信頼性を検証するなどの研究が必要となる。職場環境の改善（介入）は，個人に対してではなく，会社や部署などの集団（クラスター）に対して実施される可能性があり，それに対応するクラスターランダム化などの研究デザイン（データ収集）や解析方法の方法論に関する研究が必要となる。また，ストレスに影響する因子（リスク因子，効果予測因子など）の探索や介入効果の経済評価など，介入効果の評価後にも数多くの研究が実施される。これらの研究もデータを用いた評価を行うため，統計学的手法が必要となる。介入効果を評価する研究における生物統計学の役割を概観する際は，これらの研究が介入効果を評価する研究につながっていることや生物統計学の役割が関連していることを意識することが望ましい。

3．介入効果を評価する研究に関するエビデンスと研究報告

介入効果を評価する研究を実施する際，データ収集の方法，研究デザインを意識することが重要である。なぜなら，研究デザインに応じてデータ解析の方法は変わり，得られるエビデンスの強さも変わるからである。医学系研究におけるエビデンスレベルは，現在のところ，**図2**のような形で分類されている。**図2**は，上に位置する研究デザインを適切に用いた研究のほうが高いレベルのエビデンスを与えられることを意味する。例えば，ランダム化比較試験とランダム化を伴わない介入試験では，介入ありの対象者のデータと介入なしの対象者のデータの比較可能性（介入効果を適切に評価できるかどうか）の水準が異なる。データを前向きに収集する研究デザイン（ランダム化比較試験や前向きコホート研究など）は研究仮説に答えるためのデータ収集の方法を検討できる一方で，研究とは無関係に収集されたデータ（カルテデータやレジストリデータなど）を用いる研究（後ろ向き観察研究など）では適切なデータ収集ができない可能性がある。このようなデータの質はエビデンスレベルに影響する。また，データの質はデータ解析の方法とも関連している。簡単には，群間比較などの単純な解析方法を用いるか，回帰モデルをはじめとするモデル（仮定）に基づく解析方法を用いるかの違いがある。

研究デザインは，論文で報告すべき事項とも関連している。なぜなら，研究デザイ

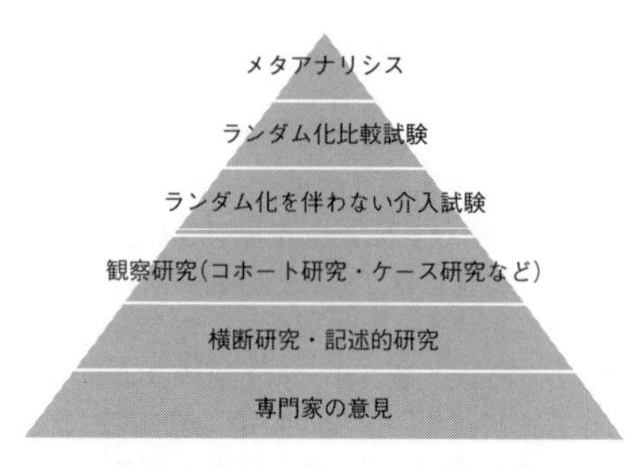

図2　研究のエビデンスレベル

ンはデータや解析方法と関連しており，最終的には，結果の解釈に影響を与えるからである。どのような研究デザインを用いたとしても，基本的には，図1のような研究のプロセスを構造化して論文に記載することを考えればよい。データに関連する事項を記載する際は，特に，生物統計学の知識が必要となる。実際には，記載に関する推奨を研究目的や研究デザインごとにまとめた報告ガイドラインを参照して，報告の質を担保することが望ましい。

報告ガイドラインに関しては，Enhancing the QUAlity and Transparency Of health Research（EQUATOR）Network Library[1]にまとめられている。表1は報告ガイドラインの一部であり，様々な拡張（extensions）も存在する。これらのうち，例えば，疫学における観察研究の報告に対する推奨を記したSTROBE（The Strengthening the Reporting of Observational Studies in Epidemiology）声明[2) 3)]では，論文タイトル・抄録（項目1），はじめに（項目2，3），方法（項目4－12），結果（項目13－17），考察（項目18－21），その他の情報（項目22），と22項目に関する記載の推奨がなされている。また，研究デザインごとに内容の異なる項目が4項目（項目6，12，14，15）ある。

表1　研究のタイプと報告ガイドライン

研究のタイプ	報告ガイドライン
ランダム化試験（Randomized trials）	CONSORT
観察研究（Observational studies）	STROBE
システマティックレビュー（Systematic reviews）	PRISMA
診断・予後予測研究（Diagnostic／prognostic studies）	STARD
ケース・レポート（Case reports）	CARE
臨床実践ガイドライン（Clinical practice guidelines）	AGREE
質的研究（Qualitative research）	SRQR
非臨床研究（Animal pre-clinical studies）	ARRIVE
経済評価（Economic evaluations）	CHEERS

4．介入効果を評価する研究の論文化におけるデータや解析結果の提示

介入効果の評価に関する臨床的疑問を検討するための研究デザインは，ランダム化比較試験やコホート研究など，いくつか考えられる。以下では，観察研究を想定し，データのフローや解析結果の報告などの結果に関連するSTROBE声明の推奨を踏まえながら，研究デザインや解析方法を俯瞰する。

4.1　観察研究の例

ここでは，心筋梗塞二次予防に関するスタチンの効果を評価する前向きコホート研究を例として考える（以下では，この研究論文を「論文Ⓐ」と呼ぶ）。このとき，臨床的疑問を研究仮説に落とし込んだ場合のPECOは以下のように表現できる。

P（Population，集団）：心筋梗塞を発症した患者
E（Exposure，曝露）：スタチンの使用あり
C（Comparator，比較対照）：スタチンの使用なし
O（Outcomes，結果）：心血管イベントの発症の有無（2値）

実際に研究を行う際は，それぞれをより明確にして，研究デザインや解析方法を考える必要がある。例えば，集団に関して，急性心筋梗塞発症直後の患者，カテーテル治療を受けた患者など，研究の対象集団の適格基準（eligibility criteria）を考える必要がある。また，スタチンの種類や使用方法，イベント発症を評価する期間など，曝露やアウトカムの定義なども明確にしなければいけない。その他，LDLコレステロールや既往歴など，解析に使用するだろうデータ（測定方法）に関する事項の規定も重要である。これらを規定したうえで，論文では，どのようにデータを集めたのか，データにどのような特徴があるか，そのデータからどのような解析結果が得られたのか，を結果として提示する必要がある。

4.2　データの要約

論文では，データの特徴として，データのフロー（**図3**）や解析に用いるデータの要約（**表2**）を「図1」や「表1」に記載することが多い。これらは，研究の内的妥当性（internal validity）と外的妥当性（external validity）を考えるうえで重要となる。簡単には，内的妥当性は比較可能性，外的妥当性は一般化可能性といえる。一般化可能性は，例えば，当該研究から推測される介入の効果が，研究に含まれていない病院の患者や将来の患者に対する効果として考えられるかどうかといったことに関連する。**図3**のようなフローチャートを見ることによって，データが適切に集められたかどうか，解析がどのようなデータに基づいて行われているか，などを考えることができる。

表2は，データの特徴を群ごとにまとめた結果を示している。これによって，解析結果を適用したい集団（推測対象）と当該研究の集団の特徴の違い，比較する群ごとの特徴の違い，などを検討できる。**表2**では，前向きコホート研究のデータの要約と

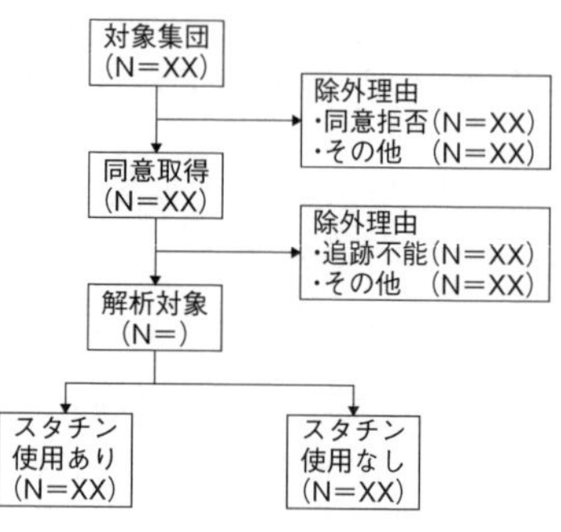

図3　データのフローチャート（論文Ⓐでの図1）

して群ごとの要約を示したが，ケース・コントロール研究の場合は疾患発症の有無別に背景因子を要約するなど，デザインに応じた表のまとめ方を用いる必要がある。また，測定したすべての変数を要約して表にまとめる必要はなく，リスク因子や効果予測因子など，解析結果を解釈するうえで重要となる変数をまとめればよい。

表2のように，名義変数，順序変数，連続変数など，背景因子の型ごとに要約の仕方は異なる。例えば，性別などの名義変数，年齢階級などの順序変数の場合，頻度と割合によって要約する。一方で，年齢などの連続変数の場合，変数の分布に応じて，平均と標準偏差，中央値と四分位範囲（もしくは範囲）などが用いられる。また，年齢やLDLコレステロールなどの連続変数は，解析目的に応じて変数をカテゴリに分けて要約する場合もある（**表2**）。この場合，元の変数の要約も提示したほうがよいこ

表2　比較する群ごとの背景因子の要約（論文Ⓐでの表1）

	スタチン使用あり（N＝1,000）	スタチン使用なし（N＝10,000）	p値	SD[f]（%）
年齢[a]（歳）	55.9(13.4)	48.0(15.2)	<0.001[c]	54.6
<40歳（%）	127(12.7)	3 141(31.4)	<0.001[e]	XX
40－49	178(17.8)	2 614(26.1)		
50－59	282(28.2)	2 037(20.4)		
60－69	272(27.2)	1 195(12.0)		
70≦	141(14.1)	1 013(10.1)		
性別（女性）（%）	602(60.2)	4 966(49.7)	<0.001[e]	21.3
LDLコレステロール[a](mg/dl)	150.2(19.4)	150.0(20.0)	0.727[c]	1.1
HDLコレステロール[a](mg/dl)	50.0(10.1)	50.1(10.1)	0.692[c]	-1.3
中性脂肪[b](mg/dl)	145.1(119.1-181.3)	143.9(119.5-182.6)	0.723[d]	XX
喫煙歴（あり）（%）	144(14.4)	1 124(11.2)	0.003[e]	9.4
糖尿病の既往（あり）（%）	100(10.0)	495(5.0)	<0.001[e]	19.3
高血圧の既往（あり）（%）	691(69.1)	2 964(29.6)	<0.001[e]	85.9

注　a：平均（標準偏差），b：中央値（四分位範囲），c：t検定，d：ウィルコクソン検定，e：χ^2検定，f：standardized difference

とが指摘されている[4]。その他，データに欠測がある場合は欠測数や欠測理由なども提示するなど，データの要約の提示方法にはいくつかの工夫が考えられる[4]。

観察研究で介入効果を検討する場合，比較可能性を検討するために，群間で背景因子の分布が異なるかどうかを確認する。そのために検定を用いることがあり，p 値を比較の結果として記載することがある（**表2**）。しかし，p 値では意味のある群間差を検討できない，p 値を誤用するなどの理由から，要約を記載する表に p 値を載せる意味はないと指摘がされている[4]。理由は異なるが，p 値を載せる必要がないという指摘はランダム化比較試験でもされている[5][6]。観察研究では，背景因子の群間の違いを検討する指標として，標準化差（standardized difference）の利用が提案されている[7][8]。標準化差は，基本的には，データのばらつきも考慮した各背景因子の平均の差であり，連続変数の場合，

$$d = \frac{100 \times (\bar{x}_T - \bar{x}_C)}{\sqrt{\frac{s_T^2 + s_C^2}{2}}}$$

となる。ただし，$\bar{x}_T$はスタチン使用あり（T：Treatment）における背景因子の平均，$\bar{x}_C$はスタチン使用なし（C：Control）における背景因子の平均である。また，s_T^2とs_C^2はそれぞれの群における背景因子の標本分散である。また，2値変数の場合は，

$$d = \frac{100 \times (p_T - p_C)}{\sqrt{\frac{p_T(1 - p_T) + p_C(1 - p_C)}{2}}}$$

となる。ただし，p は2値変数のある水準（例えば，性別における女性）の割合であり，p_Tとp_Cはそれぞれの群での割合である。**表2**ではXXと数値を明示していないが，順序変数や歪んだ分布に従う連続変数に対する標準化差も提案されている[8]。群間での背景因子の分布の違いは背景因子とアウトカム（結果変数）の関係も加味して解釈する必要があるため，標準化差の解釈に関する明確な基準はないが，10%が1つの基準として議論されている[7]。

4.3　介入効果に関する解析結果

介入効果の大きさを表す指標のことを効果指標（effect measure）という。アウトカムが心血管イベント発症のような2値変数の場合，リスク差，リスク比，オッズ比などの効果指標が用いられる。結果変数の型に応じて，研究の目的や解析方法に応じて，用いる効果指標は異なる。効果指標を適切に推定することが重要であり，そのためにどのような解析方法を用いたかを論文で明記する必要がある。

観察研究では，交絡と呼ばれるバイアス（bias）に対処するための解析方法を用いて介入効果の推測を行う。ここでのバイアスは効果指標の正しい値からの推定値のず

れを指しているが，結果を歪めること自体やその要因をバイアスということもある。交絡は，簡単には，比較群間でアウトカムに影響する変数（リスク因子）の分布が異なることにより生じるものである。そのため，**表2**で示したような背景因子の群間での違いを考慮した解析が行われることが多い。しかし，背景因子間の関連なども考慮して用いる変数や解析方法は選択すべきであり，その上で解析結果を解釈すべきである（5節）。

交絡因子（交絡を生じる原因）を調整する方法の1つに，ロジスティック回帰モデルがある。**表3**は，交絡因子と考えられる6つのリスク因子を調整したうえで，スタチンが心血管イベント発症を防いでいるかどうかをロジスティック回帰モデルにより検討した結果をまとめたものである。**表3**のような結果を当該論文の「表2」として提示することが多い。各因子（説明変数）に対するオッズ比は，データの不確実性を考慮して，その95%信頼区間も合わせて提示する必要がある。また，**表3**における p 値はオッズ比が1（結果変数との関連がない，回帰係数が0）かどうかを検討した検定結果である。この p 値は，雑誌によっては記載不要とされている。

回帰モデルは，簡単には，結果変数（効果指標）を説明変数（治療やリスク因子など）により表現するモデルといえる。ロジスティック回帰モデルはオッズ比に関するモデルである。回帰モデルが正しい場合，「興味のある説明変数以外の説明変数をある値で条件付けた」もとでの「興味のある説明変数の結果変数への影響」を評価していることになる。**表3**の場合，例えば，50歳，女性，糖尿病の既往なし，喫煙歴あり，高血圧の既往あり，LDLコレステロール150mg／dlにおけるスタチン使用の効果はオッズ比で0.30と考えられる。ただし，回帰モデルでは，推定された効果は説明変数の値によらず一定と仮定している。**表3**において，すべての交絡因子が回帰モデルに含まれている（回帰モデルが正しい）とすると，交絡調整に関する考え方の1つ（交絡因子が等しい対象に絞ることによるバイアスの除去）から，スタチン使用に関するオッズ比0.30は介入効果として解釈できる。

5．データをより深く理解するための検討

4節では論文に記載するデータに関する事項を概説したが，実際の研究では，それ

表3　ロジスティック回帰モデルのまとめ（論文Ⓐでの表2）

	オッズ比	95%信頼区間	p値
スタチン（有／無）	0.30	0.12-0.75	0.01
年齢（10歳ごと）	0.98	0.77-1.25	0.87
性別（女性／男性）	1.40	0.66-2.97	0.38
糖尿病の既往（有／無）	2.82	1.25-6.36	0.01
喫煙歴（有／無）	3.03	1.03-8.91	0.04
高血圧の既往（有／無）	1.84	0.68-4.98	0.23
LDLコレステロール	1.00	0.99-1.11	0.89

ら以外にもデータに対する検討がなされている。例えば，**表2**では平均などの指標を利用して背景因子を要約した結果だけを示しているが，ヒストグラムなどのグラフを用いた分布の検討も行っているかもしれない。また，**表3**におけるスタチン使用に関するオッズ比を解釈したが，交絡因子（リスク因子）のオッズ比を解釈するための検討も行っているかもしれない。ここでは，**表3**を解釈する際のデータに関する視点を概説する。

回帰モデルにおける交絡因子（介入以外の説明変数）のオッズ比は，「説明変数間」と「説明変数と結果変数間」の関係が明瞭でなければ解釈することができない[9)]。例として，スタチンの介入効果を評価する研究において，心血管イベント発症に対するLDLコレステロールの影響を評価したい状況を考える。簡単のため，食事，スタチンがLDLコレステロール以外の説明変数であることを想定する（**図4**）。図では，矢印の方向に変数が影響を与えていることを意味する。**図4**の変数の関連は，例えば，LDLコレステロールが高いかどうかがスタチン使用に影響し，また，心血管イベント発症にも影響する，といったことを表している。このようなことから，食事とLDLコレステロールが「心血管イベント発症に対するスタチン使用の介入効果」に関する交絡因子になっていることがわかる。ここで，食事とLDLコレステロールを調整する（説明変数とする）ロジスティック回帰モデルを用いてスタチン使用の介入効果を推測する場合を考える。このとき，そのロジスティック回帰モデルにおけるLDLコレステロールのオッズ比は，**図4**の変数の関連を考慮すると，LDLコレステロールと心血管イベント発症の関連の一部しか表していないと解釈される。

図4では，LDLコレステロールが直接的に心血管イベント発症に影響している部分，スタチンを介して間接的に心血管イベント発症に影響している部分が表現されている。食事は，LDLコレステロールと心血管イベント発症の関係を歪める要因となっている（スタチンの介入効果の評価における背景因子の関連の存在）。このとき，回帰モデルを用いて「食事」と「スタチン使用」を条件付けてしまうと，LDLコレステロール→スタチン→心血管イベント発症の関係性を見ることができなくなる。そのため，LDLコレステロール，食事，スタチンを説明変数とする心血管イベント発症に関するロジスティック回帰では，LDLコレステロールと心血管イベント発症の全体的な関係

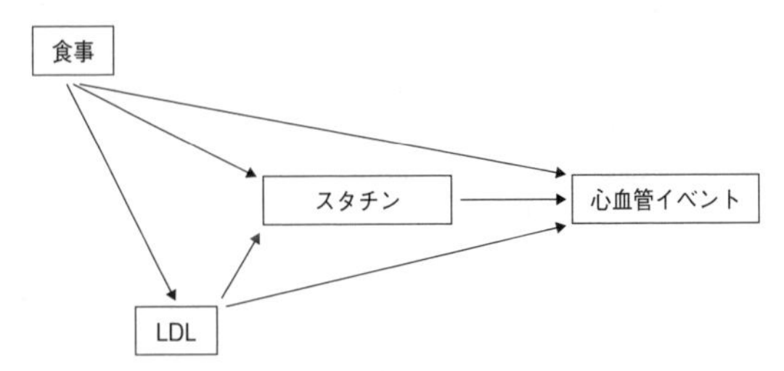

図4　LDLコレステロール，食事，スタチンと心血管イベント発症の関係

は示していないことになる。**表3**（論文Ⓐにおける「表2」）においても問題は同様であり，交絡因子に対するオッズ比を解釈する際は変数の関係を考える必要がある。その他，（統計的・生物学的）交互作用などの変数の関係も考慮して，解析方法の選択や解析結果の解釈は行われる。

6．おわりに

今回は，研究のプロセス，研究デザイン，論文報告におけるデータに関連する事項，データを理解するための検討を概説してきた。研究のプロセスからも明らかであるが，データがあるから研究を実施するわけではなく，臨床的疑問に答えるために研究は実施される。目的がなければ，データはただの数字であり，それをどう扱うかは決まらない。データドリブン（data driven）を誤解せず，研究は適切に実施しなければならない。そのうえで，研究仮説の明確化，研究デザインの選択，データ解析，結果の解釈，のそれぞれで生物統計学が役割を果たすことができる。各節では明示していないが，例えば，PECOにおけるアウトカムの設定，対応するデータ収集のためのデザイン，デザインに対応するデータ解析，回帰モデルの仮定に基づいた解釈などに生物統計学が必要となる。研究において生物統計学が役割を果たすポイントを今回で把握することにより，各回の理解が進むことを期待する。

文　　献

1）Enhancing the QUAlity and Transparency Of health Research. Reporting guideline, 2018.（https://www.equator-network.org/reporting-guidelines/）2018.11.14.

2）von Elm E, Altman DG, Egger M, et al. STROBE Initiative. The Strengthening the Reporting of Observational Studies in Epidemiology（STROBE）statement: guidelines for reporting observational studies. *PLoS Med* 2007；4（10）: e296.

3）Vandenbroucke JP, von Elm E, Altman DG, et al. STROBE Initiative. Strengthening the Reporting of Observational Studies in Epidemiology（STROBE）: explanation and elaboration. *PLoS Med* 2007；4（10）: e297.

4）Hayes-Larson E, Kezios KL, Mooney SJ, et al. Who is in this study, anyway? Guidelines for a useful Table 1. *J Clin Epidemiol* 2019；114 : 125-32.

5）Schulz KF, Altman DG, Moher. CONSORT Group. CONSORT 2010 statement: updated guidelines for reporting parallel group randomised trials. *PLoS Med* 2010；7（3）: e1000251.

6）Moher D, Hopewell S, Schulz KF, et al. CONSORT 2010 explanation and elaboration : updated guidelines for reporting parallel group randomised trials. *BMJ* 2010；340 : c869.

7）Austin PC. Using the standardized difference to compare the prevalence of a binary variable between two groups in observational research. *Communications in statistics-simulation and computation* 2009；38（6）: 1228-34.

8）Yang D, Dalton JE. A unified approach to measuring the effect size between two groups using SAS.（https://support.sas.com/resources/papers/pro ceedings12/335-2012.pdf.）2020.11.13.

9）Westreich D, Greenland S. The table 2 fallacy: presenting and interpreting confounder and modifier coefficients. *Am J Epidemiol* 2013；177（4）: 292-8.

第2回　量的研究における リサーチクエスチョンの立て方

米倉　佑貴

1．はじめに

今回は，量的研究におけるリサーチクエスチョン(research question；研究疑問)や仮説の立て方を扱う。リサーチクエスチョンは研究によって明らかにしたい問いであり，研究の方向性を決める重要なものである。研究デザインや統計解析の方法はリサーチクエスチョンに対する答えを得るために適切なものを選択する必要があり，そのためにはリサーチクエスチョンが明確になっている必要がある。したがって，今回扱う内容は研究を行ううえで最重要といっても過言ではない。以下で詳しく見ていく。

2．様々な疑問とその種類

日々の臨床業務で疑問に思うことは多々あるだろう。例えば，「HbA1cの値は何を表しているか」「ロキソプロフェンナトリウム水和物錠の薬効，副作用は何か」「乳がん患者がピアサポートグループに参加することで生活の質は向上するか」などが考えられる。こうした臨床上生じる疑問は，クリニカルクエスチョン（clinical question；臨床的疑問）と呼ばれる。

このような疑問は，ある分野に関する基本的な知識，用語，概念等に関する疑問である背景疑問（background question），それらの知識，概念の関連や組み合わせることによって生じる前景疑問（foreground question）に分けることができる[1)2)]。先の例では，検査でわかること，薬の効果はどのようなものかは背景疑問にあたり，乳がん患者がピアサポートグループに参加することで生活の質は向上するかといった問いは前景質問にあたる（図1）。

幸いなことに現代では，検索エンジンで検索をしたり，専門家や同僚に聞いたり，書籍で調べたりすれば，上記のような疑問の大半は答えを見つけることができる。特に，検索エンジンやデータベース（UpToDate，医中誌Web，PubMedなど）を使用すれば，答えや関連する文献を瞬時に見つけることができる。一方で，調べてもすぐに答えが見つからないような疑問が生じることもある。もちろん，探し方が適切でないために答えが見つからないこともあるが，適切な探し方をしたうえでも，なお答えが見つからない疑問はリサーチクエスチョンの候補となるものである。

仮説は，クリニカルクエスチョン，リサーチクエスチョンに対する答えを予想したものである。予想といっても，当てずっぽうな予想や，こういう結果だったらいいなという願望を示すものではない。仮説とは，それまでに明らかになっている事実や基

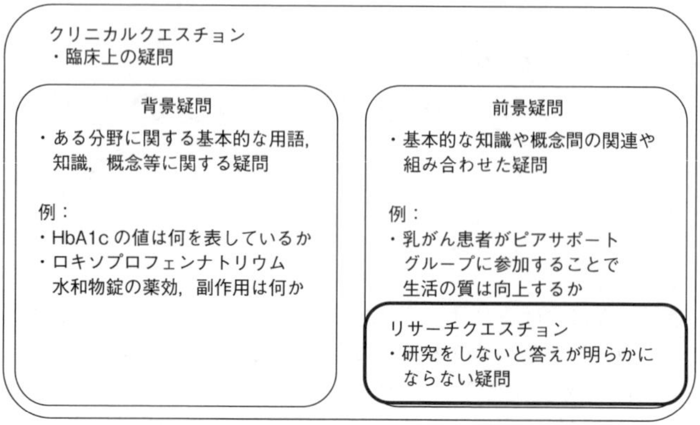

クリニカルクエスチョン
・臨床上の疑問

背景疑問
・ある分野に関する基本的な用語，知識，概念等に関する疑問

例：
・HbA1c の値は何を表しているか
・ロキソプロフェンナトリウム水和物錠の薬効，副作用は何か

前景疑問
・基本的な知識や概念間の関連や組み合わせた疑問

例：
・乳がん患者がピアサポートグループに参加することで生活の質は向上するか

リサーチクエスチョン
・研究をしないと答えが明らかにならない疑問

図1　クリニカルクエスチョンとリサーチクエスチョンの関係

礎研究の結果，他の類似する研究の結果から予想される結果を述べるものである。研究を始める前に，妥当な仮説を立てられるほどに情報収集をしておくことで，データを収集して結果が明らかになった際，予想どおりの結果になったとしても，予想に反する結果になったとしても，その情報をもとになぜそうなったのかを考察することができ，報告書や論文などに結果を適切にまとめることができる。これは，HARKing（Hypothesizing After the Results are Known）やdata dredging（またはp-hacking）を防ぐという意味でも重要な行為である。

3．クリニカルクエスチョンとリサーチクエスチョンの違い，よいリサーチクエスチョンの条件

臨床上生じる様々な疑問をクリニカルクエスチョンと呼び，クリニカルクエスチョンはさらに背景疑問と前景疑問に分けられ，適切な探し方をしても答えが見つからないものがリサーチクエスチョンとなり得ることは前節で述べた。適切な探した方をしても答えが見つからない，誰も明らかにしていないということはリサーチクエスチョンの最低条件であるが，例えば，明らかにする意味（価値）がない疑問であるために答えが存在しないだけの可能性もある。つまり，よりよいリサーチクエスチョンとするために満たすべき条件は他にもあるということである。

よいリサーチクエスチョン，よい研究テーマかどうかを判断するときのチェックポイントに，その頭文字をとった“FINER”というものがある[3]（表1）。FはFeasibility（実現可能性）で，実際に調査や実験によって明らかにできるようなリサーチクエスチョンであることを要求する。実現可能性は，研究者が置かれている状況によっても変わり，ある研究者にとっては実現可能であるようなテーマでも他の研究者にとっては実現可能ではないテーマもある。例えば，十分な研究費をもっていない大学院生に

表1　よいリサーチクエスチョンか確認するためのチェックポイント "FINER"

F	Feasibility(実現可能性)	実際に調査によって明らかにできるようなリサーチクエスチョンであるか
I	Interesting(興味深さ)	科学的に興味深いものであるかどうか
N	Novel(新規性)	新しい，まだ誰も明らかにしていないリサーチクエスチョンであるかどうか
E	Ethical(倫理性)	調査や研究を実施するに当たって倫理的に問題がないかどうか
R	Relevant(必要性)	リサーチクエスチョンに対する答えを明らかにすることが，ほかの人や社会に必要とされるかどうか

とっては全国規模の質問紙調査を行うことは難しいが，研究費を十分に確保している研究者にとっては実現可能となる。ＩはInteresting（興味深さ）で，科学的に興味深いものであること，ＮはNovel（新規性）で，新しい，まだ誰も明らかにしていないものであること，ＥはEthical（倫理性）で，調査や実験を実施するに当たって倫理的に問題がないこと，を要求する。最後のＲはRelevant（必要性）で，そのリサーチクエスチョンに対する答えを明らかにすることが他者や社会に必要とされることを要求する。これらの点を自分が立てたリサーチクエスチョンが満たしているかどうかを確認することで，よりよいリサーチクエスチョンを立てることができるだろう。また，研究資金を得るための計画書や，研究成果を発表する際の研究論文においては，このような点を論理的に説明し，審査員や査読者，読者に納得してもらう必要がある。

4．疑問を要素に分解して定式化する（PICO／PECO）

クリニカルクエスチョンやリサーチクエスチョンなどの疑問を要素に分解し，定式化することで情報収集や研究デザイン，分析方法を検討することが容易になる。その方法の1つに，要素の頭文字をとった，PICO／PECOがある。最初のＰはPopulation（母集団）またはPatient（患者）のＰで，誰が対象なのかを明確にする必要があるということである。ただし，研究でデータを集める対象集団，研究結果を適用したい対象集団など，Ｐを考える際にはどの集団を指しているかに注意が必要である。次のＩ，ＥはIntervention（介入），Exposure（曝露）のことで，どのような介入（治療），曝露に注目するのかということである。例えば，新たに開発された薬剤などがＩにあたる。その次のＣはComparisonまたはComparator（比較対照）で，ＩやＥで設定した介入や曝露と比較するのはどのような介入や曝露であるかということである。介入効果の評価では，標準治療がＣとなることが多い。最後のＯはOutcome（アウトカム・結果変数）で，介入によって変化する，注目する要因の有無や状態によって異なると考えられる対象者の状態を評価できる項目である。例えば，降圧薬の介入効果を評価する際，収縮期血圧がアウトカムになる。

PICO／PECOはクリニカルクエスチョンやリサーチクエスチョンを定式化するための基本的な要素であるが，疑問によっては一部の要素が設定されなかったり，反対に要素を追加したりと，別のバージョンが用いられることもある（**表2**）。例えば，疾患の発生頻度など対象者の状態を記述することのみを目的とした記述的研究・記述

表２　疑問を定式化する要素 "PICO／PECO"

P	Population（参加者）, Patient（患者）	だれが対象なのか
I／E	Intervention（介入）	どのような介入・治療に注目するのか，どのような要因に注目するのか
	Exposure（曝露（注目する要因））	
C	Comparator（比較対象）	ＩやＥで設定した介入や曝露と比較するのはどのような介入や曝露であるか
	Control（対照）	
O	Outcome（アウトカム・結果）	介入によって変わったり，注目する要因の有無や状態によって異なったりすると考えられる対象者の状態はなにか
T	Time	調査を実施する期間や測定時点

疫学研究の場合は介入（Intervention）や曝露（Exposure）や比較対照（Comparator）は設定しないこともある。また，縦断研究や介入研究では追跡期間やアウトカムの測定時点として，Time（T）を追加して，PICOT，PECOTとすることもある。他にも診断に用いる検査の精度や測定方法の性能を評価する研究で用いられるPICTO：Population（対象），Index test（興味のある検査・測定方法），Comparator／reference standard（比較対照となる検査・測定方法），Target condition（検査・測定の対象となる状態），Outcome（検査・測定の評価指標）のような定式化の仕方などもある[4)]。

表３に，クリニカルクエスチョン・リサーチクエスチョンをPICO／PECOに分解した例を示す。このように分解し，明確にすることで，既存の研究結果や文献の検索が行いやすくなる。例えば，検索エンジンや文献データベースで検索する際にＰ

表３　リサーチクエスチョンの定式化の例

RQ	40歳以上の日本人においてメタボリックシンドロームの基準に該当する人はどれくらいいるか
P	40歳以上の日本人
I／E	なし
C	なし
O	メタボリックシンドロームの基準に該当すること
RQ	日本人のうち喫煙をしている人とそうでない人で脳血管疾患の罹患率は異なるか
P	日本人
E	喫煙をしている
C	喫煙をしていない
O	脳血管疾患の罹患
RQ	喫煙者に禁煙するための介入をすると介入をしない場合と比べて禁煙成功率は異なるか
P	喫煙者
I	禁煙するための介入をする
C	介入をしない
O	禁煙の成功
RQ	新しく開発した尺度で乳がん患者の健康関連QOLは測定できるか
P	乳がん患者
I	新しく開発した尺度
C	既存の尺度
T	健康関連QOL
O	尺度の信頼性係数，妥当性

（対象）とＩ（介入）に具体的なキーワードを入れることで特定の対象に対する研究を検索することができる。また，これにＯ（アウトカム）を追加すれば，その介入が特定のアウトカムの改善に効果があるかどうかを含めた検索ができる。PECOについても同様で，PECOのそれぞれに具体的なキーワードを入れて検索をすれば，関連する情報，研究結果を検索することができる。実際の文献検索の際には他にも様々なテクニックがあるが，PICO／PECOを明確にすることはクリニカルクエスチョンやリサーチクエスチョンに対する答えを見つけるために必要なステップとなる。

研究を実際に行う際にPICO／PECOを明確にすることは，研究や調査の対象を選定したり，測定するべき指標，項目をリストアップしたり，研究デザインを決定するのに必要なことである。

5．クリニカルクエスチョン，リサーチクエスチョンのパターン，研究デザインとの対応

保健医療分野において定量データを用いる量的研究の大半の目的は，測定や検査の性能（妥当性，信頼性，感度，特異度など）の検討，分布の記述，関連性の記述・推定，介入効果の検証に大別することができる。これらの研究目的と，クリニカルクエスチョン・リサーチクエスチョン，研究デザイン，分析のそれぞれは**表４**に示したと

表４　研究目的，リサーチクエスチョン，研究デザイン，分析の対応

目的	リサーチクエスチョン例	研究デザイン	行う分析
検査・ 測定方法・ 尺度の開発	・新しく開発した尺度で乳がん患者の健康関連QOLは測定できるか ・米国で開発された病棟の組織風土尺度の翻訳版は日本でも信頼性，妥当性はあるか	方法論的研究， 尺度開発研究 診断精度研究	・信頼性係数の算出 ・他の尺度，属性との関連性の指標の算出 ・因子構造の確認 ・感度・特異度の算出 ・Receiver Operating Characteristic（ROC）分析
分布の記述	・40歳以上の日本人においてメタボリックシンドロームの基準に該当する人はどれくらいいるか ・日本人男性における肺がんの罹患率はどれくらいか	記述疫学研究， 記述的研究	・代表値，散布度の算出
関連性の検討	・日本人のうち喫煙をしている人とそうでない人で脳血管疾患の罹患率は異なるか ・日本の65歳以上の高齢者では，社会的支援がある人とない人では要介護状態のなりやすさに違いはあるか	相関研究 生態学的研究 横断研究 症例対照研究 コホート研究	・グループ間の代表値の比較 ・変数と変数の関連性の指標の算出（オッズ比，ハザード比，ピアソンの積率相関係数，回帰係数）
介入効果の検証	・喫煙者に禁煙するための介入をすると介入をしない場合と比べて禁煙成功率は異なるか	準実験研究 実験研究 前後比較研究 非無作為化比較試験 無作為化比較試験	・アウトカムの介入前後の比較 ・アウトカムの介入の有無による比較

おり相互に関連しており，研究目的・リサーチクエスチョンが決まれば，どのような研究デザインが適切か，どのような分析が適切かはほとんど決まるといってよい。

6．リサーチクエスチョン，仮説を立てるためのステップ

リサーチクエスチョンは，クリニカルクエスチョンのうち，まだ明らかになっていない疑問である。こうした疑問のほとんどは前景疑問であり，その背景となる知識が十分にある状態，つまり，背景疑問については十分に解消された状態になっていなければリサーチクエスチョンを立てることは難しい。したがって，リサーチクエスチョンを立てる第一歩はその分野についての基本的な知識を身につけることである。日々生じる様々な疑問や課題をそのままにせず，調べてその答えを探すことで知識が身についていく。その過程でリサーチクエスチョンとなり得る疑問が出てくることもあるだろう。また，疑問や課題と感じたことについて調べる過程で研究論文を読むこともあるだろう。そのような研究論文に，今後解決すべき課題やその分野の研究の方向性が書かれていることも多い。それを参考にする，アレンジすることでリサーチクエスチョンや研究課題が見つかることもある。

リサーチクエスチョンとなり得る疑問が出てきたら，その次のステップはその疑問について，これまでの調査や研究で何が明らかになっていて，何が明らかになっていないかを詳しく調べることである。出てきた疑問にちょうど合致する答えはなくとも，隣接する分野や異なる対象では研究が行われていることもある。リサーチクエスチョンのPICO，PECOのＰ(対象）やＩ／Ｅ(介入／要因）を注目しているものから一段抽象化することで，そうした研究成果を発見することができることもある。例えば，肺がん患者を対象とした研究は行われていないが，乳がん患者を対象とした研究は行われている，看護師の労働環境についての研究は行われていないが，一般の労働者では研究が行われている，というようなことは多くあり，それらの研究を参考にすることができる。また，Ｃ(比較対照）となる介入は，以前はＩ／Ｅであったはずであり，そのような研究におけるＰ(対象）やＯ(アウトカム）を調べるなども必要な作業である。

情報収集を行い，先行研究や理論などが整理できたら，先に述べたFINERに従ってリサーチクエスチョンを評価し，その新規性，必要性，面白さについてまとめることが望ましい。その際，リサーチクエスチョンに対する答えを得るために，どのような研究デザイン・研究方法でデータを収集し，どのように分析すればよいかも一緒に考えてみるとよい。具体的な方法を考えることで，実現可能性や必要な倫理的配慮についても検討することができる。また，具体的に計画を考えることは，リサーチクエスチョンにあいまいな点がないか確認することに役立つ。研究デザインや分析方法については各回で扱っているので，必要な箇所を適宜確認するとよいだろう。

リサーチクエスチョンや計画をまとめたら，同級生や同僚，指導者，指導教員など他者から意見をもらうことで，さらに研究をブラッシュアップすることができるだろ

う。意見をもらうとそのすべてを反映させなければいけないと感じてしまうかもしれない。特に指導的な立場の人からのコメントや指摘は特にそのように感じてしまうかもしれないが，その必要はない。コメントや指摘内容を採用するかどうかを決める裁量とそれによる結果を引き受ける責任は，計画を立てた本人にあり，研究責任者，論文の責任著者であれば，なおさらである。採用するにしても採用しないにしても，その判断をする理由づけ，根拠を持つことが重要である。そうすることで議論や考えが深まり，仮に何らかの理由で満足のいく結果が得られなかったとしても，考えなしに進めた場合より研究の限界に対する適切な対応を取りやすくなる。

7．おわりに

今回は，クリニカルクエスチョン，リサーチクエスチョンとは何か，疑問を定式化するための要素であるPICO／PECOやよいリサーチクエスチョンの条件について解説した。リサーチクエスチョンを立てることは，研究を行ううえで最も重要なステップである。それと同時に，最も難しく時間がかかるステップでもある。このステップに必要十分な時間，労力をかけ，明確なリサーチクエスチョンを立てることで妥当な研究デザイン，データ収集方法，分析方法を選択することができる。確実によいリサーチクエスチョンを立てる方法は筆者の知る限りないが，今回の内容がリサーチクエスチョンを立てるうえで参考になれば幸いである。

文　献

1）片岡裕貴．日常診療で臨床疑問に出会ったとき何をすべきかがわかる本．中外医学社．2019.

2）Sharon E. S, Glasziou P, Richardson WS, et. al. Evidence-Based Medicine：How to Practice and Teach EBM. 5th edition. *Elsevier*. 2018.

3）Hulley SB, Cummings SR, Browner WS, et al. Designing clinical research. 3rd ed. 木原雅子，木原正博（訳）．医学的研究のデザイン:研究の質を高める疫学的アプローチ．第３版．メディカル・サイエンス・インターナショナル．2009.

4）National Institute for Health and Care Excellence. Developing NICE Guidelines：The Manual. 2014；2020：241.（https://www.nice.org.uk/guidance/pmg20/resources/developing-nice-guidelines-the-manual-pdf-72286708700869）2023．6.12.

第3回　リサーチクエスチョンに対応する臨床研究デザインの型

上村　夕香理

1．はじめに

リサーチクエスチョンを研究の中で明らかにするためには，適切な研究デザインを用い，適切にデータを収集することが必要となる。保健医療分野における研究には，インタビューなどの質的なデータを用いる研究，測定や検査の性能を検討する研究，観察対象を記述する研究，関連性の記述や推定，介入効果を検証する研究などの量的なデータを用いる研究とリサーチクエスチョンによって多岐に渡るが，それらの研究において用いられる研究デザインも様々ある。今回は，主に量的データを用いる量的研究に焦点を当て，リサーチクエスチョンに対応する臨床研究のデザインについて概観する。

2．リサーチクエスチョンと臨床研究デザイン

第2回では，研究の方向性を決めるためにはリサーチクエスチョンを明確に設定することが重要であることを学んだ（文献1）も参照)。リサーチクエスチョンは臨床研究の目的に応じて，① 記述研究（病気や診療の実態を調べる)，② 関連性の検討（要因とアウトカムの関係を検討)，③ 介入効果の検討（治療・予防法の効果を評価）④ 検査・測定方法・尺度の開発（診断表の評価）に大別でき，特に③はPatient Intervention／Exposure, Control, Outcome（PICO／PECO）で構成される要素を用いて設定可能である。臨床研究を実施する際は，リサーチクエスチョンに対する答えを予想し，仮説を立て，収集したデータがその仮説をサポートするものなのか否かを評価し，その結果および解釈を報告書や論文などにまとめる。このような臨床研究の一連のプロセスの中で，研究デザインの型は肝になる。なぜなら，リサーチクエスチョン・仮説に回答できるような適切な研究デザインを選択しなければ，その研究デザインの枠組みで収集されたデータはリサーチクエスチョン・仮説に対する適切な回答を持ち合わせず，たとえそのデータに対して洗練された解析手法を適用したとしても真実からずれた（バイアスのある）結果しか得られないかもしれないからである。つまり，不適切な研究デザインから誤った結論を導いてしまう可能性があるということである。例えば，リサーチクエスチョンを明確にしないままに，データ収集，あるいは，“実施できそうな”研究デザインを選んで研究を開始することでこのような問題は生じる。

「クリニカルクエスチョン→リサーチクエスチョン→研究デザイン→データ収集，

データ解析→解釈・考察」の研究プロセスに沿って，クリニカルクエスチョンに対応する研究デザインを選択することが重要である（**第1回**）。当然のことながら，臨床研究の実施可能性も重要なので，実際には，各段階を行ったり来たりすることになる。重要な点なので繰り返すが，臨床研究の実施に際して，適切な研究デザインの選択は，最終的に結果を解釈・考察し，結論を導くうえで非常に重要な要素となる。適切な研究デザインの選択を可能とするためには，各研究デザインの特徴を知ることが非常に重要である。以下では，各リサーチクエスチョンに適した研究デザイン，そして，研究デザインの型（タイプ）について全体を眺めてみたい。

3．研究デザインの型の概観

ここでいう研究デザインの型とは，データの収集方法およびその順序を分類したものを指し，研究目的に応じてそれらは異なる。本節では，様々ある研究デザインの型の全体像を概観する。

研究デザインの型の分類方法としては何とおりか考え得るが，まず比較対照をおくか否かで大きく分類できる。**第2回**で解説されているとおり，リサーチクエスチョンはPICO／PECOの各要素に分類することによって，より適切なリサーチクエスチョンとして構造化することが可能である。しかし，リサーチクエスチョンによっては介入（I）や曝露（E），比較対照（C）の要素は設定されない。例えば，疾患や診療の実態を把握するために実施される「記述研究」では，対象とする母集団あるいは患者（P），加えて興味のあるアウトカム（O）のみが設定される。研究デザインは，このように比較対照となる人やグループをおかずに研究の対象を観察して記述する記述研究と，比較対照をおいて何らかの介入効果や曝露効果の大きさや関連の強さを分析的に評価する分析研究で大別される（**図1**）。記述研究については，5節でより詳細に解説したい。

「関連性の検討」「介入効果の検証」がリサーチクエスチョンである場合には，分析

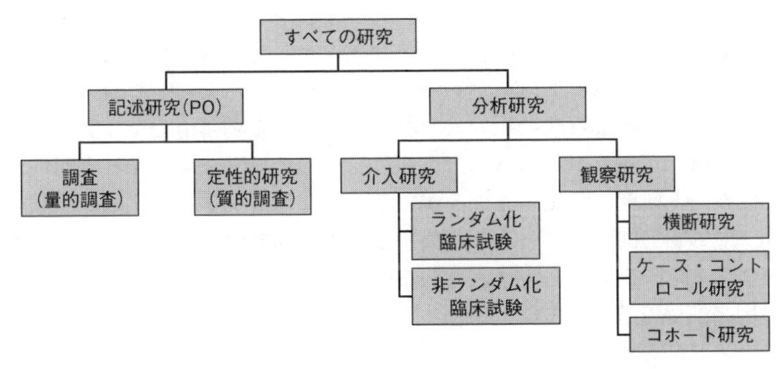

図1　研究デザインの型

研究の枠組みで研究デザインを立案することになるが，興味のある要因を介入するか否かで，それぞれ介入研究と観察研究に分類される。ただし，介入研究が指す「介入」は要因の意図的な操作を主に指し，PICOの介入（I）と意味が重なるところもあるが，厳密には同じ意味ではない。つまり，介入研究では，研究者側が介入（I）として位置づけた興味のある要因について，意図的にその要因を受けるか受けないかを操作することになる。その介入（I）を無作為（ランダム）に割り付ける研究をランダム化臨床試験（RCT：Randomized Clinical Trial）と呼ぶ。一般には1人の対象者は介入（I）と対照（C）のいずれかを受けることが多いが，同一の対象者に対して介入治療（I）と非介入治療（C）の両方を順に行い，そのアウトカムを比較するクロスオーバー試験というデザインもある，そのデザインでは，I → C，C → Iと治療の順番を介入するデザインになっている。また，介入はするがランダム割付しない研究も存在する。例えば，研究に参加するすべての対象者に対して治療等の介入（I）をする単群試験は非ランダム化臨床試験の一種であり，介入試験に該当する。単群試験はその試験内でコントロール群（比較対照）は設定されないが，一般に過去の研究等のデータをコントロールとしてみなし（ヒストリカルデータ），単群試験で得られたアウトカムと比較することで結果を解釈する。

介入を行わずに，ある疾患やその疾患に対する診療実態をありのままに観察し，曝露要因や治療要因のアウトカムに対する分析を行う研究は観察研究に分類される。観察研究には多くのタイプのデザインがあり，その分類方法も複数考えられるが，その1つとして測定するタイミングと観察の方向性でのタイプ分けを用いることができる。具体的には，曝露（E）とアウトカム（O）を測定するタイミング，観察する方向性である。観察研究の中で最も簡便に実施できる研究は,曝露（E）とアウトカム（O）のデータを同時に収集する横断研究（cross-sectional study）である。すなわち，ある1時点における，興味のある要因とアウトカムの値を同時に測定し，その関連について分析する研究である。一方で，要因をある1時点で測っておき，それより遅い（異なる）時点のアウトカムを測定する研究として，縦断研究（longitudinal study）がある。横断研究とは異なり，対象者を2時点以上のポイントで繰り返し観察し，データを収集する。縦断研究の代表的なデザインとして，特定したある集団のデータを前向きに追跡するコホート研究，ある疾患（イベント）を発症した人とその比較対照（コントロール）となる非発症の人を特定して過去の曝露情報を収集するケース・コントロール研究がある。これらは，さらに，そのデータを収集する方向性から前向き研究と後ろ向き研究に分類することができる。なお，ランダム化臨床試験を含む介入研究は，すべて前向きにデータを収集するため前向き研究となる。コホート研究，ケース・コントロール研究という古典的な研究デザインに加えて，アウトカムに対する曝露の因果関係をより効率よく推定できるような観察研究デザイン（コホート内ケース・コントロール研究，ケース・コホート研究，自己対照研究など）も複数提案されている。分析研究に分類される各研究デザインの長所・短所含む特徴については，

第4回で紹介する。

4つに大別されるクリニカルクエスチョンのうち，「検査・測定方法・尺度の開発」は，これまで扱った3つと大きく異なる。「検査・測定方法・尺度の開発」の研究は，その測定や診断方法（以下，評価法）がどの程度正確に真実に迫っているかを評価することが目的となり，リサーチクエスチョンの要素も研究デザインもこれまで紹介したものと異なる。関連した内容は**第23回**や**第24回**で説明される。

4．リサーチクエスチョンに対応する臨床研究デザイン

ここまで見てきたように，研究デザインは介入の有無や観察する方向性等で分類される。代表的な研究デザインとしては，記述研究，分析研究として横断研究，コホート研究，ケース・コントロール研究，介入研究が挙げられる。どの研究デザインを選択して研究を開始するかは，それぞれの研究デザインを十分に理解し，その特徴を踏まえたうえで，資金や時間を含めた実施可能性等も考慮に入れながら，リサーチクエスチョンに回答可能なデザインの選択をすることになる。リサーチクエスチョン別の適切な臨床研究デザインは，**表1**のようにまとめることができる[1)]。

例えば，新規治療法の効果を評価する場面では介入研究の代表的な研究デザインであるランダム化臨床試験で得られた結果が最もエビデンスレベルとしては高くなるが，厳密に選択された集団を対象として得られる結果であり一般化可能性が限定的となるため，臨床現場のデータ（リアル・ワールド・データ）を用いた観察研究から治療効果を評価することも考えられる。

5．記述研究

記述研究は，研究の対象を観察して記述することを目的とした研究であり，量的研究と質的研究の両方を含む。量的研究に含まれる記述研究には，ある疾患に関する人口規模別の年齢調整死亡率などの大規模なもの，症例集積研究（case series study），症例報告（case report）などの小規模なものが含まれる。さらに，前向きにあるいは後ろ向きに経時的にデータを収集するタイプの研究，1時点でデータ収集する研究

表1　リサーチクエスチョンの種類と研究デザインの分類

	記述研究	横断研究	コホート研究	ケース・コントロール研究	介入研究
病気や診療の実態を調べる	○				
要因とアウトカムの関係を調べる		○	◎	○	
治療・予防法の効果を調べる			○		◎
診断法を評価する		○	○		○

注　◎：最適，○：適している
出典　文献1）p.50より改変

のように，リサーチクエスチョンによってデータの収集方法も複数とおり想定できる。

新型コロナウィルスを対象とした記述研究を例にとると，Holshueらは米国において新型コロナウィルスと初めて診断された1例の患者の診断，臨床経過，検査値の推移，実施された診療等について詳細を記述した結果を報告している[2)]。Liuらは中国で新型コロナウィルスと診断された小児6名の症例について後ろ向きに情報を収集し報告している[3)]。また，Matsunagaらの論文は，日本で入院した新型コロナウィルス患者2,638名の背景情報や重症度，呼吸サポート状況等について詳細に記述した研究である[4)]。

このような記述研究は，治療や疾患に対する知識が不十分である状況，疫学研究において重要な研究となる。なお，疫学（epidemiology）とは，疾病の流行状況を観察し，これにかかわる諸要因を分析して，有効な疾病対策を計画し，対策の評価を行う科学[5)]のことであり，新型コロナウィルスの流行を抑える対策を講じる場合においても重要な研究となる。また，記述研究を通して，疾病や研究の対象に関するクリニカルクエスチョンおよびリサーチクエスチョンが探索的に設定され得るため，分析研究を実施する前段階の研究としても重要である。

記述研究をはじめとして研究で得られたデータは，平均値や分散，中央値などデータの特徴を表す値に要約される。このように記述研究をはじめとして研究で得られたデータを分析し，平均値や分散，中央値などデータの特徴を表す値に要約をすることを記述統計という。記述統計には，厚生労働統計一覧[6)]に載っている人口動態統計に基づく死亡率や感染症発生動向調査，国勢調査をはじめとした集計結果も含まれる。このような調査は保健統計といわれ，各データの性格を理解し，データをみる視点を明確にそして適切に解釈することで，集計結果から得られる情報を行政上の政策等に有効に活用することが可能となる。

例えば，わが国の人口動態をまとめた報告書[7)]をみると，日本の周産期死亡数は1980～1990年頃にかけて大幅に減少し，その後も緩やかに減少傾向にあることがわかる（**図2**）。図2から，わが国の周産期医療の進歩や医療体制の整備等の対策によって大幅に低下したことが確認できる。さらに，日本の周産期死亡率を諸外国と比較してみると，妊娠満28週以後の死産比，早期新生児死亡率ともに低く，日本では諸外国と比較しても安全なレベルの周産期医療体制を提供していると考えられる（**図3**）。

記述研究のもう1つの研究タイプである質的研究は，数量で表現できないような言葉や行動を解釈して現象を説明するために，データ（当人の会話や観察など）そのものに語らせる研究である[8)]。個人や集団の気持ち，感じ方，意識，意欲，希望，信念，価値観などの「主観的あるいは間主観的」な，量的，客観的に測定することが困難なものが対象となる。それらをインタビューや観察を通して収集したデータを記述する。ここでは質的研究についての詳細は説明しないが，あるリサーチクエスチョンに対して，または新たなリサーチクエスチョンを立てるうえで，質的研究も有用な方法の1つである。

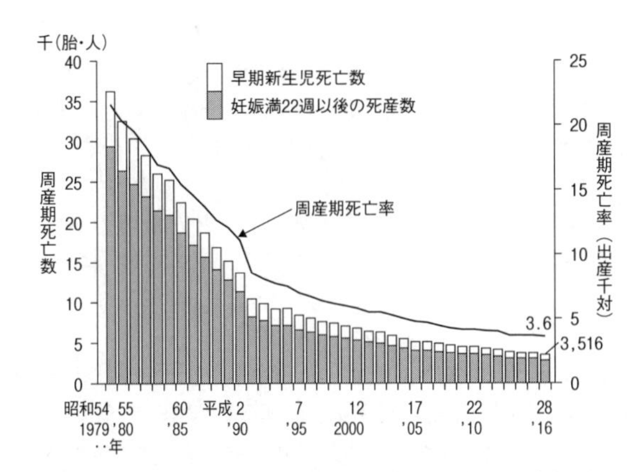

図2　周産期死亡数および周産期死亡率の年次推移

出典　文献7）のp29より改変

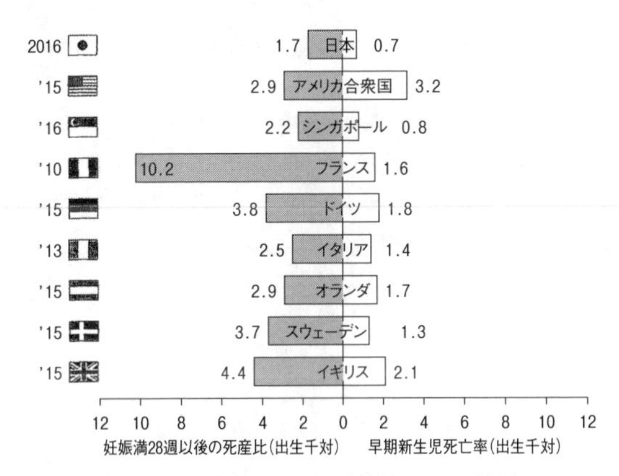

図3　周産期死亡率の諸外国との比較

注　1）諸外国は，妊娠期間不詳の死産を含む。
　　2）フランスについては，妊娠期間180日以後の死産である。

出典　文献7）のp29より改変

6．論文の報告

研究デザインによってデータ収集法，結果の解釈，エビデンスの強さが異なるため，論文内で用いた研究デザインについて報告することは必須である。研究デザインによって論文内で報告すべき事項は少しずつ異なり，ランダム化臨床試験であればCONSORT声明，観察研究であればSTROBE声明のように，研究デザインごとに論文内で報告すべき事項を示したガイドラインが存在する（**第21回**）。論文作成の際には，用いた研究デザインに対応するガイドラインを参照するのが望ましいだろう。

7. おわりに

今回は臨床研究デザインの型について，全体像およびそれぞれの分類を紹介した。臨床研究を実施する際は，リサーチクエスチョンを明確にすることが重要である点は**第2回**で述べられているとおりであるが，質の高いデータそして結果を得るためには，そのリサーチクエスチョンに適した臨床研究デザインを選択することが重要である。そのためには，各臨床研究デザインの特徴を知ることが重要であり，**第4回**ではそれぞれの長所・短所を紹介する。

文　献

1）福原俊一．臨床研究の道標　第２版〈下巻〉．特定非営利活動法人健康医療評価研究機構；2017.

2）Holshue ML, DeBolt C, Lindquist S, et al. Washington State 2019-nCoV Case Investigation Team. First Case of 2019 Novel Coronavirus in the United States. *N Engl J Med*. 2020; 382(10)：929-36.

3）Liu W, Zhang Q, Chen J, et al. Detection of Covid-19 in Children in Early January 2020 in Wuhan, China. *N Engl J Med*. 2020; 382(14)：1370-1.

4）Matsunaga N, Hayakawa K, Terada M, et al. Clinical epidemiology of hospitalized patients with COVID-19 in Japan：Report of the COVID-19 REGISTRY JAPAN. *Clin Infect Dis*. 2021; 73(11)：e3677-89.

5）福富和夫, 橋本修二．保健統計・疫学　第６版２刷．南山堂; 2019.

6）厚生労働統計一覧（https://www.mhlw.go.jp/toukei/itiran/index.html）2021.1.12.

7）厚生労働省政策統括官．平成30年我が国の人口動態－平成28年までの動向（https://www.mhlw.go.jp/toukei/list/dl/81-1a2.pdf）2021.1.16.

8）大谷尚．質的研究とは何か．YAKUGAKU ZASSHI. 2017; 137(6)：653-8.

第4回　分析研究で用いる代表的な臨床研究デザインとその特徴

上村　夕香理

1.　はじめに

適切な研究デザインの選択は，結果を解釈・考察し，結論を導くうえで重要な要素の1つである。**第3回**では，リサーチクエスチョンに対応する臨床研究のデザインについて概観し，比較対照となる人あるいはグループを置かずに研究の対象を観察して記述する記述研究と，比較対照を置いて何らかの介入効果や曝露効果の大きさや関連の強さを分析的に評価する分析研究に量的研究が大別されることを学んだ。分析研究は，さらに，興味のある要因を介入するか否かでそれぞれ介入研究と観察研究に分類できる。

今回は，特に分析研究に焦点を当て，1)「病気や診療の実態を調べる」，2)「要因とアウトカムの関係の検討」，3)「治療・予防法の介入効果を評価」，4)「検査・測定方法・尺度の開発」の4つに大別したリサーチクエスチョンうち，「要因とアウトカムの関係を検討」と「治療・予防法の介入効果を評価」に適した代表的な研究デザインを紹介し，その特徴を概説する。

2.　観察研究：要因とアウトカムの関連の検討

第3回でも提示したように，リサーチクエスチョン別の研究デザインは**表1**のようにまとめることができる[1)]。「関連性の検討（要因とアウトカムの関係の検討）」「介入効果の検討（治療・予防法の効果を評価）」を明らかにするために適した観察研究には，横断研究，コホート研究，ケース・コントロール研究などの研究デザインが挙げられる。以下では，要因とアウトカムの関連を検討するリサーチクエスチョンに対するこれらの代表的な研究デザインの概要を記述する。要因とアウトカムの関連の強さや効果の大きさを推定する解析手法については，**第5回**以降の解説や教科書[2)]等を参照してほしい。

表1　リサーチクエスチョンの種類と研究デザインの分類

	記述研究	横断研究	コホート研究	ケース・コントロール研究	介入研究
病気や診療の実態を調べる	○				
要因とアウトカムの関係を調べる		○	◎	○	
治療・予防法の効果を調べる			○		◎
診断法を評価する		○	○		○

注　1)　◎：最適，○：適している
出典　文献1）p.50より改変

2.1 コホート研究

観察研究の中で最も基本となる研究デザインであるコホート研究は，要因とアウトカムの関連を検討するために最適なデザインの型の1つである。コホート研究は，要因の測定時点と異なる時点のアウトカムを測定する縦断研究（longitudinal study）の1つであり，前向きにデータを収集する前向き研究（prospective study）に分類される。

コホート研究は，以下の手順で実施される。

①対象となる集団を設定する
②その集団において興味のある要因（例：曝露／非曝露）で対象者を分類する
③集団を前向きに一定期間追跡し，アウトカムの発生状態を観察する
④要因別にアウトカムの発生人数や発生するまでの期間を比較する

ちなみに，「コホート」という用語は，歴史的には「古代ローマの歩兵隊の1単位で数百人からなる兵隊の群」を意味し，疫学領域では共通の要因を持った個人個人の全体という意味で使用される。上記の①はまさしく共通の要因を持った集合体，すなわち，コホートを定義することに相当する。つまり，コホート研究では，PECO（Patient，Exposure，Control，Outcome）の“P”をまずは設定するところからスタートし，②で“E”と“C”に患者を分類，③で“O”の評価と研究を進める。これらを概略図で表すと**図1**のとおりになる。

上記のとおり，コホート研究のデザインは非常にシンプルでわかりやすい。また，要因とアウトカムの因果関係を検討するためには，要因がアウトカムに対して時間的に先行していることが必須であるが，コホート研究は要因を先に，アウトカムを後に

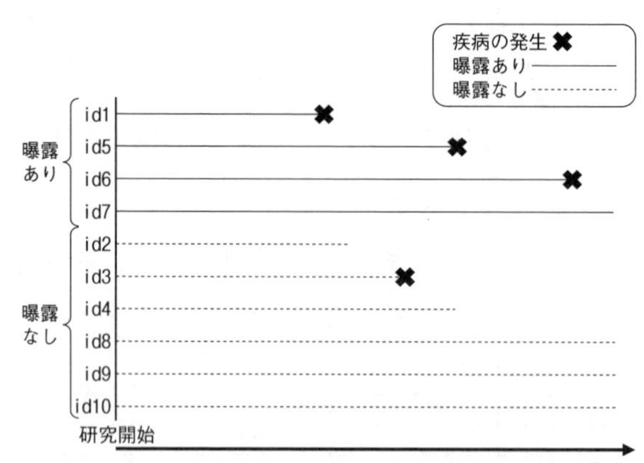

図1　コホート研究（すべての症例の詳細情報を追跡）

調べることから，時間的前後関係が明らかであることが長所の1つといえる。さらに，複数の要因（例：食事と運動），複数のアウトカム（例：心筋梗塞と脳卒中）を測定することも可能なので，1つのコホート研究で要因とアウトカムの関連に関する複数のリサーチクエスチョンを明らかにすることが可能である。

すべての観察研究で共通することであるが，コホート研究では，要因（曝露／非曝露）とアウトカムの関連を検討するにあたり，曝露／非曝露集団それぞれのアウトカムの単純な比較にはバイアスが入る可能性があることに注意が必要である。詳しくは**第9・10回**で解説するが，観察研究では一般的に，曝露要因以外の第3の要因（交絡因子）が原因となり，要因とアウトカムの因果関係が歪められてしまう交絡バイアスが入ることが知られている。例えば，「成人女性における飲酒と咽頭がんの関係を明らかにする」がリサーチクエスチョンである場合に，飲酒の有無（曝露群／非曝露集団）別の咽頭がんの発生割合を単純に比較すると誤った結論を導くかもしれない。仮に，喫煙している人がより飲酒しやすい傾向にあった場合，飲酒と咽頭がんの間に強い関連が見えても，その関連には喫煙が影響しているかもしれないためである。いい換えると，飲酒あり／なし集団それぞれの持っている疾病の起こしやすさ（喫煙状況）が集団間で異なっていることで，見かけ上の強い関連がみられているだけかもしれない。一方，交絡を引き起こしている第3の因子（交絡因子）を適切な方法で調整することによって交絡バイアスを除くことは可能であるので，研究計画時において交絡因子となり得る要因を特定して収集することが肝要である。

コホート研究特有の欠点には，研究対象者数（データ数），時間，資金等のコストが大きいという点がある。要因とアウトカムの因果関係を適切に評価するためには，コホート研究に参加する多くの参加者の曝露要因やアウトカム，その他交絡因子を含む多数の情報を収集する必要がある。特に，発生がまれな疾患をアウトカムとして扱う場合には，実際に疾病を発生する少ない症例を捉えるためにコホートのサイズを大きくし，さらに長期の追跡期間を設ける必要がある。また，追跡期間中に参加者が研究から脱落することによって情報の損失や脱落に関連したバイアスが生じてしまう可能性があるため，丹念な追跡が必要となり，この点にも多くのコストがかかる。このバイアスは選択バイアスと呼ばれるが**第9回**で詳述する。

コホート研究は数多くが実際に実施されており，Framingham Heart Study[3)]やNurses' Health Study[4)]は世界的にも有名な研究である。Framingham Heart Studyは1948年米国ボストン郊外のフラミンガムで心血管疾患の要因を探るために開始されたコホート研究であり，リスク因子（risk factor）という用語を最初に用いた研究である。実は心血管疾患のリスク因子として現在では常識となっている，喫煙，高コレステロール，高齢，高血圧などの多くのリスク因子がFramingham Heart Studyで明らかとなっている。Nurses' Health Studyはその名前のとおり，12万人以上の既婚看護師を登録し1970年代に開始された研究である。女性における経口避妊薬や喫煙と各種疾病との関連が検討され，運動や運動等の食習慣の健康への影響について検討がされている。女性看護師集団は一般女性集団からランダムに抽出した集団ではないため，結果を一般化する際には注意が必要である一方で，医学的専門知識を有し，医学・疫学研究に協力が得やすく信頼性の高いデータが得られることが期待される。わが国においても，非常に高い追跡率を誇る久山町研究や厚生労働省がん研究助成金による多目的コホート研究，日本ナースヘルス研究等，多くのエビデンスを創出している重要なコホート研究は複数存在する。

2.2　コホート内ケース・コントロール研究とケース・コホート研究

コホート研究は観察研究の基本の型となる研究デザインであるが，時間や費用等のコストがかかるのが最大の欠点である。特に，興味のあるアウトカムがまれな疾病の発生である場合，コホートの大半で疾病（ケース）の発生が観察されない。そこで，コホートを事前に特定し，前向きに追跡調査を実施するという特徴を活かしながら，より効率的にデータを収集し，要因とアウトカムの関連を検討する研究デザインとして，コホート内ケース・コントロール研究（nested case-control study）やケース・コホート研究（case cohort study）等が提案されている。これらはコホートの一部を対照グループ（コントロール）として活用する，より効率のよい研究デザインである。

コホート内ケース・コントロール研究は，コホート研究で行われるコホートをベースとして行われるケース・コントロール研究を指す（図1と図2の比較）。特定したコホート集団を前向きに追跡してケースを前向きに捉え，コントロールの選択は「ケースが発生した時点でイベントが発生していない集団（リスク集団）」から抽出される。

具体的な手順としては，以下のとおりである。

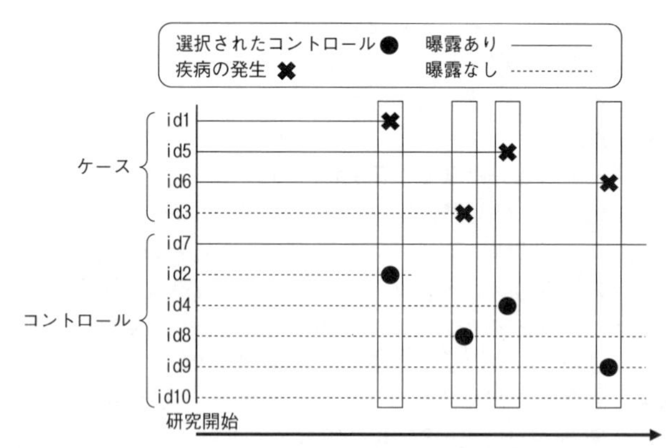

図2　コホート内ケース・コントロール研究（ケースとコントロールの一部の詳細情報を収集）

①対象となる集団（コホート）を設定する
②研究開始時に年齢や性別等必要最小限のデータを測定する。加えて，必要な血液検査やゲノム等の検体を採る
③コホートを追跡し，ケースの発生を観察する
④コホート内にケースが発生した場合，コホートから適切なコントロールを選択する
⑤ケースとコントロールの曝露情報等の詳細な情報を収集，あるいは検体の解析を実施する

以上のように，必要な情報を取得するのは全コホートの一部（ケースおよびコントロールとして選択された人のみ）でよく，特に試料測定のコストが高い場合，試料を凍結保存し，ケースやコントロールとして選択された場合だけ解凍することにより，測定コストを軽減することが可能となる。本研究デザインは前節で紹介したコホート研究と比較して効率が良い研究と考えられ，興味のある要因（曝露情報）が過去に遡って収集あるいは検体の分析ができるリサーチクエスチョンに適している。日本においても複数のコホート内ケース・コントロール研究が実施されており，例えば，多目的コホート研究を用いて，胃がんの罹患とヘリコバクター・ピロリ菌への感染との関連性[5)]，乳がんの罹患とイソフラボンとの関連性[6)]など，多くの成果が報告されている。

一方，ケース・コホート研究は，ケースに対してコントロールを選ぶのではなく，コホート全体からコントロールグループ（サブコホート）を無作為に抽出し，すべてのケースで構成されるケースグループとサブコホートを合わせた比較をすることで曝露の影響を調べる方法である。コホート全体から無作為に抽出したサブコホートはケースと関係がなく選ぶことができるため，複数の疾病（アウトカム）の研究に対して同じグループを用いることができるという利点を有する。

なお，コホート内ケース・コントロール研究とケース・コホート研究の研究デザインは，前向きなケース・コントロール研究に分類される。コホート研究と同様に前向きに症例を追跡するという点で前向き研究であるが，コホート研究は特定したコホート全症例が研究対象となるのに対して，コホート内ケース・コントロール研究およびケース・コホート研究は，コホートの中から抽出した一部症例に対してのみ曝露情報が収集され活用される[7)]。このように，標的とするコホート集団から抽出した症例を対照とする研究デザインを，ケース・コントロール研究と呼ぶ。

2.3　後ろ向きケース・コントロール研究

古典的には，「ケース・コントロール研究」といえば，試験開始時にケースとコントロールを特定して，過去に遡って要因を調べる，後ろ向きケース・コントロール研究を指す（図1と図3の比較）。コホート研究と比較してコストがかからず効率のよ

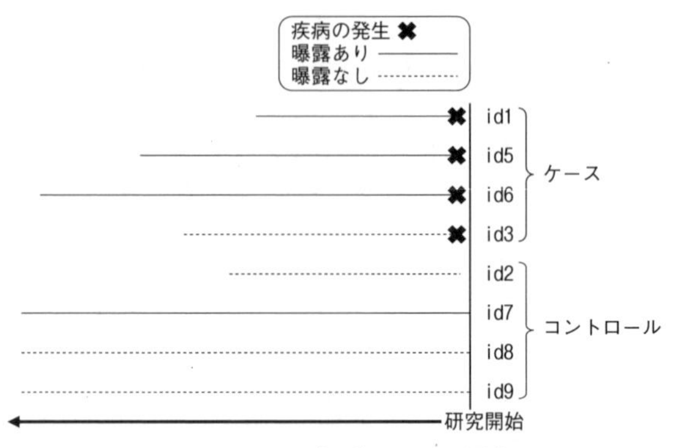

図3　後ろ向きケース・コントロール研究（ケースと選択したコントロールの情報を後ろ向きに収集）

いデザインである。

手順は，以下のとおりである。

①ケース（疾病を発生した症例）を同定する
②ケースが発生してくるもとの集団（源泉集団）から適切なコントロールを選ぶ
③過去の曝露状況を過去に遡って調査する
④ケースおよびコントロールの曝露の有無を比較する

後ろ向きケース・コントロール研究は，立てたリサーチクエスチョンに対して，「コホート研究で得られるものと同じ結果をより効率よく明らかにする」研究であるべきである。しかし，そのような後ろ向きケース・コントロール研究を実施するための最大の難しさは，コントロールの選択方法にある。コントロールの選択に際しては，②のとおり，仮にコホート研究を行った場合の仮想的なコホート（ケースが発生してくるもとの集団）において，曝露状態とは無関係に選択されなければならない。しかし，コホート集団が研究開始時に同定されていない点が，前節までに紹介した研究デザインと最も異なる。仮に，咽頭がんと喫煙の関連を調べるケース・コントロール研究を実施したとする。A病院で咽頭がんと診断された症例をケースした場合，コントロールはどのように選択するのが適切だろうか。A病院に外来通院している患者から選択した場合，その外来患者は咽頭がんが疑われた場合に当該病院に受診する同じ源泉集団に属していることが前提となる。もしその前提が正しくなければ，コントロールの選択が適切ではなく，得られる曝露要因とアウトカムの関係について選択バイアスが生じる可能性があり，コントロールの選択は注意を要する。

後ろ向きケース・コントロール研究では，曝露情報収集に際して発生するバイアスに注意が必要である。コホート研究は前向きにデータを収集するため，研究計画時に研究に必要なデータを特定し，場合によっては測定方法を標準化する等十分に準備したうえで，質の高いデータを収集することが可能である。一方，後ろ向きケース・コントロール研究は，研究開始時点ですでに存在したデータを収集する，あるいは，必要な情報を対象者にインタビュー等実施して収集することになるため，情報バイアス（**第9回**）が生じる可能性がある。例えば，過去に遡って曝露情報を調査する場合，どの程度正確に思い出せるかの程度がケースとコントロールで異なる可能性がある。ケースほど過去の潜在的な曝露要因について思い出しやすいことが知られており，このような思い出し方の偏りや不正確な思い出しにより生じるバイアスを思い出しバイアス（recall bias）と呼ぶ。このように後ろ向きケース・コントロール研究は，コホート研究と異なる特徴をもつ。

表2にこれまで説明したコホート研究とケース・コントロール研究の特徴などをまとめたので，参考にしてほしい。

2.4　後ろ向きコホート研究

後ろ向きコホート研究は，ヒストリカルコホート研究，あるいは過去起点コホート研究と呼ばれ，これまで紹介した研究デザインの中でも，比較的短期間に，そして簡便に実施しやすい研究デザインだろう。この研究は，診療カルテやレセプトデータを用いて実施することが可能であり，データ自体はコホート研究と同じく前向きに収集したものとなるが，現時点からではなく過去を起点として前向きに収集されたデータを活用して，要因とアウトカムの関連を検討する。ただし，研究開始時点ですでに収集された存在するデータしか用いることができないため，解析で必要となる交絡因子が収集されていなければ，交絡バイアスを調整することは困難である。また，収集されたデータに欠測が多い，あるいは正確でない場合には，得られる結果の解釈には注意が必要である。

表2　コホート研究とケース・コントロール研究の比較

コホート研究	後ろ向きケース・コントロール研究
源泉集団を規定することが可能	源泉集団の規定が困難， コントロールの選択が難しい
まれな疾患の研究には向かない， 複数の疾患を扱うことが可能	まれな疾患でも効率的に研究可能
発生率またはリスク，（曝露水準間の）発生率またはリスクの差や比が算出可能	オッズ比は仮定なしで算出可能 （まれな疾患のときはリスク比への近似が容易）
まれな曝露因子でも実施可能	まれな曝露因子の研究に向かない
ケース・コントロール研究で生じやすいバイアスが生じにくい	思い出しバイアスや選択バイアスが入りやすい
まれな疾患では特に，コスト（時間、費用、人）が非常にかかり，効率的でない	コホート研究と比較してコストがかからず，効率的

3．ランダム化臨床試験：治療・予防法の効果を評価

治療や予防法に対する有効性や安全性の因果効果の評価がリサーチクエスチョンである場合，最も有効な研究デザインはランダム化比較試験である。これまで紹介したコホート研究においても適切な解析手法を用いることで薬効等の評価が可能である場合も存在するが，治療や予防法の因果効果を評価するためのデザインのゴールドスタンダードはランダム化比較試験である。適切に計画され，適切に実施されたランダム化比較試験は最もエビデンスレベルの高い結果を与えることが知られている。

ランダム化比較試験は，介入研究の代表的な研究デザインであり，研究実施者が効果を評価したい介入を対象者にランダムに割り付ける（介入研究と介入の違いは**第3回**参照）。このような割り付けを無作為割付（random allocation）またはランダム化（randomization）と呼ぶ。これまで紹介した治療や測定に関するすべてに対して介入をしない観察研究とランダム化比較試験の最たる違いは，無作為割付という介入により，比較したい治療群（曝露あり／なし）間の比較可能性が生じることにある。ランダム化比較試験は，例えば，サイコロを振って偶数の目が出たら試験治療群，奇数の目が出たら標準治療群と介入（治療）を割り振るように，確率的に興味のある介入を割り付けることで，少なくとも試験開始時においては介入以外の要素は群間でバランスがとれている（背景因子の分布が等しい）ことが期待される。年齢や合併症といった既知のリスク因子以外にも，遺伝子情報等の未知のリスク因子についても，いずれかの群に偏りが生じないことが期待されるのが無作為割付の強みである。一方で，前述したとおり，観察研究では曝露あり／なしのグループ間で，曝露要因以外の第3の因子のバランスが偏っていると考えられ，単純なグループ間の比較では交絡バイアスが生じることが考えられる。

上述のとおり，無作為割付によって未知のリスク因子を含めて割り付け群間ですべての因子のバランスがとれることが確率的に期待されるものの，特に試験の参加人数が少ない場合には結果としていずれかの群に偏ってしまうことも起こり得る。そのため，層別ランダム化や最小化法等，無作為割付の手法を工夫することで既知のリスク因子のバランスがとれる対応をとることが一般的である。また，無作為割付をすることで確かに試験開始の交絡バイアスは除かれ治療群間の比較可能性は保たれるものの，試験開始後には選択バイアスや情報バイアス等が入り得るので注意を要する。これらバイアスについては**第9回**で詳述する。

4．まとめ

今回は，要因とアウトカムの関係を検討する際に適切な代表的な研究デザインとして，コホート研究，コホート内ケース・コントロール研究，ケース・コホート研究，後ろ向きケース・コントロール研究，後ろ向きコホート研究について概説した。これらのデザインは研究参加者が選択される方法やデータが収集される方法に主要な違いがあり，それぞれの利点および欠点を踏まえ，実施可能性も加味しながらリサーチク

エスチョンに応じた研究デザインを選択することが望ましい。また，治療・予防法の効果を検証するゴールドスタンダードの研究デザインとしてランダム化比較試験を紹介した。ランダム化という最強の武器を有する研究デザインであるが，実施するうえで留意すべきバイアスも存在し，それらについては**第9回**にて紹介する。

文　献

1）福原俊一．臨床研究の道標第２版〈下巻〉．特定非営利活動法人健康医療評価研究機構；2017．

2）Hernán MA, Robins JM. *Causal Inference: What If.* CRC PRESS; 2023.

3）Mahmood SS, Levy D, Vasan RS, et al. The Framingham Heart Study and the epidemiology of cardiovascular disease：a historical perspective. *Lancet* 2014; 383(9921)：999-1008.

4）Nureses' Health Study.（https://www.nurseshea lthstudy.org/selected-publications）2021.2.15.

5）Sasazuki S, Inoue M, Iwasaki M, et al. Japan Public Health Center Study Group. Effect of Helicobacter pylori infection combined with CagA and pepsinogen status on gastric cancer development among Japanese men and women：a nested case-control study. *Cancer Epidemiol Biomarkers Prev* 2006; 15(７)：1341-7.

6）Iwasaki M, Inoue M, Otani T, et al. Japan Public Health Center-based prospective study group. Plasma isoflavone level and subsequent risk of breast cancer among Japanese women：a nested case-control study from the Japan Public Health Center-based prospective study group. *J Clin Oncol* 2008; 26(10)：1677-83.

7）Rothman KJ．矢野英二，橋本英樹，大脇和浩（監訳）．ロスマンの疫学　科学的思考への誘い 第２版．篠原出版新社；2013．

第5回　データの分布と1変数の要約

川原　拓也，坂巻　顕太郎

1.　はじめに

調査や実験を通して得られた各個人のデータから，あるグループ（集団）におけるデータの特徴を解釈するには，データの適切な要約が重要である。例えば，心筋梗塞患者の収縮期血圧の解釈を考える。各個人の値は治療の選択などに必要と考えるかもしれないが，「心筋梗塞患者」という集団の特徴は個人ごとの値を見てもわからず，集団の特徴がわからなければ，各個人の値も解釈はできない。研究におけるデータの要約の第一歩は，データを得た集団の特徴をまとめることであり，論文における「表1」を作成することである。**表1**のように，要約指標（summary measure）または要約統計量（summary statistics）をデータ（変数の分布）の特徴を示す値として「表1」に記載することで，研究結果の一般化可能性や比較研究における群間の比較可能性を検討する。

医学系研究で扱うデータは，離散変数（discrete variable），連続変数（continuous variable），生存時間変数（time-to-event variable）のいずれかに分類できる。ここでいう「変数」は，簡単には「データ」のことであり，「尺度」と呼ばれる場合もある（正確にはこれらは区別される）。以下では，離散変数や連続変数の要約統計量，「表1」における要約統計量の記載，1つの変数に関する様々な情報を表現するグラフ，について説明する。なお，生存時間変数については**第13回**に解説を任せる。

2.　データの型と図表による提示

2.1　離散変数

離散変数の中でも，「あり」または「なし」，「65歳以上」または「65歳未満」など

表1　仮想的な介入研究での「表1」

	介入群（N＝250）	非介入群（N＝250）	全体（N＝500）
年齢[a]	35.0（5.1）	34.4（5.1）	34.7（5.1）
≦30歳	40（16）	55（22）	95（19）
30-40歳	170（68）	155（62）	325（65）
≧40歳	40（16）	40（16）	80（16）
性別（女性）	221（88）	213（85）	434（87）
職種			
看護師	118（47）	129（52）	247（49）
保健師	73（29）	76（30）	149（30）
その他	59（24）	45（18）	104（21）
勤務年数[b]	3.1（1.2, 6.9）	3.4（1.4, 7.2）	3.2（1.3, 7.0）

注　指定がない箇所は頻度（割合%）を表す。
　a：平均値（標準偏差），b：中央値（第一四分位数，第三四分位数）

のように，2つのカテゴリのいずれかの値をとる変数を2値変数（binary variable）とよぶ。例えば，心筋梗塞発症の「あり」「なし」といった結果（結果変数），「新治療」「標準治療」，「喫煙者」「非喫煙者」といった原因（説明変数）など，医学系研究では2値変数が扱われることが多い。

2値変数に対する要約統計量に，頻度（frequency）と割合（proportion）がある。頻度は，カテゴリ内の人数や，ある事象（event）の発生回数などを表す。割合は，心筋梗塞発症の例を使うと，

発症割合＝(発症ありの人数)／(発症ありと発症なしの合計の人数)

という計算から求まる。一般には，×100をして，パーセントで表記することが多い。説明変数のカテゴリごとに結果変数の割合（リスク）を比較する，2値変数である原因と結果の関連を検討するなどもよく行われる。

離散変数が3つ以上のカテゴリをとり得る場合，カテゴリに順序があるかないかが解釈するうえで重要となる。例えば，「あなたの健康状態は？」という質問に対する「1. よい」「2. ややよい」「3. 普通」「4. あまりよくない」「5. よくない」という回答は，カテゴリを表す数字が大きいほど健康状態が悪いことを示すため，順序性を持つ離散変数である。このような変数のことを順序変数（ordinal variable）と呼ぶ。ただし，順序変数の数字（の差）の解釈には気をつけなければいけない。例の場合，「1」と「2」，「3」と「4」はともに1の差であるが，カテゴリ自体が意味する健康状態の差が同程度（1の差）とは限らない。そのため，順序変数を後述する連続変数のように扱い，平均値を算出して解釈することには注意が必要である。一方で，「看護師」「保健師」「助産師」「栄養士」「その他」などのように，カテゴリが順序性を持たない離散変数を名義変数（nominal variable）と呼ぶ。名義変数でも，

看護師の割合＝(看護師の人数)／(すべての職種の合計の人数)

という計算から割合が求まる。他の職種，例えば保健師の割合の場合，分子が（保健師の人数）に置き換わり，割合の分母は合計の人数のままである。このような計算は順序変数でも可能である。

2.2　連続変数

連続変数は，例えば，身長のように171.083...cmと概念上は小数点以下どこまでも細かい値をとることができる，連続的な値をとる変数のことである。連続変数（の分布）は様々な特徴を持っており，要約統計量も複数存在する。一般的には，データの中心（分布の位置）とデータのばらつき（分布の広がり）からデータを解釈することが多いため，以下では，関連する要約統計量を述べる。その他にも，分布の形状，歪（ゆが）み，

第5回

尖(とが)りを表す要約統計量なども存在するが，これらについては他の文献（例えば，Altmanの教科書[1)]）を参照してほしい。

(1) データの中心：平均値，中央値，最頻値

平均値（mean, average）はデータの中心を表すために最もよく用いられる。例えば，7人の受診回数のデータ（1,2,3,5,7,15,100）の平均値は，全員のデータを足したもの（133）をそのデータ数（7）で割って，19と計算できる。一般には，n個のデータ（$x_1, x_2, \cdots, x_n$）の平均値は，

$$\bar{x} = \frac{x_1 + x_2 + \cdots + x_n}{n} = \frac{\sum_{i=1}^{n} x_i}{n}$$

という計算から求まる。平均値は，データの値とデータ数を考慮した中心で，物理学でいうところの重心として解釈できる。イメージとしては，

{データの値と平均の差（距離）×その値のデータ数（重み）}の合計

が平均値の左右で等しく，その点で支えればバランスがとれるという意味での中心である。

中央値（median）は，データを小さい順に並べたときの真ん中の値である。1,2,3,5,7,15,100の7個のデータがある場合，5未満のデータは1,2,3の3個，5を超えるデータは7,15,100の3個である。したがって，このデータの中央値は5となる。例におけるデータの100が20000だとしても，データの大小関係は変わらないため，中央値は5のままである。このように中央値は，その値の左右にあるデータ数だけを考慮した中心である。なお，データ数が偶数個の場合などの計算については他の教科書[1)]に任せる。

最頻値（mode）は，分布で最も頻度の多い値を表す。分布の形状が1山の場合には山が最も高くなる（頻度が最も多くなる）値が最頻値であり，直感的にわかりやすい。ただし，データ数が少ない場合，あるいはデータ数が多くても同じ値をほとんど持たない場合は，最頻値の利用に注意が必要である。例として，1,2,5,6,10,10という6個のデータを考える。この場合，あるいは10が2つ，その他は1つずつであることから，最頻値は10であるが，最大値も10である。そのため，このデータにおける最頻値がデータの中心を表しているとは考えにくい。

データの中心を表す平均値，中央値，最頻値の3つの要約統計量は，分布が左右対称である（分布に歪みがない）ときは同じ値になるため，いずれもデータの中心として使うことができる（**図1左**）。一方で，分布が左右対称ではない（分布に歪みがある）ときは，中心から離れた値に平均値が大きく引っ張られる。**図1右**のような右に裾が長い分布の場合には，最頻値，中央値，平均値の順（左に裾が長い分布の場合に

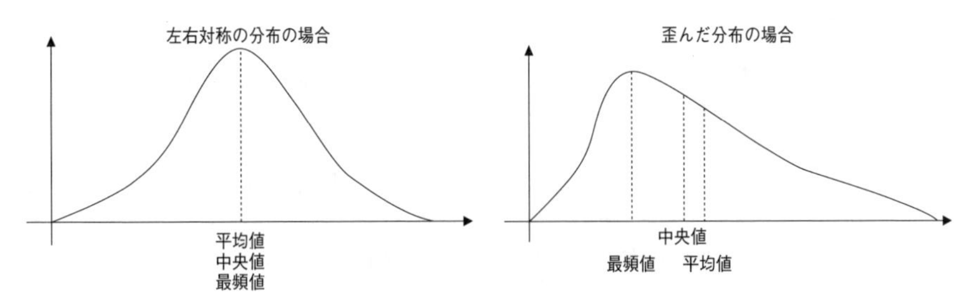

図1　平均値・中央値・最頻値の位置

は逆の順）に並ぶ。このような歪んだ分布の中心（分布の位置）を表す場合，平均値ではなく中央値が使われることが多い。

(2)　データのばらつき：分散，標準偏差，範囲，四分位範囲

分散（variance）は，平均値を中心とした場合にそれぞれのデータが中心からどの程度ずれているか（ばらついているか）を表す要約統計量である。一般的な計算式は，

$$s^2 = \frac{(x_1 - \bar{x})^2 + (x_2 - \bar{x})^2 + \cdots + (x_n - \bar{x})^2}{n} = \frac{\sum_{i=1}^{n}(x_i - \bar{x})^2}{n}$$

のように，ずれの2乗の平均である。単純にずれを平均すると必ず0になってしまうため，数学的にも扱いやすいずれの2乗の平均で定義される（リスク関数としての正当化のほうがより直感的である）。分散は，データが平均値から離れてばらついているほど大きな値となる。上記の分散は標本分散とよばれる。分散はこれ以外にも不偏分散と呼ばれるものがあり，標本分散の計算式の分母 n を $n-1$ に置き換えたものである。標本分散はデータの記述，不偏分散はデータが収集された母集団におけるデータの分布を推測する際に用いる。推測統計の考え方については**第7回**に譲るが，$n-1$ を用いる理由は文献[2)]などを参照してほしい。

分散の計算において，データと平均値の差の2乗をとったことから，分散の単位はデータの単位の2乗となる。例えば，㎝の単位を持つ身長では，分散の単位は㎝×㎝＝㎠となる。データや平均値と単位を合わせたほうがデータのばらつきを解釈しやすいため，分散の平方根をとる。これを標準偏差（standard deviation）と呼ぶ。左右対称な分布（正規分布など）の場合，平均から±1標準偏差の範囲内に約68％のデータが，±2標準偏差の範囲内に約95％のデータが含まれる[1)]。

データの最小値，第1四分位数，中央値，第3四分位数，最大値，の5つで分布の広がりを表すことがある（五数要約）。データを小さい順に並べたとき，その値より下の値をとるデータ数が1/4となる値が第1四分位数，3/4となる値が第3四分位数である。

したがって，9個のデータであれば1,3,5,7,9番目のデータを用いると五数要約となる。一般的な計算は，教科書[1)]を参照してほしい。なお，四分位数の定義はこの他にも複数存在する[3)]。四分位数は，パーセンタイル（パーセント点）の特別な場合である。αパーセンタイル（αは0から100の間）は，その値より下の値をとるデータ数が全データ数のαパーセントである値である。したがって，第1四分位数と第3四分位数は，それぞれ25パーセンタイル，75パーセンタイルである。

範囲（range）は分布の広がりを最も単純に表す要約統計量で，

範囲 ＝ 最大値 － 最小値

という計算により求まる。先ほどの1,2,3,5,7,15,100の7個のデータでは，最大値は100，最小値は1であることから，範囲は100－1＝99と求まる。範囲は単純で理解しやすいものの，この例での最大値のように，飛び離れたデータに引っ張られてしまうという特徴を持つ。四分位範囲（inter quartile range）は，飛び離れたデータの影響を受けにくい要約統計量で，

四分位範囲 ＝ 第3四分位数 － 第1四分位数

という計算により求まる。例えば，第1四分位数が2，第3四分位数が15のとき，四分位範囲は15－2＝13と求まる（なお，第1四分位数,第3四分位数のセット（2,15）を四分位範囲と呼ぶこともある）。四分位範囲は最大値や最小値付近のデータを考慮に入れないため，飛び離れたデータの影響を受けにくい。

2.3　論文における「表１」を作成する際の注意点

「表1」では，集団（研究対象者の全体，介入を受けた集団（介入群）など）を列に，背景因子を行にとり，それぞれのセルに対応する背景因子の要約統計量を記載する。**表１**に示した「表1」の例のように，列頭，行頭に集団や背景因子のラベル（見出し）を記載するが，その作法は様々ある。ここでは，列ラベルに集団の人数，性別のような2値変数の行ラベルは片方のカテゴリの情報だけを示していることがわかるように記載している。このように必要な情報を簡潔にまとめることが重要である。

列にどの集団を含めるかは，研究デザインによって考え方が異なる。コホート研究や介入研究では，比較する曝露や介入のカテゴリ（群）ごとの集団に対する背景因子の要約を提示することが一般的である。なぜなら，曝露や介入と結果の（因果）関係を歪ませる原因（交絡因子）の分布が，比較群間で異なるかどうか（内的妥当性）を確認することが重要であるからである。また，研究対象者全体の列も設ける場合がある。これは，研究結果を外部集団に適用することができるか（外的妥当性）を確認するうえで有用である。一方，ケース・コントロール研究では，ケースとコントロール

の別に列を設けることが一般的である。ただし，内的妥当性の確認が目的ではなく，ケースとコントロールが同一集団からサンプリングされているかをある程度確認するという目的にとどまる[4)]。なお，ケースとコントロールの合算には意味がないため，ケース・コントロール研究では研究対象者全体の列は不要である[4)]。

行に含める背景因子として，解析に用いる因子（例えば，回帰モデルでの調整変数）は必須である。加えて，何らかの理由で解析には用いない潜在的な交絡因子や，カテゴリごとに曝露や介入の効果が異なる因子（効果修飾因子）を提示することも有用である[4)]。離散変数はそのままのカテゴリで要約統計量を提示することが原則であるが，併合したカテゴリを解析に用いる場合には「表1」でも併合後のカテゴリを提示すべきである。連続変数でも，例えば，年齢を20歳代，30歳代，40歳以上とするように，解析目的に応じてカテゴリ分け（離散変数化）する場合がある。この場合には，連続変数としての要約統計量に加えて，離散変数としての要約も有用である[4)]。

離散変数では，各セルに提示する要約統計量として，頻度と割合を提示する。割合の小数点以下の桁数は，多すぎないように気をつけるべきである。全体の頻度がそれほど大きくなければ，整数値（例えば73%）や小数第1位まで（例えば73.3%）として提示すれば十分である。連続変数では，平均値と標準偏差，もしくは中央値と四分位範囲（第1四分位数，第3四分位数）を提示することが一般的である。特に，**図1右**のような左右非対称な分布を持つデータの場合には，中央値と四分位範囲を提示することが推奨されている[5)]。四分位範囲は，データの中心付近の50%のデータが含まれる範囲として解釈可能であり，中心から外れた値の影響を受けないため，範囲より四分位範囲の提示が好まれる。

2.4　1変数を要約するグラフ

連続変数を平均値や分散などの要約統計量で表すことは，データの分布を把握しやすくなるというメリットをもつ一方で，データの情報のうち要約統計量に反映されない部分を失うというデメリットをもつ。グラフは，情報のロスを少なく，効率的にデータの特徴を提示できる。さらに，データがもつ傾向性を把握しやすいという特長を持つ。グラフによりデータを視覚的に提示することは，要約統計量を超えたデータの特徴を把握する上で非常に有用である。

離散変数をグラフにより図示する際，円グラフや棒グラフがよく用いられる。**図2左**の円グラフは，各カテゴリの割合に比例する中心角をもつ扇形から割合を図示している。円グラフでは扇形の内部か横にそのカテゴリの頻度を記載することがある。**図2右**の棒グラフは，各カテゴリの頻度（または割合）に比例する長さをもつ棒から頻度（割合）を示す。

グラフを作成する際は，「単純で理解しやすいグラフを作る」という原則を念頭に置くことが望ましい[6)]が，カテゴリ数が多いときに困難となる。円グラフは，カテゴリ数が多すぎると視覚的に把握しづらくなってしまうため，カテゴリを併合して数を

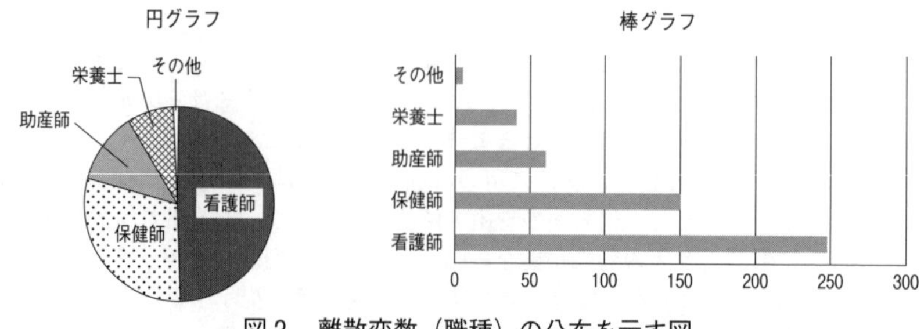

図２　離散変数（職種）の分布を示す図

減らすなどの工夫が必要となる。棒グラフは，カテゴリ数が多いときにも，カテゴリ間の頻度を視覚的に比較するうえで有用であろう。

連続変数（の分布）の図示によく用いられるヒストグラム，箱ひげ図，ビースウォームプロット（beeswarm plot）を**図３**に示す。例として，医療機関での勤務年数をまとめた。ヒストグラム（**図３上**）は，連続変数をカテゴリ（階級）に区切り，カテゴリ別の頻度をグラフにしたものである。箱ひげ図は，**図３下**のうち四角形とそれに付随する直線からなるグラフで，第1四分位数と第3四分位数で囲まれた「箱」，

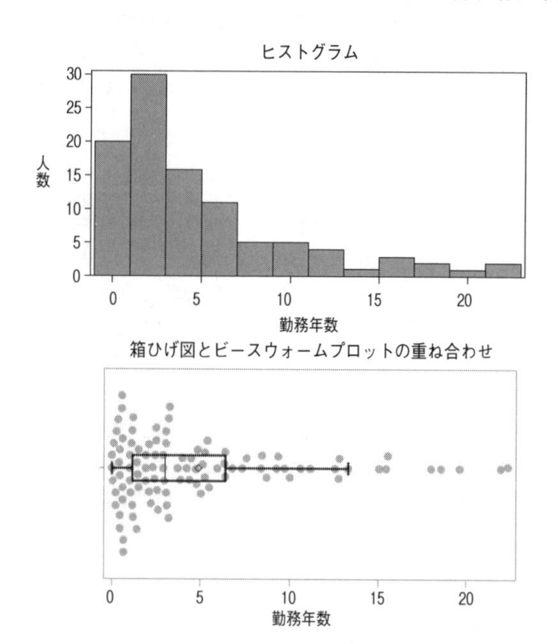

図３　連続変数（医療機関での勤務年数）の分布を表す図

箱の中に中央値を表す印（直線など），および箱の端から最小値・最大値もしくは1.5×四分位範囲の短い方まで直線を引っ張った「ひげ」をもつものである。1.5×四分位範囲よりも大きな値または小さな値はひげの外側に値があるため，そのようなデータが存在する場合は対応する位置に点描するなどして外れた値を図示する。ビースウォームプロットは，**図3下**のうち同じ値のデータの重なりを避けるように広げてプロットしたグラフであり，個々のデータの正確な値がわかるためヒストグラムを詳細にしたグラフと理解できる。いずれの図もデータの分布を視覚的に把握するために優れたものである。データ数が多くない場合は，四分位数の情報は不安定であるため，すべてのデータの値を提示できるビースウォームプロットか，箱ひげ図と重ねた図（**図3下**）の提示がよい。

ヒストグラムや箱ひげ図により，分布が左右対称かどうか，中心から大きく離れたデータ（外れ値）が存在するかどうかを確認することができる。結果変数が正規分布に従うこと（正規性）を仮定している場合や線形回帰モデルなどの統計手法では，分布の形状や外れ値に大きく影響を受けることがあるため，分布の確認は重要である。ヒストグラムや箱ひげ図以外にも，Q-Qプロットなどのグラフによる分布の確認手法や，検定による確認手法も存在する[1)]。ただし，データの正規性は推測統計の文脈で解釈する必要がある。ここでいう正規性は母集団におけるデータが正規分布に従うことを意図しており，観測されたデータの分布が正規分布の形状をしていることを意味しているわけではない。したがって，データ数が少ないときには，母集団のデータの分布の形状を推測するのが困難であり，ひいては正規性を確認することが困難であることに注意が必要である。

3. おわりに

今回は，離散変数と連続変数の要約方法とグラフを紹介し，研究対象者の背景を表す「表1」の作り方を説明した。「表1」は，研究結果の解釈をするうえで非常に重要である。コホート研究において曝露群と非曝露群の背景因子の分布が異なるのであれば，どういった結果の歪み（バイアス）を引き起こすのか，適切な解析方法が選択できているのか，研究の限界に影響するのかなど，多くのことが「表1」をもとに検討される。その他の研究デザインにおいても，今回の研究対象者がどのような特徴を持ち，外部の集団へ研究結果を適用することができるかなどを考察することは重要である。

今回は1変数を要約する方法を紹介したが，結果変数と説明変数のような2変数の要約については，**第6回**で確認する。

文　献

1）Altman DG. 木船義久，佐久間昭（訳）. 医学研究における実用統計学. サイエンティスト社, 1999.

2）東京大学教養学部統計学教室（編）．統計学入門（基礎統計学Ｉ）．東京大学出版会; 1991.
3）Langford E. Quartiles in elementary statistics. *Journal of Statistics Education* 2006；14（3）：1-20.
4）Hayes-Larson E, Kezios KL, Mooney SJ, et al. Who is in this study, anyway? Guidelines for a useful Table 1. *J Clin Epidemiol* 2019；114 : 125-32.
5）Vandenbroucke JP, von Elm E, Altman DG, et al. Strengthening the Reporting of Observational Studies in Epidemiology（STROBE）：explanation and elaboration. *Epidemiology* 2007；18：805-35.
6）Webb C. Presenting tables and figures. *J Adv Nurs* 2005; 49（3）: 229.

第6回　2つの変数の関係と要約

川原　拓也，坂巻　顕太郎

1．はじめに

医学系研究では，各対象者の年齢と収縮期血圧のような，2つの特性（変数）の関係に着目することがある。介入効果の評価が目的の研究では，治療などの介入変数と治癒などの結果変数（アウトカム）の2つの変数の関係に興味がある。ただし，医学系研究で検討される変数の関係は様々であり，例えば，喫煙の有無とがんの発生（曝露とアウトカムの関係），QOL（Quality of life）質問票の構成（質問項目間の関係），介入前と介入後24週時点の重症度スコア（介入前後の変化），心疾患と血圧値（真に測定したいアウトカム（true outcome）とそれを代替するアウトカム（surrogate outcome）の関係），などがある。今回は，介入（もしくは曝露）とアウトカムの2変数の関係に主に着目する。正確には「介入」と「曝露」は異なるものだが，可読性を考慮し，今回は「介入」を用いて説明する（一部を除く）。

2変数の関係を考える際，相関（correlation）と因果（causation）の違いに注意が必要である。（統計学における）相関は，2つの変数の間に直線関係に近い傾向が見られる[1)]，という意味で用いられることが多い。例えば，一方の変数の値が大きいともう一方の変数の値も大きいという関係である。年収が高いと収縮期血圧も高いという関係は「相関」である。変数の相関は，一方の変数がもう一方の変数に影響するという因果関係を必ずしも意味しない[1)]。先述の例では，年収の上昇が収縮期血圧の上昇に影響する，またはその反対の関係を意味するものではなく，2変数の相関に因果関係はない。実際には，年収と収縮期血圧の両方に影響する年齢を介して2変数の相関が生じているという見かけ上の相関[1)]であることに注意が必要である（これを「擬似相関」と呼ぶこともあるが，相関を区別する必要はないという意見もある）。介入効果の評価が目的の研究においても同様な問題（介入とアウトカムの因果関係が歪められる問題）が生じる可能性がある。その問題を交絡（バイアス）という（**第9・10回**）。今回は，交絡などにより2変数の関係が歪められていない状況を想定する。

以下では，介入効果を評価する研究における介入とアウトカムの関係（関連）の検討方法を概説する。**第5回**でも述べたように，変数の型によって変数の要約方法が異なるため，2節で離散変数（離散アウトカム），3節で連続変数（連続アウトカム）の説明をする。介入が離散変数（アスピリン服用・非服用など）の場合，群ごと（服用グループ，非服用グループなど）でアウトカムの要約（**第5回**：1変数の要約）を行い，これらの群間比較により介入とアウトカムの関連を検討する。介入（説明変数）とアウトカムがともに連続変数の場合を4節で説明する。

2.　離散アウトカムの要約と群間比較

2.1　分割表（クロス集計表）による要約

群間での離散アウトカムの要約には分割表（contingency table）を用いることができる。分割表はクロス集計表（cross-tabulation table）とも呼ばれる。分割表に記載する内容（**第5回**：頻度と割合）は研究デザイン（データの集め方）と関連するため，以下では，研究デザインごとに説明する。各研究デザインについては**第3・4回**を参照してほしい。分割表において，介入を行と列のどちらに置くか，介入・非介入や改善の有無などの順序をどうするかは任意である（介入を行におく，順序はアルファベット順などがある）が，今回紹介するような形式を目にすることが多い。表に記載する合計や割合の考え方も研究デザインによる。

はじめに，頭痛が起きたときにアスピリンを服用する群（介入群）と服用しない群（非介入群）で頭痛改善の有無（2値アウトカム）を比較するコホート研究を考える。この結果をまとめた分割表が**表1**である。前向きにデータを集める研究デザイン（ランダム化臨床試験やコホート研究）では，介入群と非介入群の人数が研究開始時に決まるため，介入群と非介入群それぞれの合計（**表1最右列**）を分母とした2値アウトカムの割合を求める。

次に，対象となる集団（target populationまたはsource population）から心筋梗塞の発症者（ケース）と非発症者（コントロール）を150例ずつ（ランダムに）選択し，アスピリン服用（曝露）の有無を後ろ向きに測定する仮想的なケース・コントロール研究の結果を示す（**表2**）。ケース・コントロール研究では，ケースとコントロールの人数が研究開始時に決まるため，ケースとコントロールそれぞれの合計（**表2最下行**）を分母とした曝露割合・非曝露割合を求める。ちなみに，集団を前向きに追跡してアウトカムを測定するコホート研究と異なり，後ろ向きケース・コントロール研究では介入群と非介入群での2値アウトカムの割合を計算できない。

3群で2値アウトカムを比較する例として，塩分摂取量が少ない群，中程度の群，多い群の3群で，腎不全の発症の有無を調べる仮想的なコホート研究の結果を**表3**に示す。また，2群で3値の離散アウトカムを比較する例として，アスピリン服用群と非服用群で，3値の頭痛改善（顕著な頭痛改善，少しの頭痛改善，頭痛改善なし）を調べる仮想的なコホート研究の結果を**表4**に示す。3群以上で2値アウトカムを比較する場

表1　仮想的なコホート研究における2×2分割表（アスピリン服用と頭痛改善の関係）

群	頭痛改善あり	頭痛改善なし	合計
アスピリン服用群	90(30%)	210(70%)	300
アスピリン非服用群	15(10%)	135(90%)	150

表2　仮想的なケース・コントロール研究における2×2分割表（アスピリン服用と心筋梗塞の関係）

曝露	ケース（心筋梗塞発症）	コントロール（心筋梗塞非発症）
アスピリン服用	15(10%)	45(30%)
アスピリン非服用	135(90%)	105(70%)
合計	150	150

表3　仮想的なコホート研究における3×2分割表
（塩分摂取量と腎不全の関係）

群	腎不全発症あり	腎不全発症なし	合計
少ない	9(3%)	291(97%)	300
中程度	24(4%)	576(96%)	600
多い	36(8%)	414(92%)	450

表4　仮想的なコホート研究における2×3分割表
（アスピリン服用と頭痛改善の関係）

群	顕著な頭痛改善	少しの頭痛改善	頭痛改善なし	合計
アスピリン服用群	30(10%)	60(20%)	210(70%)	300
アスピリン非服用群	7 (5%)	8 (5%)	135(90%)	150

合，2群で3値以上の離散アウトカムを比較する場合にも，分割表によりデータが持つ情報を十分要約できる。ただし，いずれの場合も介入群間での比較を行う際には注意が必要である（2.2節）。

2.2　介入とアウトカムの関連を表す指標

異なる2つのグループを比較することで介入とアウトカムの関連を表す指標（関連指標：measures of association）が得られる。交絡などのバイアス[2]がなければ，関連指標は介入効果を表す指標（効果指標：measures of effect）と一致するが，今回は介入群・非介入群での2値アウトカムの要約指標（リスク（risk）：離散アウトカムの割合）を比較する関連指標として，リスク差（risk difference），リスク比（risk ratio），オッズ比（odds ratio）を紹介する。

リスク差とリスク比はそれぞれ，

リスク差 ＝（介入群のリスク）－（非介入群のリスク）
リスク比 ＝（介入群のリスク）／（非介入群のリスク）

と求める。基準（非介入群）を，リスク差では後ろ，リスク比では分母に置く。後ろ向きケース・コントロール研究ではリスクが計算できないため，オッズ比という別の関連指標を求める。オッズは，2値変数の一方の事象（疾患発症，曝露ありなど）の確率をpとすると，$p/(1-p)$と定義される。オッズ比は，比較する2つのグループでのオッズの比である。例えば，曝露に関するオッズは（曝露割合）／（非曝露割合）であり，曝露オッズ比は，

曝露オッズ比 ＝（ケースでの曝露オッズ）／（コントロールでの曝露オッズ）

である。また，疾患発症に関するオッズは（リスク）/(1-リスク）であり，発症オッズ比は，

発症オッズ比 ＝（介入群での発症オッズ）／（非介入群での発症オッズ）

と計算される。ちなみに，曝露オッズ比と発症オッズ比は異なるオッズから計算されるものの，数式としては一致する[3]。後ろ向きケース・コントロール研究ではリスク差やリスク比は求められないものの，（対象とする）集団全体から適切にケースとコントロールを選択した場合，その集団全体での発症オッズ比に一致する曝露オッズ比を求めることができる。

リスク差は-1から1の間，リスク比とオッズ比は0より大きい値をとり得る。なお，分母が0となる場合にはリスク比やオッズ比は定義できない。介入群と非介入群のリスクが等しいときには，リスク差＝0，リスク比＝オッズ比＝1となり，介入とアウトカムの関連がないことを表す。リスク差>0（<0），リスク比>1（<1），オッズ比>1（<1）は，介入群の方が非介入群よりもリスクが高い（低い）ことを表す。

リスク差は絶対指標，リスク比とオッズ比は相対指標と呼ばれる。絶対指標は公衆衛生学的な判断の目的で用いられるのに対し，相対指標は介入とアウトカムとの関連の強さを測る目的で用いられる[2]。基準となるリスクの異なる集団間で関連指標の大きさを比較するときや，複数の研究の結果を統合するときには相対指標が使用されることが多い[4]。

例として，**表 1** から介入とアウトカムの関連指標を算出する。頭痛改善に関するリスク差は30％－10％＝20％となり，非介入群のリスクより介入群のリスクが20％大きいことを表す。リスク比は，30％／10％＝3.0となり，非介入群のリスクと比較して介入群でのリスクが3倍であることを表す。（発症）オッズ比を計算すると，

$$\frac{(90/300)/(1-90/300)}{(15/150)/(1-15/150)}=3.9$$

となる。オッズ比には統計的な性能のよさ[5]があるが，オッズ比からリスクの関係を適切に（臨床的に）解釈することは難しい。リスクが低いときにはオッズ比はリスク比の近似として利用できる[2]が，**表 1** のようにリスクが高いときには，リスク比よりもオッズ比の方が1より離れた値となる。なお，オッズ比もリスク比も相対リスク（relative risk）と呼ばれることがあるため，相対リスクが何を指しているかには注意が必要である。

今回は説明しないが，リスク差，リスク比，オッズ比以外にも，寄与割合，相対リスク減少など他の関連指標もある。これらも基本的に各群のリスクを元に計算される。詳細は，教科書[2]を参照してほしい。

3群以上で2値アウトカムを比較する場合（**表 3**）や2群で3値以上の離散アウトカムを比較する場合（**表 4**）には，研究目的によって関連指標を分けて考える必要がある。例えば，**表 3** に示したデータ全体を1つの関連指標で要約する方法もある[6]が，ある2群に注目して関連指標を計算する場合もある（塩分摂取量が少ない群と中程度群の比較など）。また，**表 4** に示したデータでは，あるカテゴリに注目して関連指標を計算

することがある（顕著な頭痛改善のリスク差など）。いずれの場合も，自らの仮説に有利となる関連指標を過大に報告する（cherry picking）ことがないように，研究計画時に研究目的を明確にし，それに沿った要約を行わなければならない。

3.　連続アウトカムの要約と群間比較

3.1　グラフによる群ごとの要約

VAS（Visual analogue scale）を用いて頭痛の程度（0mmから100mmの連続アウトカム）を測定する状況を考える。VASの分布を介入群・非介入群で比較するために，まずはそれぞれの群でアウトカムの（1変数の）要約（要約統計量計算やグラフ作成）をする。**第5回**に述べたように，連続アウトカムの分布の特徴を把握するためにはグラフが有用である。それぞれの群でアウトカムの分布を表す（1変数の）グラフを描画し，これらを並べた図が**図1**である。群ごとの個々のデータを表すビースウォームプロット（**図1左**）や，群ごとの分布の形状を表すバイオリンプロット（凹凸のあるデータの分布を滑らかなカーブにより近似し，シンメトリックに描画したグラフ）（**図1中**）を群間で見比べることで，介入（アスピリン服用）によりVASの分布が全体的に下方（改善方向）に移動する可能性が示唆されている。さらに，箱ひげ図（**図1右**）からは，分布を表現する要約統計量（中央値，四分位点など（**第5回**））が群間でずれる程度も確認することができる。

群ごとの連続アウトカムの平均を棒グラフ（高さが平均値を表す）で表現するものが散見されるが，分布全体を表現できないため，好ましい方法ではない[7]。特に，群ごとの棒グラフの上にTのような形の線（Tの縦線の長さが標準偏差もしくは平均値の精度を表すことが多い）が載っているグラフ（dynamite plunger plot）は，誤った解釈を導く危険性があることが指摘されている[7]ため，使用は避けるべきであろう。

医学系研究では，連続アウトカムを経時的に測定する場合がある。要約統計量やグラフ（**図1**）で分布を要約する前に，対象者ごとの経時推移を（群ごとに）確認する

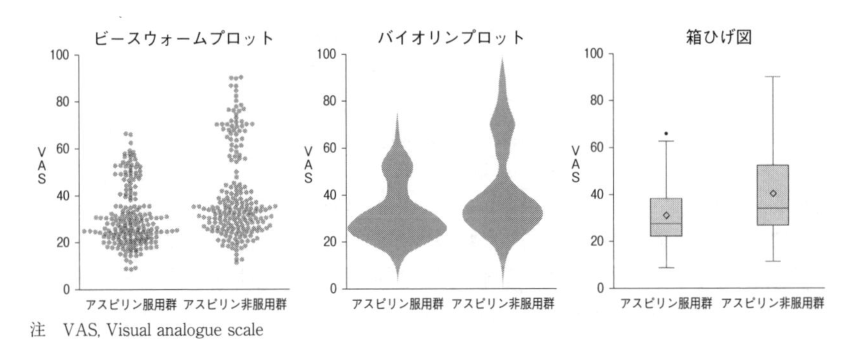

注　VAS, Visual analogue scale

図1　群間で連続アウトカムの分布を比較する際に用いる図（介入とVASの関連）

ことは有用である。横軸を時点，縦軸を連続アウトカムの値とした平面上にデータをプロットし，対象者ごとに線で結んだグラフは，スパゲティプロットと呼ばれる。ベースライン時点からの変化量をプロットし，対象者ごとに線で結んだ同様のグラフは，スパイダープロットと呼ばれることがある。対象者数が多いときには，これらのプロットは煩雑になるため，**図1**のグラフ（バイオリンプロットや箱ひげ図）を時点・群ごとに作成し分布を要約することもある。要約を超えた（推測統計の）解析を行うときには，同一の対象者内でのアウトカムの関連（ベースライン時のVASが大きい対象者では，介入後のVASも大きいなど）を考慮しなければならない。

3.2　介入とアウトカムの関連を表す指標

各群での連続アウトカムの要約統計量を比較することで，介入とアウトカムの関連を表す指標を求めることができる。よく用いられる関連指標は，平均値の差（mean differenceもしくはdifference in means），

平均値の差 ＝（介入群の平均値）－（非介入群の平均値）

である。例えば，介入群のVASの平均値が31.1，非介入群のVASの平均値が40.3であれば，平均値の差－9.2は，介入群のほうが非介入群より平均的に9.2だけ改善方向にあることを意味する。

研究によって，同じ概念が異なる評価指標で測定される場合がある（身体機能に対するHAQとSF-36[8]など）。これらを統一的に扱い，比較や統合を行いたいとき，異なる評価指標のアウトカムのばらつきの大きさを調整した関連指標である，標準化された平均値の差（標準化差，SMD：standardized mean difference），

SMD ＝（平均値の差）／（2群全体のアウトカムの標準偏差）

が用いられることがある。SMDは効果量（effect size）やCohen's dと呼ばれることもある。SMDはデータ数を反映しない指標であるため，その値の大きさのみで関連の大きさを評価する（0.2なら小さい差，0.5なら中程度の差，0.8なら大きい差，などの基準がよく使われる）のではなく，**第7回**で説明する信頼区間等も考慮に入れなければならない。

3群以上で連続アウトカムを比較する場合にも，2群比較の場合と同様に，それぞれの群でアウトカムの分布を表す（1変数の）グラフを描画し，これらを並べて比較することは有用である。群間比較の要約については，離散アウトカムのときと同様に，研究目的によって様々な方法が考えられる。

4. 2つの連続変数の関連：散布図と相関係数による要約

X：VAS（連続変数）とY：日常生活における全般的なQOL（連続変数）を考える。2つの連続変数の関係は，個人のXとYの値をそれぞれX軸（横軸）とY軸（縦軸）の対応するところ（2次元平面上の座標）にプロットした散布図（scatter diagram）により表現できる（図2，図3）。

2変数の関連を表す代表的な指標は，相関係数（correlation coefficient）である。n個の2変数のデータ（x_1, y_1），…，（x_n, y_n）におけるPearsonの（積率）相関係数rは，

$$r = \frac{\sum_{i=1}^{n}(x_i - \bar{x})(y_i - \bar{y})}{\sqrt{\sum_{i=1}^{n}(x_i - \bar{x})^2}\sqrt{\sum_{i=1}^{n}(y_i - \bar{y})^2}}$$

により定義される[1)]。ただし$\bar{x}$，$\bar{y}$は各変数の平均値である。単に「相関係数」というと，このPearsonの相関係数を指すことが多い。Pearsonの相関係数は，2変数の直線的な関係を表す指標である。相関係数は，VASとQOLの散布図での関係が直線的に右下がり（VASが高いとQOLが低い）のときには負（の相関），直線的に右上がり

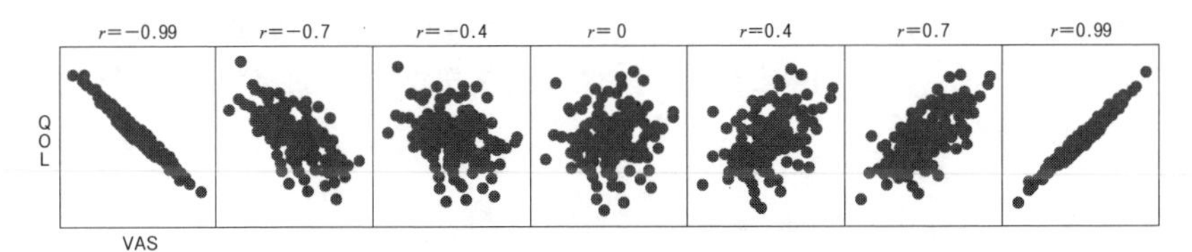

図2　散布図ごとのPearsonの相関係数の大きさ

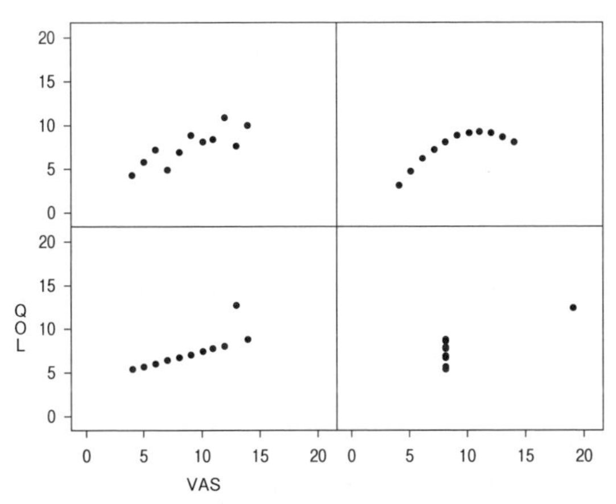

図3　Pearsonの相関係数が0.82となる4つのグラフ

（VASが高いとQOLも高い）ときには正（の相関），いずれでもない（VASとQOLに関連がない）ときにはゼロ（無相関）となり，-1から1の範囲で表される。相関係数の値ごとの散布図の見た目（データのばらつきの程度）は**図2**を確認してほしい。相関係数の絶対値が0.4より小さいときは2変数の関連はほとんど見られず，0.7程度で2変数の関連性の傾向が見てとれる。

2変数の関連を検討するときは，相関係数だけではなく，散布図を確認しなければならない。Anscombeのデータ[9]から作成できる4つの散布図（**図3**）の印象は大きく異なるが，Pearsonの相関係数はすべて0.82となる。**図3の左上**（2変数が直線的な関係を持つ）のデータでは相関係数で2変数の相関が適切に要約できていると考えられる一方で，**右上**（2変数が2次曲線の関係を持つ）のデータでは相関係数による要約は適切ではない。また，Pearsonの相関係数は飛び離れたデータの影響を大きく受けるため（**図3の左下**，**右下**のデータは，飛び離れた1つのデータを除くと相関係数はそれぞれ1，0となる），外れ値を持つデータでもPearsonの相関係数での要約は適切ではないといえる。

なお，2変数の直線的な関係ではなく，一方の変数の値が大きいともう一方の変数の値も大きいという単調な関係を表現するためには，順位相関係数（rank correlation coefficient）を用いることができる。いくつかの順位相関係数が提案されているが，SpearmanもしくはKendallの定義によるものがよく使われる。詳細は，教科書[1]を参照してほしい。

5．おわりに

今回は，介入効果を評価する研究において介入とアウトカムの関連を表す方法を，変数の型ごとに紹介した。必ずしも今回紹介した図表を用いて結果を提示する必要があるわけではないが，データがもつ介入とアウトカムの関係の情報を図表により効果的に伝えられるか，グラフを使うのであればどのグラフを使うのか，図表ではなく本文中で要約結果を述べれば十分か，などを考える必要がある。

1節において年収と収縮期血圧の見かけ上の相関について述べたが，医学系研究のなかでも介入をランダムに割り付けない観察研究では，介入とアウトカムの2変数の関連に同様の問題（交絡バイアス）が生じている可能性が考えられる。このため，特に観察研究では，介入とアウトカムの2変数の関係のみに注目しても不十分かもしれない。交絡バイアスやそれを生じさせる第3の因子を考慮した解析方法については，**第9・10回**を参照してほしい。

文　献

1）東京大学教養学部統計学教室（編）．統計学入門（基礎統計学Ⅰ）．東京大学出版会，1991.
2）Rothman KJ．矢野栄二，橋本英樹，大脇和浩（監訳）．ロスマンの疫学　科学的思考への誘い第2版．篠原出版新社，2013.

3) Lachin JM. Biostatistical Methods : The Assessment of Relative Risks (2nd ed). *Wiley* ; 2010.
4) Engels EA, Schmid CH, Terrin N, et al. Heterogeneity and statistical significance in meta-analysis : an empirical study of 125 meta-analyses. *Stat Med* 2000 ; 19 (13) : 1707-28.
5) Bland JM, Altman DG. The odds ratio. *BMJ* 2000; 320 (7247) : 1468.
6) Agresti, A. *Categorical Data Analysis* (*3rd ed*). John Wiley & Sons: 2013.
7) Drummond GB, Vowler SL. Show the data, don't conceal them. *Br J Pharmacol* 2011 ; 163 (2) : 208-10.
8) Schalet BD, Revicki DA, Cook KF, et al. Establishing a Common Metric for Physical Function : Linking the HAQ-DI and SF-36 PF Subscale to PROMIS® Physical Function. *J Gen Intern Med* 2015 ; 30 (10) : 1517-23.
9) Anscombe FJ. Graphs in statistical analysis. *Am Stat* 1973 ; 27 (1) : 17-21.

第7回　推測の基礎

上村　鋼平

1.　はじめに

第5・6回でデータの特徴を記述するための方法を説明したが，研究結果は，その研究のみの結果として記述すればよいわけではなく，研究に参加できなかった患者，将来の患者など，研究対象者以外でも同様の結果が得られるかどうかを議論する必要がある。例えば，新規治療に効果があるかどうかを標準治療との比較研究から得られたデータに基づいて議論するためには，患者個人は新規治療と標準治療のいずれか一方の治療しか受けられない（観察できない）ことを考慮して研究内部のデータを吟味する必要があり（内部妥当性[1]の議論），さらにデータが存在しない研究外部の対象でもその新規治療が有用だと推測できるかを考慮する必要がある（外部妥当性[1]の議論）。このように，データから計算された結果は，観察されていないデータ（対象集団）に関する推測に用いられる。推測に用いられる方法（推測統計学）はデータを要約する記述とは異なる考え方に基づいている。研究仮説に直結する主要な解析結果，副次評価項目（主要な解析結果をサポートするためのデータ）やサブグループ解析などの副次的な解析結果を適切に解釈するためには，「推測統計学」の考え方が必須となる。

例えば，あるワクチンの疾患発症予防効果を調べるための研究を行ったとする。ワクチン接種群と非接種群の患者背景の集計結果が，論文の「表1」にまとめられる。これは記述の方法を用いた結果である。「表2」では，各群の疾患の発症数とその割合，群間比較におけるワクチンの効果指標としてリスク比（発症割合の比）が示される。これだけを見ると記述統計学（第5・6回で説明した方法）の範疇に思えるが，実際には，リスク比はその点推定値と95％信頼区間，リスク比の検定のp値（検定の詳細は第8回）といった，推測統計学に基づく数値が主要な解析結果として「表2」に示される。「表3」以降では，「重症化」や「退院までの時間」などの副次評価項目に対する解析結果，性別や年齢層別などのサブグループ解析の結果が，「表2」と同様，効果指標の点推定値と95％信頼区間，p値（最近はp値を省略することもある）とともに示される。

今回は，なぜこのような推測統計学が必要となるかを概説し，研究結果の正しい解釈や研究計画（リサーチクエスチョンの選択やサンプルサイズ設計）のベースにある推測統計学の考え方を解説する。

2.　結果の信頼性を意味する結果のばらつき

推測統計学はなぜ必要か。研究の主要な解析結果の報告として，記述統計学に基づくリスク比やオッズ比の値を提示するだけではなぜ駄目なのか。ワクチン研究の事例を用いて考えてみよう。

2.1 データ数と結果のばらつき

例として，ワクチンを接種した場合（接種群）とワクチンを接種しない場合（非接種群）の感染割合の比較を考える。ここではワクチンの効果をオッズ比で表すとする（オッズ比が1より小さく0に近いほど，接種したほうがよいという解釈になる）。このような研究は世界中で実施される可能性があるため，数ある同様の研究のメタアナリシス（**第20回**）を行った結果として，**図1**のようなグラフが得られたとする。

Funnel plotは，各研究のサンプルサイズ（または推定誤差などの精度）と治療効果の推定値に関する散布図である[2)]。**図1**では縦軸に標準誤差を用いているが，これはサンプルサイズ（データ数）と関連するもので，上に行くほど推定精度が高い（データ数が多い）ことを意味する。横軸のオッズ比の推定値は，簡単には，**第6回**で説明した方法を用いて計算されたものと考えてよい。この図が意図するところは何か。それは，バイアス（**第9・10回**）がないとしても，結果は研究間で異なる（結果はばらつく）ということである。そして，そのばらつき方はデータ数に依存しており，データ数が少ない研究（グラフの下のほう）でのオッズ比は大きくばらつき，データ数が多い研究（グラフの上のほう）でのオッズ比は小さくばらつくということもわかる。ちなみに，“funnel” とは「漏斗」のことで，**図1**の点線はデータ数が少ないほど結果（オッズ比）が大きくばらつく可能性を示している。さらに，オッズ比が0.3〜0.4付近（点線の三角形の頂点を通る縦線）を中心として左右に結果がばらついていることもわかる。しかし，実際のメタアナリシスにおけるfunnel plotは**図1**ほどきれいではない（例えばZheng らの研究[3)]を参照）。それは，2.2節で説明するような理由

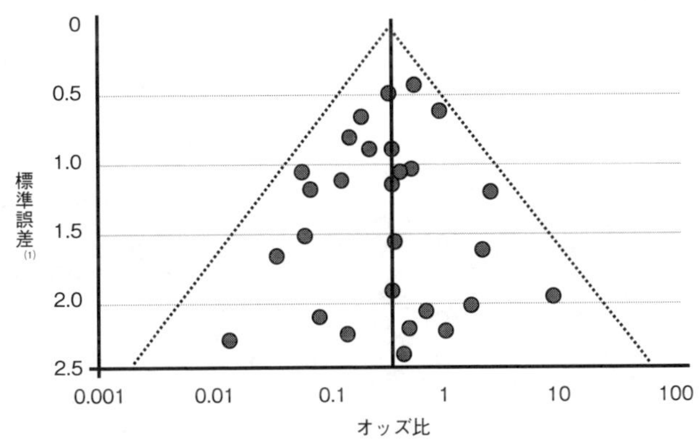

注 1) (1)データ数が少ないほど標準誤差は大きくなる点に注意
出典 Sterne JA[2)]を参考に改変

図1 研究結果をまとめたfunnel plot

だけで研究結果がばらつくわけではないからである。

この例でいいたいことは，研究結果は不確実なものであり，研究結果として示される数値の信頼性（ばらつきがどの程度存在し得る結果であるか）は研究のサンプルサイズにより異なるということである。研究結果に基づく意思決定が人の健康や生命に関係する医学研究の場合，より厳密な形式で定量的にその不確実性を示したうえで，観察された感染割合の差を見極めたいと考えるのはごく自然なことであろう。

2.2　ランダムサンプリングとランダム化

では，どうして研究結果はばらつくのか。その原因として，偶然誤差（random error）と系統誤差（systematic error）が考えらえる。系統誤差は，簡単にはバイアスのことで，**第9・10回**で解説がなされる。ここでは偶然誤差により研究結果がばらつくことを見ていく。

偶然誤差が生じる原因は，研究デザイン（データの取得方法）が大きく関係しており，具体的には，ランダムサンプリングとランダム化という方法が関係している。これらは，正確な統計的推測を保証する手段であり，推測の妥当性（外的・内的妥当性）を担保する手段である[1)]。

ランダムサンプリングとは，母集団（あるいは標的集団：target population）から，確率的（ランダム）に，研究対象集団（study population）または標本（sample）を選択する方法である。例えば，ある母集団における患者のID（例えば1から始まる通し番号）がすべて決まっている場合，適当な方法から発生した番号（例えばコンピュータでランダムに生成した乱数など）と一致する患者だけを研究対象集団とすることでランダムサンプリングができる。乱数の発生は様々な組み合わせの実現が考えられるため，その出方によって異なる研究対象集団ができる。例えば，**図2**で示すように，同じ母集団からも複数の異なる研究対象集団を作ることが可能であり，これが原因で同じように研究を実施したとしても個々の研究結果はばらつく。個々の結果がばらつくにもかかわらず，ランダムサンプリングを用いることで，母集団に含まれる

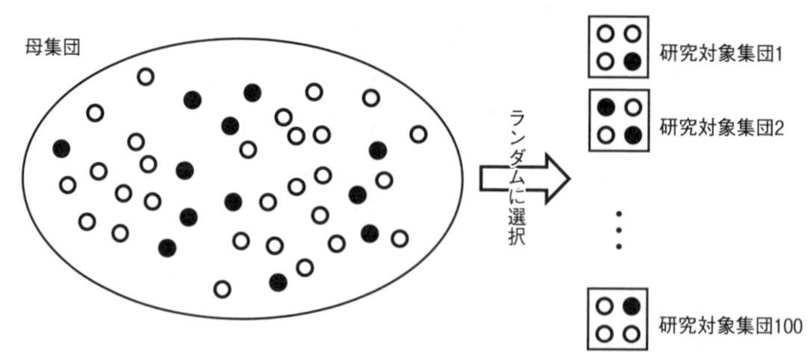

図2　ランダムサンプリングのイメージ

すべての対象を調査しなくとも，母集団全体のデータから計算される平均や治療効果などを観察したデータから正確に推測することが可能となる（外的妥当性）。

ランダム化は，研究対象集団に対して，確率的（ランダム）に治療を割り付ける方法である。例えば，コンピュータで0から1の乱数（一様乱数）を生成して，0.5未満であればワクチン接種，0.5以上であればワクチン非接種と介入方法を決定することで，ランダム化を行うことができる。これは表が出る確率が0.5のコインを投げて，表か裏かに応じて接種の有無を決めることと同じである。あるいは，ある人数の研究対象集団を，あらかじめ決めた各治療群に含める人数にランダムに分ける（ランダムに治療を割り付ける）ことでもランダム化を実施できる。例えば図3では，8人の集団を，4人のワクチン接種群と4人のワクチン非接種群に分けるパターンを示しているが，割り付けの結果は8人から4人を取り出すパターン（高校で習った組み合わせでいうと，${}_8C_4=70$通り）があり得ることになる。このようなランダム化では，70通りの割り付け結果のいずれかが等しい確率で生じることになる。

ランダム化でどのような結果が実現する可能性があったかを考えると，図3の場合，70通りのうちの1通りが実現したのみで，仮に同じような研究を実施すれば，その他の場合が実現しただろう可能性を理解することが重要である。ランダム化もランダムサンプリングと同じように，個々の割り付けの結果として得られる比較結果（点推定値）はばらつくことになるが，交絡バイアスの影響を受けずに区間推定（信頼区間）や仮説検定（またはp値）による統計的推測を行うことが可能であり，研究対象集団から正確な結論を引き出すことが可能となる（内的妥当性）。

3．点推定と区間推定

1回の研究のデータを記述するだけでは結果がばらつく（不確実性が存在する）ことは2節で説明したとおりである。この点が理解できれば，区間推定や仮説検定といった推測統計学で用いる方法に関する見通しがかなりよくなる。研究結果の信頼性

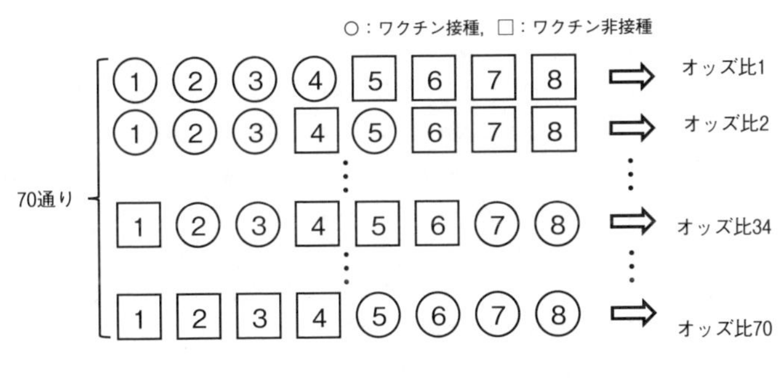

図3　ランダム化のイメージ

は，1)個々のデータのばらつき，2)データ数，に依存する。2節の例では，実際にデータ数が少ないほど，ランダムサンプリングしたデータであったとしても，研究ごとに結果は異なることを示している。個々のデータのばらつきが解析結果の信頼性に影響するかどうかについては，3.2節で示す式から理解を深めてほしい。

以下では，研究の主要な解析結果を表す点推定とその不確実性を定量化するための区間推定という枠組みについて解説する。

3.1 点推定

統計学では，1回限りの研究結果の不確実性について，統計量を通して定量的に（どの程度の大きさなのかを数値化して）扱えるようにする。統計量とは，現実の，あるいは仮想的な母集団の特性（平均や分散など）に関する値（「真値」と呼ぶこととする）を，研究データから計算するために用意される計算手順（データの「関数」，すなわちデータを流し込めば何らか別の値を返すもの）のことを指す。なお，「仮想的」と母集団に枕詞を付したのは，標本調査などと異なり，医学系研究の場合には研究対象を明示的な母集団からランダムサンプリングしていないことが多いため，統計学的な作法として，そのような状況での推測対象を明示するためである[1)]。また，確率変数（の関数）としての統計量の性質（不偏性や一致性など）は以下で説明しないが，統計学的には非常に重要な性質であるため，推測統計学の理解を深めるために統計学入門[4)]や現代数理統計学[5)]なども確認してほしい。

統計量の例として，データ（$x_1, \cdots, x_n$）の平均を求めるための数式，

$$\bar{x} = \frac{x_1 + x_2 + \cdots + x_n}{n} = \sum_{i=1}^{n} \frac{x_i}{n}$$

を考える。これは，仮想的な母集団における平均（母平均）すなわち「平均の真値」を推測するための統計量である（記述統計量としての「平均」も同じ式であるが，ここでは推測に用いる統計量としての平均として役割を与えている）。母集団の平均を推測するための統計量としては，中央値や刈り込み平均（trimmed mean）などを用いることもできる（ロバスト推定）。上述の平均に関する統計量は，真値を点で推測するため，点推定量と呼ばれる。実際に計算された平均は，厳密には点推定値（観察データから計算した値）と呼び，点推定量（データを代入して計算する前段階の関数）と区別される。ただし，推定量（統計量）は本来，実現値（観察データ）を表すxではなく確率変数（これから観察されるデータ）を表すXを用いて表現するが，簡単のため，小文字と大文字を区別しないで用いている点には注意してほしい。ここでは平均を例にしているが，比較研究で求める平均の差，リスク差，リスク比，オッズ比なども点推定量として捉える必要がある。

点推定値がばらつくことの理解を深めるために，同様の研究を繰り返し，それぞれ

から求める平均に関する考え方を**図4**に示す。統計量（関数）はデータを与えれば対応した値を返す函（ハコ）のようなものである（関数は以前は函数と書かれていた）。研究ごとに全く同じデータが得られることは考えにくく，その実現値としてはいろいろな値が返される。ランダムサンプリングされたデータであれば，データが変わるごとに，平均などの点推定値は真値を中心にばらつくため，常に真値に一致する訳ではない（**図4**）。サンプルサイズが小さければ，点推定値は真値から大きくずれている可能性も否定できない。

真値は点で存在するため，点推定量で真値を推定することは，点で点を当てにいくという意味でハードルが高い（サンプルサイズを大きくしても点推定値が真値に一致するどころか近い値になるとも限らない）点に注意が必要である。

3.2　区間推定：信頼区間の求め方と解釈の仕方

そこで，実際の研究では，点ではなく，ある一定の区間で真値の推測をする統計量である「区間推定量」が重要な役割を持つ。区間推定のメリットは，点ではなく区間にすることで，区間が真値をカバーする（区間で点を当てにいく）成功確率（信頼性）を一定程度保証することが可能になる点にある。例えば，区間をとてつもなく広げてしまえば（極端なことをいえば，$-\infty$から∞まで），その区間が真値をカバーする信頼性は，ほぼ100%となる。しかし，広すぎる区間は解釈上役に立たない。一方，区間を狭くし過ぎると解釈はしやすくなるものの，信頼性が低下してしまう（区間が真値を含みにくくなる）。そこで，信頼性が95%となるような区間推定量（95%信頼区間）が一般的に採用されている。95%信頼区間は，点推定値とともに論文では標準的に示される解析結果である。

図4の点推定量の特徴をより具体的にイメージするために，連続変数のデータが従う確率分布が正規分布の場合の，点推定量の挙動と95%信頼区間の求め方を見てみる

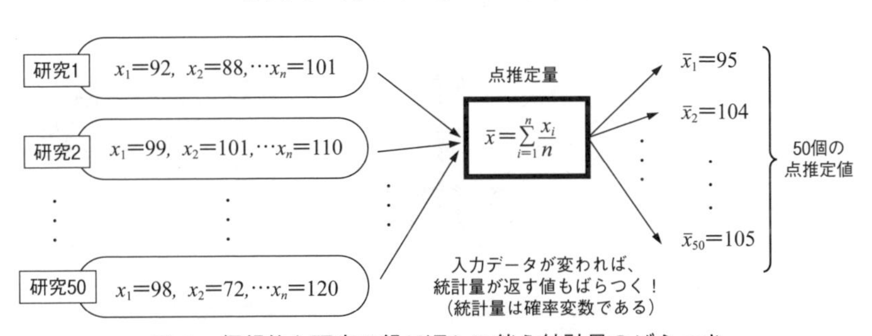

図4　仮想的な研究の繰り返しに伴う統計量のばらつき

（図５）。正規分布は，平均を中心に左右対称に広がる確率分布であり，平均から離れるほどその値が観察される可能性(確率のようなもの)が小さくなる，という特徴を持つ（確率分布がわかりにくい場合は，度数分布やヒストグラムのようなものと考えて差し支えない。また，初学者は統計学入門[4]も参照してほしい）。ここでは，データから推測したいものが，データの背後にある「正規分布の平均」（μ：ミュー）だとする。このとき，先の平均の計算式を用いた推測が可能であり，μの上に$\widehat{\ }$(ハット)を付けたμの推定値（$\widehat{\mu}$）として，各研究のデータから計算される平均$\bar{x}$を用いることができる。ただし，それが真値と完全一致していない可能性については先に述べたとおりである。

残念ながら，われわれが通常行える研究は図４や図５の「研究」のうち，たかだか1回だけである。では，1回限りの研究結果から不確実性をどのようにして定量化できるだろうか。その秘訣は，データがばらつくのであれば統計量というデータの関数（データから計算される数値）もまたばらつくということの理解と，そのばらつき方の理論にある。先の例のように，各個人のデータがある平均（真値）を中心とした同一の正規分布に従って実現しているとすると，実は，平均という統計量もまた同一の平均（真値）を中心とした正規分布に従って分布する（図５）。ここで重要なのは，統計量の確率分布は，データの確率分布を介して，統計量の計算式に従って求めることができるということである。例えば，平均という統計量の場合，データが従う分布が正規分布であれば，データの平均が従う分布も正規分布となり，この2つは同じ平均を中心とした分布になる（関連する話題である「中心極限定理」は統計学入門[4]を

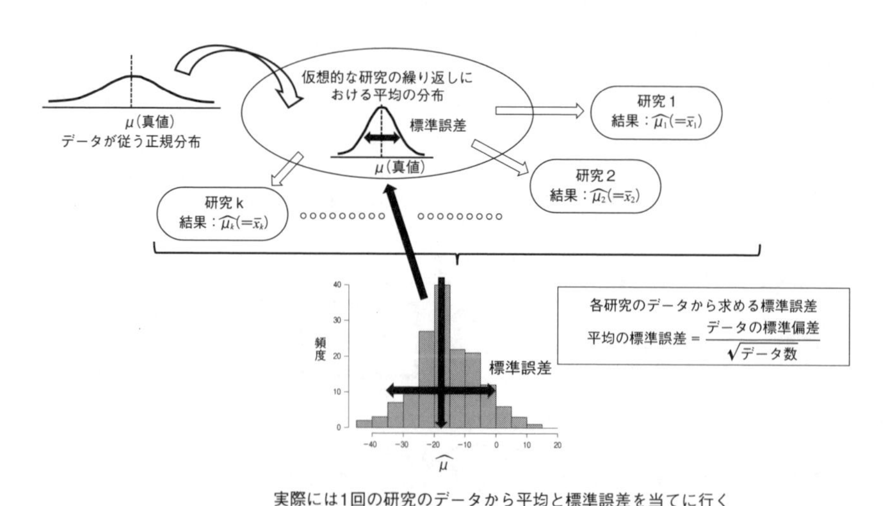

図５　データから求めた標準偏差と平均の標準誤差

参照)。この2つで異なるのは「ばらつきの大きさ」である。

図5で示したようにデータの平均もばらつくわけだが，そのばらつきを表す標準偏差は，データの標準偏差と区別し，標準誤差と呼ばれており，以下の関係式から算出することができる。

$$\text{平均の標準偏差（標準誤差）}=\frac{\text{データの標準偏差}}{\sqrt{\text{データ数}}}$$

この関係式より，データのばらつき（データの標準偏差）と比較して，データの平均のばらつきは，データ数の平方根に反比例して小さくなることがわかる。つまり，データの平均のばらつきは，サンプルサイズが大きくなるほど小さくなる（安定化）するということである。

正規分布の特徴として，平均（真値）を中心として，±1.96×標準偏差の範囲にデータの95%が含まれることがわかっている。研究を仮想的に繰り返した際は，平均という統計量も正規分布に従うことから，平均（真値）±1.96×標準誤差の範囲に95%が含まれる。この性質を利用し，真値を区間で当てにいくための95%信頼区間は，真値の代わりに点推定値を中心とした左右対称の区間として，以下の式から求めることができる。

$$\text{平均の95\%信頼区間}=\text{平均の点推定値}\pm 1.96\times\text{標準誤差}$$

細かくは，平均（真値）±1.96×標準誤差の範囲に95%が含まれることを裏返した計算が必要となること，実際には標準誤差（正規分布の分散）を推定する必要があるために正規分布由来の1.96の代わりにt分布で対応する数値を用いて信頼区間を計算することなどの話題があるが，ここではその説明は省略する（統計学入門[4]を参照）。

2群比較の場合，治療効果として平均の差を推定することを考えると，平均の差の点推定値±1.96×平均の差の標準誤差が区間推定量となる。このとき，データが正規分布に従うとすると，平均の差の標準誤差は，以下のようになる。

$$\text{平均の差の標準誤差}=\sqrt{\frac{1}{\text{群1のデータ数}}+\frac{1}{\text{群2のデータ数}}}\times\text{データの標準偏差}$$

単なる平均の標準誤差とは違い，上記のような形になるため，片方の群のサンプルサイズが増えるだけではあまり標準誤差は小さくならない。また，上述の信頼区間の構成では，2群で平均は異なるが分散（既知）は等しい正規分布にデータが従っていることを想定している（導出などは統計学入門[4]を参照）が，分散が未知（データの標準偏差も推定する場合）であったり，分散が群間で異なったりする場合はそれに対応する方法（**第15回**）を用いる必要がある点に注意してほしい。

区間推定量として用いる95%信頼区間は，1群の研究の場合には平均の真値を，2群の比較研究の場合には平均の差の真値を95%の確率（信頼係数）でカバーするという性質を持つ。ただし，実際に計算された後の区間推定値は真値を含むかどうかが確定しているはずなので，統計的には確率的な解釈はしない（真値を知らないので真実は観察できないが，真値を含むかどうかは0か1）。ここで，データが正規分布に従う場合にその平均を推定したい状況において，サンプルサイズが10の場合の点推定値と95%信頼区間のばらつきの挙動をシミュレーションにより示した，**図6**を見てみる。95%信頼区間は，点推定値を中心としており，点推定値のばらつきに伴って信頼区間自体もばらついていることがわかる。さらに，標準誤差のばらつきも加わって，それぞれの研究における95%信頼区間は異なることがわかる。**図6**において，実際にそれぞれの95%信頼区間が真値を含んでいるかどうかをカウントしてみると，複数ある信頼区間のうち，だいたい95%が真値をカバーする区間であることが見てとれる。このカバー率（被覆確率）も試験数（**図6**の横軸）が少ないときには95%付近になるとは限らないが，試験数を50から100，1000，10000，…と増やしていけば95%に近付いていく（信頼係数の解釈）。

95%信頼区間の幅の大きさは，データのばらつきとサンプルサイズをともに反映した研究結果の精度を直接的に表し，ゆえに点推定値の信頼性の程度を表すものとして解釈することができる。すなわち，信頼区間が広く推定される場合には，点推定値の不確実性も大きいことを意味し，得られた結果が良い場合も悪い場合も，その解釈は慎重に行うべきといえる。

ここまでで区間推定の特徴などを見てきたが，実は95%信頼区間の構成方法の基本

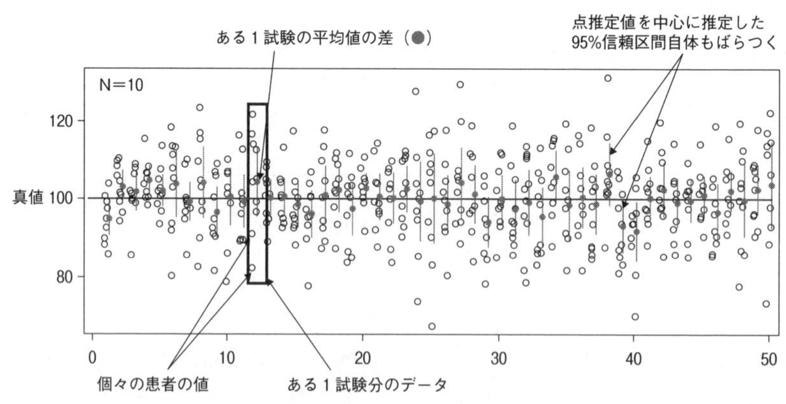

図6　点推定値と95%信頼区間のばらつきのシミュレーション

概念は説明していない。細かい概念は現代数理統計学[5]などに譲るが，簡単には，95%信頼区間内の値は，仮に真値どのような値だったとしても，データとは矛盾しない値となっており，95%信頼区間は「データが否定しない仮説の集まり」として構成される。この信頼区間の構成方法（解釈）は，4節の仮説検定と対をなす表裏一体の関係にある。

4．仮説検定と信頼区間

信頼区間が観察データから計算された点推定値を中心に真値があり得る範囲を考える区間であったのに対し，仮説検定は真値がある値であるという仮説を中心にデータの取り得る範囲を考えるものである。**図7**に信頼区間と仮説検定の対比のイメージ図を示す。**図7**は信頼区間や仮説検定で治療効果に関する推測を行う状況を想定しており，図中のδ（デルタ）は**図6**でみた平均の差などの治療効果に関する指標である。仮説検定で主に着目する仮説は，研究者が主張したい仮説ではなく，否定したい仮説（帰無仮説：**第8回**参照）である。また，信頼区間を構成するために考えている「データと矛盾しない仮説の集合」は，あくまでデータを得た後にその集合が決定されるが，仮説検定で否定したい仮説はデータを得る以前の段階に決められた仮説である。また，帰無仮説は，帰無仮説と矛盾しないと考える範囲を超えるデータが観察された場合に，否定される。**図7（右図）**に示すように，帰無仮説に矛盾しないと考える範囲は，帰無仮説を仮に真と仮定した際に，帰無仮説で考える値を中心として分布するデータの点推定量の95%が含まれる範囲として設定されることが多く，正規分布の平均であれば，以下の範囲となる。

帰無仮説で想定する平均±1.96標準誤差

点推定値$\widehat{\delta}$を中心にデータと矛盾しない仮説（δ）の集合を考える

95%信頼区間＝［δ_l, δ_u］

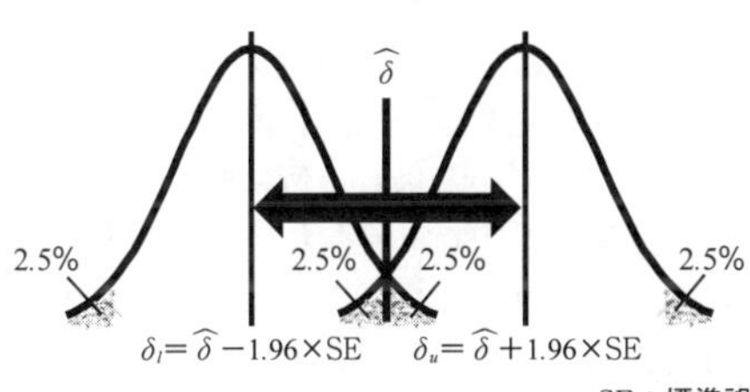

否定したい仮説（$\delta = 0$）を中心に仮説と矛盾するデータの範囲を考える

データが仮説と矛盾する範囲にある⇔
p値（第8回）が片側2.5%（または両側5%）未満

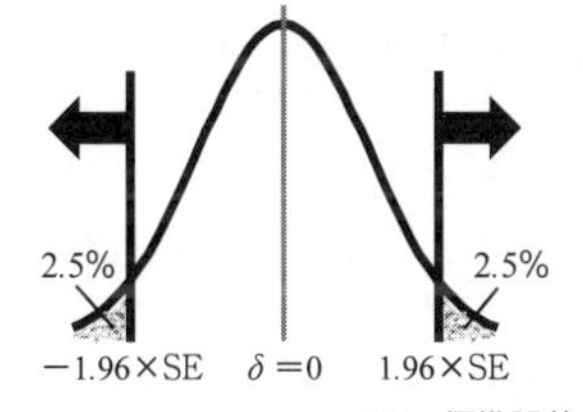

図7　95%信頼区間（左図）と仮説検定（右図）の対比

この範囲の外側にデータの点推定値が観測されれば，帰無仮説に矛盾しない範囲を超える（矛盾する）データが観測されたと判断して帰無仮説を否定し，「統計的に有意な差がある」という結論を示す。

正規分布を仮定できる際には，信頼区間を構成する標準誤差と仮説検定の際の標準誤差は同一になることから，検定で帰無仮説が棄却される際には，

「点推定値±1.96標準誤差（95%信頼区間）が帰無仮説の値をカバーしない」

となり，信頼区間と仮説検定は裏表の関係にあることがわかる。

この関係性は，データが正規分布に従わない場合でも漸近的（データ数が多い場合）には成り立つことが多い（中心極限定理）。このような検定と信頼区間の関係性より，検定を実施していない場合でも95%信頼区間を報告することにより，仮説検定を実施した際の情報も併せ持つことがわかる。点推定値の不確実性の情報に加え，95%信頼区間は検定の情報も併せ持つことから，情報量が多く有用な統計量とされている。

用語についての対比もある。95%信頼区間を構成する平均の点推定値±1.96×標準誤差で計算される信頼上限と信頼下限は，信頼限界値と呼ぶ。一方，帰無仮説に矛盾しない範囲の上限と下限は，帰無仮説の値±1.96×標準誤差（あるいはこれを標準誤差で割ったもの），で計算され，帰無仮説を否定する限界値という意味で棄却限界値と呼ぶ。なお，棄却限界値は，否定すべき帰無仮説を事前に設定することにより自ずと決まるため，データが従う真値には依存しない。例えば，平均の差やリスク差の場合の帰無仮説は，「平均の差が0」や「リスク差が0」となり，リスク比やオッズ比の場合の帰無仮説は，「リスク比が1」や「オッズ比が1」となる。これらの帰無仮説と矛盾するようなデータ，すなわち群間差を標準誤差で標準化した（割った）検定統計量が棄却限界値を超えた場合に，帰無仮説が棄却（否定）され，「統計的に有意な差がある」や「リスクが統計的に有意に低下する」という結論を示すこともできる（実際にはリスク比などは対数変換が必要であり，別の検定方法を用いることも多い）。

5. おわりに

今回は，研究仮説に直結する主要な解析結果や副次的な項目やサブグループにおける解析結果を示すために用いられる点推定と区間推定を中心に，推測統計学の基礎を学んだ。簡単のため，データが連続量で正規分布している場合を例に解説したが，各対象者のデータが，発症の有無のように2値のカテゴリで定義され，各群の記述統計が割合，主要な解析結果がリスク差，リスク比，オッズ比で示されるケースであっても，研究を繰り返した際の点推定量，95%信頼区間，検定統計量といった一連の統計量の分布は漸近的に正規分布に従うことを利用した解析を行うことができる。したがって，今回で解説したことは，素直に応用して理解を進めていくことができる。また，統計的仮説検定については，**第8回**で詳細を取り扱うため，そこでさらに理解を

深めてほしい。

文　　献

1）大橋靖雄．別冊・医学のあゆみ医師のための臨床統計学基礎編，医歯薬出版（株）．2011.

2）Sterne JA, Sutton AJ, Ioannidis JP, et al. Recommendations for examining and interpreting funnel plot asymmetry in meta-analyses of randomised controlled trials. *BMJ* 2011；343：d4002.

3）Zheng C, Shao W, Chen X, et al. Real-world effectiveness of COVID-19 vaccines：a literature review and meta-analysis. *International Journal of Infectious Diseases* 2022；114：252-60.

4）東京大学教養学部統計学教室（編）．統計学入門（基礎統計学I）．東京大学出版会．1991.

5）竹村彰通．新装改訂版 現代数理統計学．学術図書出版社．2020.

第8回　検定とp値

坂巻　顕太郎

1.　はじめに

解析結果の報告において，「統計的に有意（statistically significant）」「$p<0.05$」などと，検定から得られた結果の一部のみを記載しているものがある。また，p値（2.5節）が0.051であった解析結果について，“marginally significant” などといった表現を記載している論文も散見される[1]。さらに，p値の記載については，R，Python，SAS，SPSSなどの解析プログラム（解析ソフトウェア）を使って得られた結果をそのまま転記しているものもあり，「p −value＜2.2e−16」「$p=0.000$」などと記載されていることがある[2]。これらはすべて検定結果を誤って報告していると考えられている。

論文にどのような解析結果を記載すべきかはいくつかの考え方があり，ジャーナルごとに異なる。例えば，*Epidemiology*は，検定（標準的ではあるが，恣意的なカットオフ値である有意水準をp値が超えたかどうかという判断）の結果やp値の記載を勧めていない[3]。一方で，*New England Journal of Medicine*は，p値はいまだに重要な役割を持っていると考えており，医師がどの治療を使用するか，規制当局がどの治療を認可するか，といった意思決定との関連から，丁寧にデザインされた研究（well-designed randomized or observational study）において，研究開始前に設定した主たる仮説（検証すべき仮説）に対して，研究開始前に設定した解析方法を用いて得られたp値を論文に記載することは容認している[4]。

検定の利用や記載に関して様々な考え方がある理由の1つに，検定の誤用がある。検定やp値に関する議論の内容についてはWasserstein and Lazar[5]やその和訳[5]などを参考にしてほしいが，簡単には，p値に対する誤解，p値の誤用が問題といえる。検定を利用する際は，特に，「科学的な結論や，ビジネス，政策における決定は，p値がある値を超えたかどうかにのみ基づくべきではない」「p値や統計的有意性は，効果の大きさや結果の重要性を意味しない」[5]という2つの点に注意してほしい。例えば，新たな降圧薬（試験治療）が既存の降圧薬（標準治療）に対して効果がないかどうか（無効でないかどうか）の判断に検定を用いる場合，具体的な効果の大きさに関する情報は（単純な）検定からは得られない。そのため，仮に「統計的に有意」であっても「臨床的に有意（clinically significant）」とまでは判断できないということになる。介入効果を評価する研究では，効果の点推定値や95％信頼区間（**第7回**）を論文に記載すべきであり，必要があれば，意思決定に関する情報として，検定を適切に利用し，その結果を論文に記載するという方針が望ましい。

検定を適切に利用するには，検定が何かを理解する必要がある。検定にはいくつかの種類があり，有意性検定（significance test），統計的仮説検定（statistical hypothesis test），ベイズ流（Bayesian）検定などがある[6)]。これらの違いは，「確率」の定義や「検定手順」などであるが，共通するところもあり，統計家でも正確に理解するのは難しい。統計学の入門的なテキストでは，統計的仮説検定（3節）をもとに検定を説明しているものがあるが，実際に使われている多くの検定（と p 値）は，有意性検定と統計的仮説検定を混ぜたものであるため，非統計家が適切に検定を理解することが困難となっている。実際，アメリカ統計協会（American Statistical Association）の P 値に関する声明における説明[5)]は，有意性検定によってはいるが，統計的仮説検定を含んでいるようにみえる。

今回は，検定の理解を促すために，有意性検定や統計的仮説検定の考え方を混ぜた，実際の検定について説明する。まず，検定の要素である帰無仮説や p 値について，有意性検定をもとにした説明を2節で行う。検定を使う目的や p 値を解釈するには，判断の誤りや対立仮説を考えることが重要となるため，統計的仮説検定に関連する概念である，対立仮説，第一種，第二種の過誤について3節で説明する。最後に，検証的試験と探索的試験の考え方の違いを含めた，検定を用いる際の注意点を説明する。

2. 検定と p 値

具体例を用いた検定の説明は2.1節以降でするとし，まず，検定の基礎的な概念を説明する。検定には，「正しい」と想定したモデルとそれを要約した仮説が必要である。ここでいう「正しい」とは，「真実」という意味ではなく，「仮」の話であることに注意してほしい。また，「モデル」は，データがどのように得られるか（data generating process）を表現する模型であり，主に確率モデル（確率分布）を指している。ここでは，データの不確実性（研究を実施したらどのようなデータが観察される可能性があるか）を表現するために確率モデルを用いることを想定する。介入効果を評価するには，例えば，試験治療群での評価項目（データ）の確率分布（評価項目の観察のされ方）と標準治療群での評価項目の確率分布が異なるかどうかがわかればよい。なぜなら，評価項目の観察のされ方が異なるのであれば，2つの治療で結果が異なるはずだからである。一方で，確率分布（もしくは確率分布間の関係）に関する指標からも介入効果を評価できる。このような指標を用いてモデルを要約したものが「仮説」である。一般に，「正しい」と想定したモデルが間違っているかどうか（観察されたデータと「正しい」と想定したモデルに矛盾があるかどうか）の判断に検定を用いる。この場合に想定する仮説は「帰無仮説」と呼ばれる。

以下では，高血圧患者を対象（Population）に，新たな降圧薬（試験治療）を介入（Intervention）としたときの，試験治療と標準治療の比較（Comparison）を，収縮期血圧（連続変数）を評価項目（Outcome）として行う研究を想定し，具体的に検定を説明する（PICO については**第2回**を参照してほしい）。

2.1 帰無仮説

どのような検定を用いるかを考える際，帰無仮説（と対立仮説：3.1節）から考えることがある。帰無仮説は「正しい」と想定したモデルが間違っているかどうかを判断するために設定するものであり，臨床的な表現を用いれば，

「帰無仮説：介入効果がない」

などと表現できる。

臨床的な帰無仮説の表現は検定に利用できないので，介入効果を評価するために用いる効果指標（effect measure）で帰無仮説を表現する必要がある。帰無仮説を臨床的な表現から統計的な表現にするための考え方の例を**図 1** に示す。μ_1は試験治療群における収縮期血圧の平均，μ_0は標準治療群における収縮期血圧の平均である。連続変数の評価項目を用いる場合，平均の差（$\mu_1 - \mu_0$）を効果指標として用いることが多い。ただし，**第5回**で言及したように，確率分布においても平均以外の指標（中央値など）を代表値と考えることもあり，異なる効果指標を使うこともあるので，帰無仮説を考える前に確率モデルを考えておく必要がある。つまり，ここでは**図 1** のように考えているが，「介入効果がない」という帰無仮説の統計的な表現は「正しい」と想定したモデルやそれを要約する効果指標に依存する点に注意すべきということである。

2.2 「正しい」モデル

2.1節において「$\mu_1 - \mu_0 = 0$」を帰無仮説として想定するのは，試験治療または標

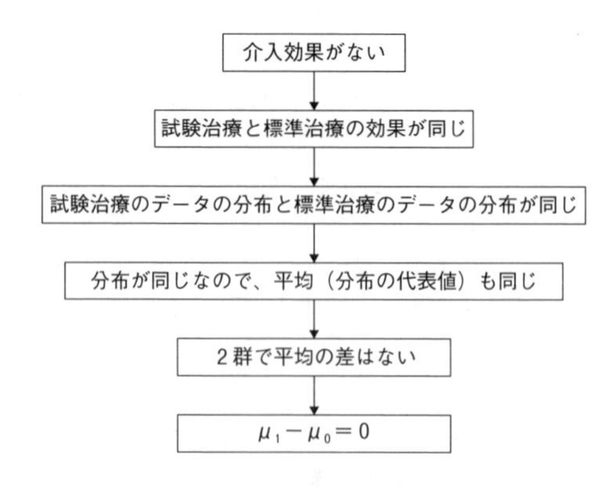

図 1　帰無仮説の表現

準治療を受けた後の収縮期血圧の値がどのように観察される可能性があるか（データが得られる可能性）について，**図 2 (a)**のような確率分布（「正しい」と想定したモデル）を考えているからである。**図 2 (a)**の確率分布は，140mmHg当たりのデータが観察されやすく，そこから離れた値（例えば，120，160mmHgなど）は観察されにくい（曲線の位置が高いほうが観察される可能性が高い）ことを示している。具体的には，試験治療群では平均140mmHg（μ_1），分散σ^2の正規分布から，標準治療群では平均140mmHg（μ_0），分散σ^2の正規分布から，データが得られる可能性があると想定している（正確には，平均は140mmHgである必要はなく，$\mu_1=\mu_0$だけを想定すればよい）。これは，例えば，想定する対象全員に対して，試験治療を与えた場合の収縮期血圧は**図 2 (a)**の実線の分布，標準治療を与えた場合の収縮期血圧は**図 2 (a)**の破線の分布になる，と想定していることになる。実際の研究では，一部の対象者のデータしか観察されないため，想定した「正しい」モデルからデータが得られているかどうかを判断するために検定を用いる。

各個人の収縮期血圧をY（確率変数）で表現すると，**図 2 (a)**はYに関する分布であるが，このようなモデルのもとで，「観察される可能性があるデータ」から計算される「平均の差の分布」を考えることができる。例えば，試験治療群50人，標準治療群50人のデータを観察する場合の平均の差の分布は**図 2 (b)**，試験治療群100人，標準治療群100人のデータを観察する場合の平均の差の分布は**図 2 (c)**のようになる。

(a) 帰無仮説のもとでの各個人の収縮期血圧の分布

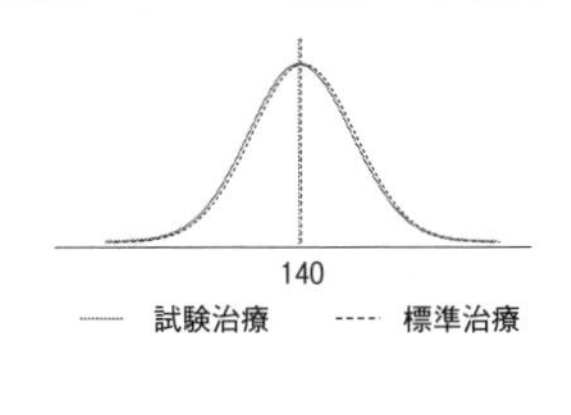

(b) 帰無仮説のもとでの平均の差の分布
（実際のデータでの差：−5）

−5　0

(c) 帰無仮説のもとでの平均の差の分布
（実際のデータでの差：−5）

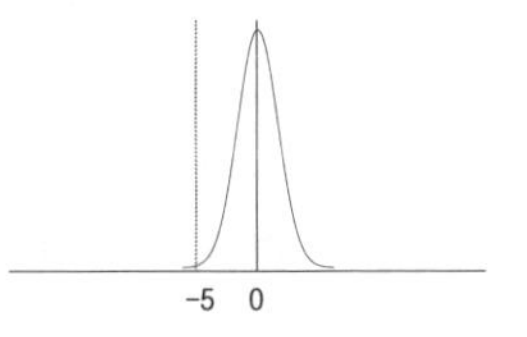

図 2　「正しい」と想定したモデル

ここで注意したいのは，実際に観察されるデータは1つで，そこから計算される平均の差も1つ（例えば，図２(b)，図２(c)の－5mmHg）であるが，「観察される可能性があるデータ」は，例えば，高血圧患者からランダムに50人（100人）ずつ選ぶとすると，様々なデータが観察される可能性がある。そのため，図２(b)，図２(c)のように，「観察される可能性がある平均の差」は分布することになる（**第7回**）。

2.3 「正しい」と想定したモデルと観察されたデータの乖離（矛盾）

実際に観察されたデータにおける各群の収縮期血圧の平均の差が－5mmHgだったとする（図２(b)または図２(c)の点線）。このようなデータが「帰無仮説（「正しい」と想定したモデル）のもとで観察されそうかどうか」を考えたい。図２(a)が正しいとき，平均の差は0mmHgを中心に分布する。－5mmHgは0mmHgから離れているため，帰無仮説のもとでは観察されなさそうと考えるかもしれない。しかし，0mmHgから離れた値の観察のされやすさはデータ数（各群の人数）によって異なる。例えば，図２(b)では－5mmHgはある程度観察されそうだが，図２(c)では－5mmHgはほとんど観察されそうにない。このように，データ数（とデータのばらつき）を加味したうえで「帰無仮説（「正しい」と想定したモデル）のもとで観察されそうかどうか」を検定では考える。

平均の差（効果指標）を用いて検定することもできるが，データ数やデータのばらつきを加味して計算される「検定統計量」というデータを要約したものを用いて，「「正しい」と想定したモデルと観察されたデータに乖離があるか」を検定では判断する。正規分布に従うデータに関する平均の差に対する検定（ｔ検定）には，正規分布の分散σ^2がわかってない（分散未知の）場合，次のような検定統計量を用いる。

$$t=\frac{\bar{Y}_1-\bar{Y}_0}{\sqrt{(1/n_1+1/n_0)\widehat{\sigma^2}}}$$

$\bar{Y}_1$は試験治療群における収縮期血圧の平均，$\bar{Y}_0$は標準治療群における収縮期血圧の平均，n_1は試験治療群の人数，n_0は標準治療群の人数，$\widehat{\sigma^2}$は分散の推定値である。例えば，平均の差が－5，各群の人数が50，分散の推定値が230だと検定統計量は1.65となる。

検定統計量は，シグナル（平均の差：$\bar{Y}_1-\bar{Y}_0$）とノイズ（データ数の逆数：$(1/n_1+1/n_0)$，データのばらつき：$\widehat{\sigma^2}$）の比として表現されており，他の検定でも同様に表現できることがある。実際に検出したいシグナルが，その差を見えにくくするノイズに対して大きければ，「正しい」と想定したモデルと観察されたデータは乖離していると考えられる。この乖離の程度を判断するのにp値（2.5節）を用いることができる。その際，平均の差が分布すること（2.2節）と同様に，検定統計量も分布することを考慮する。p値は「正しい」と想定したモデルのもとで計算される（2.5節）。

検定統計量の式から，1）平均の差，2）データ数，3）分散の逆数，が大きければ，乖離の程度が大きくなることがわかる。そのため，「真」のモデル（「仮」ではなく「真実」のモデル）が何か，データ数がどのくらいあるか，が検定結果に影響することを理解しておく必要がある（2.6節）。ただし，「真」のモデルを観察できないから，検定などの推測統計の方法を用いていることには注意してほしい。

2.4　評価項目の変数の型と検定

p 値の説明をする前に，収縮期血圧が140mmHgより下回ったら治療により高血圧が改善したと考えるとしよう。このとき，評価項目は「改善（収縮期血圧<140mmHg）・非改善（収縮期血圧≥140mmHg）」の2値変数である。例えば，100人ずつに治療をした結果が**表 1** だったとする。

ここで，「正しい」と想定したモデルの要約である帰無仮説として「介入効果がない」を考える。**第5回**で言及したように，2値変数の要約指標は割合であるが，割合は2値変数のある値（改善）が起こる確率の推定値と考えられる。ここでは，改善確率を用いた効果指標から，「$p_1-p_0=0$」という帰無仮説を考える。p_1は試験治療群の改善確率，p_0は標準治療群の改善確率であり，帰無仮説は$p_1=p_0$と同義である。改善確率の差（リスク差）以外にも，リスク比やオッズ比（**第5回**）を効果指標としても同義の帰無仮説を定義できる点に留意してほしい。

帰無仮説のもとでどのようなデータが観察される可能性があるかを表現したものを**表 2** に与える。**表 2** では，$p_1=p_0$より，全体の改善割合（改善確率の推定値）が各群での改善確率と考え，それぞれの群の65%が改善すると想定し，期待的に観察されるだろうデータを求めている。

表 1 と**表 2** から「「正しい」と想定したモデルと観察されたデータの乖離」の程度を求めるために，2.3節で説明したように，データ数（とデータのばらつき）を加味

表 1　ランダム化比較試験で実際に観察されたデータ

	収縮期血圧＜140mmHg	収縮期血圧≥140mmHg	合計
試験治療群	70	30	100
標準治療群	60	40	100
合計	130	70	200

表 2　帰無仮説のもとで期待的に観察されるだろうデータ

	収縮期血圧＜140mmHg	収縮期血圧≥140mmHg	合計
試験治療群	65	35	100
標準治療群	65	35	100
合計	130(65%)	70(35%)	200(100%)

した検定統計計量を計算する。その1つの方法としてχ^2検定があるが，検定統計量は以下のようになる。

$$\chi^2 = \sum_{セル} \frac{(各セルの観測値 - 各セルの期待値)^2}{各セルの期待値}$$

式はシグナルとノイズの比に見えないが，検定を導出するための方法から求まる式ではシグナルとノイズの比になる。**表1**と**表2**の場合，χ^2検定の検定統計量は

$$\frac{(70-65)^2}{65}+\frac{(30-35)^2}{35}+\frac{(60-65)^2}{65}+\frac{(40-35)^2}{35}=2.20$$

と計算される。

2.5　p値と検定

2.3節のｔ検定と2.4節のχ^2検定では検定統計量の計算方法が異なり，値の意味も異なる。検定は，変数の型だけでなく，研究デザイン，想定するモデルなどに応じた，様々な方法があるため，検定統計量の値が乖離の程度をどう表しているかはわかりにくい。実際には，統計的仮説検定（3節）の考えから，それぞれの検定統計量に対する判断の基準（棄却限界値）が与えられるが，乖離の程度を表すものは統一されているほうが扱いやすい。その点，p値は，「「正しい」と想定したモデルと観察されたデータの乖離の程度を表す指標」の役割をもち，すべての検定に対して計算可能であるため，検定方法の違いに関わらず，同様に扱われるものとなっている。

p値とは，簡単には，「特定の統計モデルのもとで，データの統計的要約（たとえば，2グループ比較での標本平均の差）が観察された値と等しいか，それよりも極端な値をとる確率」と説明される[5)]。「特定の統計モデル」とは，いままでの説明で出てきた「「正しい」と想定したモデル」のことである。有意性検定を考えたRonald Fisherは，p値のことを “a measure of evidence against the null hypothesis” と述べている。p値を求めるには，「「正しい」と想定したモデルのもとで，検定統計量が観察された値と等しいか，それよりも極端な値をとる確率」を計算すればよい。ただし，「極端な値」が何かは，片側検定か両側検定かが影響するため，対立仮説を考える必要がある（3.1節）。例えば，t検定の場合，観察された値より小さい（大きい）値を極端とするか，観察された値の絶対値より大きい値を極端とするかの違いがある。一方で，χ^2検定は常に両側検定であり，観察された値より大きい値を極端と考える。

p値の計算までの話をまとめると，**図3(a)**，**図3(b)**は観察されたデータ，**図3(c)**，**図3(d)**は「正しい」と想定したモデルのもとでの検定統計量の分布と観察された値（破線），**図3(e)**，**図3(f)**はp値の分布と観察された値

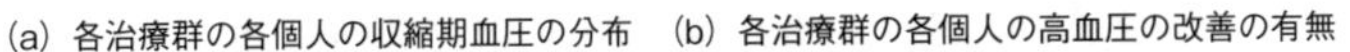

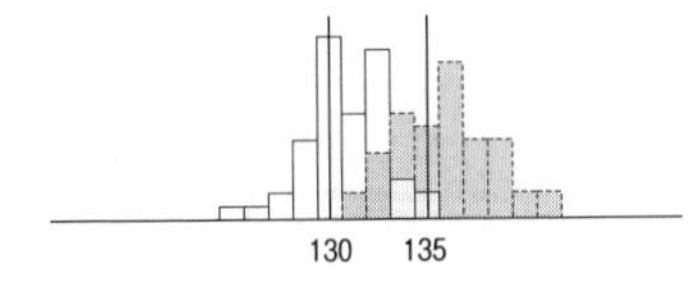

	収縮期血圧 <140mmHg	収縮期血圧 ≧140mmHg	合計
試験治療	70 (65)	30 (35)	100
標準治療	60 (65)	40 (35)	100
合計	130	70	200

セル：観測値，括弧内：期待値

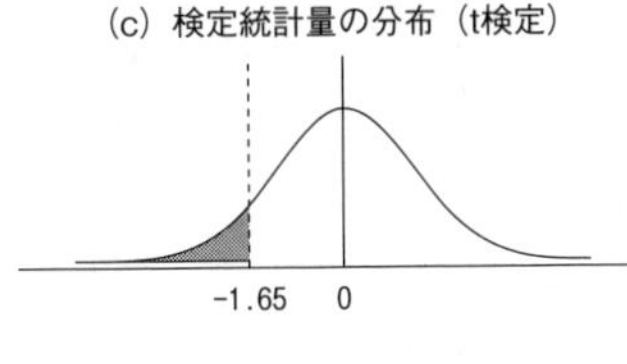

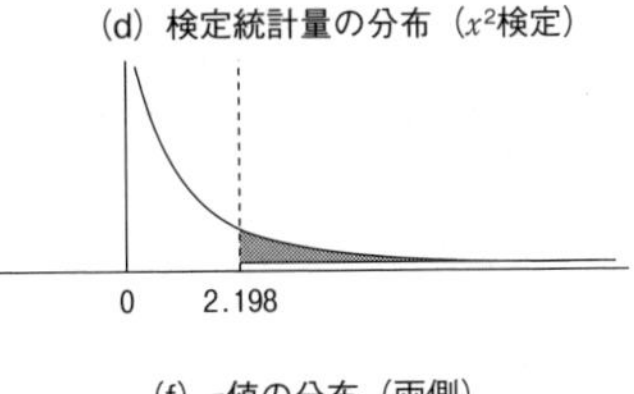

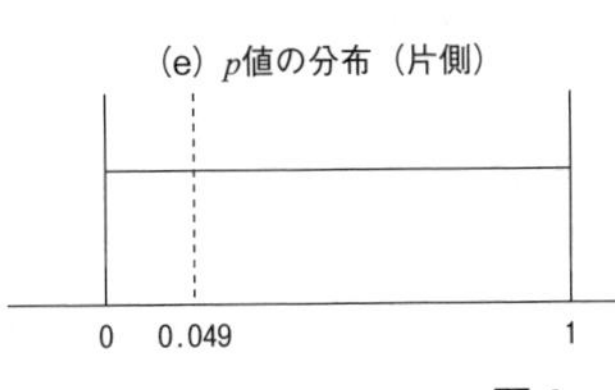

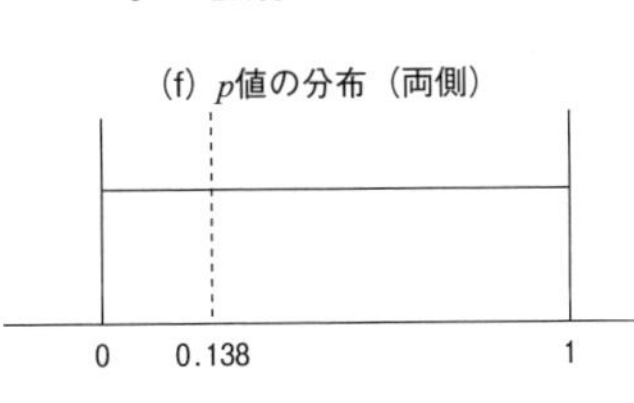

図3　検定の流れ

（破線）である。図3(c)，図3(d)の灰色の領域の確率が，p値の「観察された値と等しいか，それよりも極端な値をとる確率」を意味する。「正しい」と想定したモデルのもとでは，図3(e)，図3(f)のように，p値は一様分布し，0から1までの値を等しくとり得る。そのため，p値から乖離の程度を考えるには，「真」のモデルに対してp値がどのような値をとるかを念頭に置いておく必要がある。つまり，p値の解釈は文脈に依存している，というのが正確なところである。

2.6　p値の特徴

p値を解釈するために，降圧薬の例をもとに，標準治療群のデータは平均140mmHg（μ_0），分散σ^2の正規分布に従うと想定し，試験治療群のデータに関しては以下の3つの状況を考える。

・平均140mmHg（μ_1），分散σ^2の正規分布に従う（帰無仮説）
・平均138mmHg（μ_1），分散σ^2の正規分布に従う
・平均135mmHg（μ_1），分散σ^2の正規分布に従う

ただし，各群の人数は，10，20，30の3つを考える。このとき，それぞれの状況におけるp値の分布は図4のようになる。

図4の縦の破線は$p=0.05$を表している。また，Sizeは各群の人数，Diffは各群の平

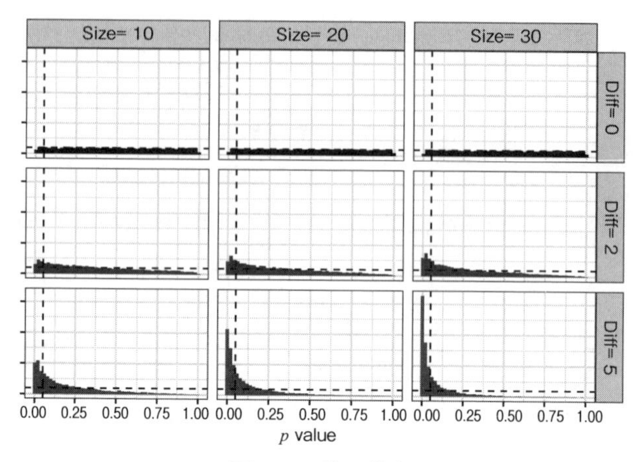

図4　p 値の分布

均の差である。図4が示す大事な点は，「真」のモデルと帰無仮説のモデルの乖離の程度が大きくなるほど，また，データ数が大きくなるほど，p 値は小さい値が観察されやすくなる，ということである。つまり，2.3節で検定統計量の特徴を説明したように，p 値の大きさも，「真」のモデルとデータ数に応じた解釈が必要ということである。一般に，p 値が0.05より小さいかどうかで乖離の程度を測ることがあるが，この値に対する明確な根拠はない。p 値に対する基準（例えば，0.05）については，第一種の過誤確率（3.2節）から考えることが多く，この点でも実際の検定はいくつかの検定の考え方が混ざっているといえる。

p 値を解釈する際，データは一度しか観察されない，「真」のモデルはわからない，という問題がある。このような状況でも，図4のような背景知識から，p 値が小さいことは帰無仮説が正しいもとでは起こりにくい（他のモデルのもとでのほうが起こりやすい）と考えられるため，p 値が小さい場合は帰無仮説が間違っていると考えることができる。ただし，繰り返しになるが，どの程度小さければよいという基準はない。

3. 統計的仮説検定の考え方

p 値を「「正しい」と想定したモデルと観察されたデータの乖離の程度を表す指標」として解釈するのではなく，より直接的に，帰無仮説が誤っていると判断する（帰無仮説を棄却する）ために用いることができる。例えば，どの治療を認可するかといった規制当局における意思決定など，「介入効果がない」という帰無仮説を棄却する・しないの判断をどの程度正しくできるかに興味がある場面が考えられる（棄却しない場合は「採択する」と考えられるが，現在は「採択」ではなく「保留」とすることが多い）。このような検定は，統計的仮説検定に基づいた方法といえる。

2節で説明した検定と統計的仮説検定は異なるが，p 値は同様に計算することができ，p 値の大きさから帰無仮説が誤っていると考える場合，判断も同様となり得るため，あまり区別しないで説明されることがある。異なる点としては，例えば，統計的仮説検定の文脈では，p 値の値自体（大小）は解釈できず，p 値がある値（有意水準）より小さければ帰無仮説を棄却するという2値判断のみしか行わない点がある。また，検定自体では帰無仮説しか考えていない2節の方法に対し，対立仮説を設定する，帰無仮説（対立仮説）の棄却や採択（保留）といった判断をする，判断の過誤確率の制御を考える，なども異なる点である。実際に用いられている検定は，（対立仮説を明示的に想定しない）帰無仮説の棄却に関する2値判断と p 値の記載が主であるが，2値判断における第一種の過誤確率の制御（3.2節），信頼区間の構成（**第7回**），サンプルサイズ設計（**第16回**）などに統計的仮説検定の考え方が用いられている。そのため，統計的仮説検定の考え方を主としつつ，2節での考え方に本節の考え方を加えて改良したものが「実際の検定の手順」と理解しておくとよい。

本節では，統計的仮説検定における仮説の設定，2値判断と判断に関する過誤，「真」のモデルについて概説する。

3.1　帰無仮説と対立仮説

統計的仮説検定の特徴として，帰無仮説に加え，対立仮説を設定することがある。帰無仮説は「誤っていることを示したい「正しい」と想定したモデル」，対立仮説は「正しいことを示したい「正しい」と想定したモデル」に関する要約といえる。2節の降圧薬の例を用いると，例えば，

$$帰無仮説：\mu_1 - \mu_0 = 0,\ 対立仮説：\mu_1 - \mu_0 \neq 0$$

のように，それぞれの仮説を表すことができる。対立仮説では「介入効果がある」ことを「正しい」と想定している。この場合，治療群ごとの確率分布が異なるので，その代表値である平均も異なることから，$\mu_1 - \mu_0 \neq 0$と対立仮説を設定できる。一方で，「介入効果がない」を「試験治療は標準治療より優れていない」と考えると，以下のような仮説が考えられる。

$$帰無仮説：\mu_1 - \mu_0 \geq 0,\ 対立仮説：\mu_1 - \mu_0 < 0$$

これらは，収縮期血圧が評価項目の場合は平均が小さな値になるほうが望ましい結果であることを反映した仮説になっている。

上記のように仮説を設定しても，実際には，

$$帰無仮説：\mu_1 - \mu_0 = 0,\ 対立仮説：\mu_1 - \mu_0 = -5$$

などを想定して，検定することになる。帰無仮説では，第一種の過誤確率（3.2節）を制御するために最も不利な状況（least favorable configuration）を想定するため，「$\mu_1 - \mu_0 = 0$」と想定している。対立仮説では，「真」と考えられる状況での検出力（3.2節）を設定するため，臨床的に重要な最低限の治療効果（minimum clinically important difference），現状の期待される治療効果（target difference）などから，「$\mu_1 - \mu_0 = -5$」と想定している。ただし，詳細は省くが，「$\mu_1 - \mu_0 = 0$」の棄却が「$\mu_1 - \mu_0 \geq 0$」の棄却を導くことに注意してほしい。そのためには，2節と同様，帰無仮説，対立仮説に対して，データに関する確率分布を想定したうえで仮説を設定する必要がある点にも注意してほしい。

検定で想定する仮説については上述のような形で同じ表現となるが，「帰無仮説：$\mu_1 - \mu_0 = 0$，対立仮説：$\mu_1 - \mu_0 \neq 0$」と「帰無仮説：$\mu_1 - \mu_0 \geq 0$，対立仮説：$\mu_1 - \mu_0 < 0$」では，検定の方向（direction）が異なる。簡単には，2.5節の「極端な値」の考え方に違いがあり，「帰無仮説：$\mu_1 - \mu_0 = 0$」では「$\mu_1 - \mu_0$」が0から離れる方向（正負とも），「帰無仮説：$\mu_1 - \mu_0 \geq 0$」では「$\mu_1 - \mu_0$」が小さくなる方向（負の方向）を極端と考える（正確には$\bar{Y}_1 - \bar{Y}_0$や関連する検定統計量に対する方向性）。この場合，「$\mu_1 - \mu_0 = 0$」に対する検定が両側検定，「$\mu_1 - \mu_0 \geq 0$」に対する検定が片側検定となる。

3.2. 検定における判断と判断の過誤の可能性

統計的仮説検定では，p値が有意水準（significance level）以下になったら帰無仮説を棄却する。p値の計算については2.5節と同様である。有意水準は0.05と設定されることが慣例であるが，その根拠はない。また，ICH E9ガイドライン[7]に沿うと，介入効果を評価する研究では，両側検定では0.05，片側検定では0.025と有意水準を設定することとなる。簡単には，両側検定と片側検定における基準を揃えることが1つの理由であるが，第一種の過誤確率という観点からは揃えることに理由はない。

有意水準の設定は，誤った判断をする可能性（確率）の制御と関連している。誤った判断とは，「真」のモデルに対する検定での判断の齟齬であり，**表3**のように，第一種の過誤と第二種の過誤が考えられる。実際の検定では，「真」がわからないため，「帰無仮説（に関するモデル）が正しい」場合の「真」と「対立仮説（に関するモデル）が正しい」場合の「真」のそれぞれの場合での判断の過誤を考える。その際に，3.1節で説明した「帰無仮説：$\mu_1 - \mu_0 = 0$，対立仮説：$\mu_1 - \mu_0 = -5$」といった特定の値の仮説を考えることとなる。

実際に観察されるデータは1つであり，それが**表3**のいずれであるかはわからない（「真」のモデルを含んでいない可能性もあるため，**表3**に分類されないことが真実であることもある）。そのため，「帰無仮説（に関するモデル）が正しい場合に研究を繰り返したら，第一種の過誤が起こる可能性（確率）」がどのくらいあるか（第一種の過誤確率），「対立仮説（に関するモデル）が正しい場合に研究を繰り返したら，第

表3　統計的仮説検定における判断

<table>
<tr><th colspan="2" rowspan="2"></th><th colspan="2">真実</th></tr>
<tr><th>帰無仮説が正しい</th><th>対立仮説が正しい
（帰無仮説が誤り）</th></tr>
<tr><td rowspan="2">判断</td><td>帰無仮説を棄却
（対立仮説を採択）</td><td>第一種の過誤</td><td>真陽性</td></tr>
<tr><td>判断を保留
（帰無仮説を採択）</td><td>真陰性</td><td>第二種の過誤</td></tr>
</table>

二種の過誤が起こる可能性（確率）」がどのくらいあるか（第二種の過誤確率），を評価することによって，検定の性能を担保することが考えられる。この考え方は統計的仮説検定の特徴であり，実際の検定でよく用いられている。有意水準は，第一種の過誤確率を5%（片側検定の場合は2.5%）に抑えるよう，慣例的に設定される。また，「1－第二種の過誤確率」である「検出力」を担保し，過剰に研究に参加する人を増やさない（倫理的配慮の）ために，サンプルサイズ設計（**第16回**）を行う。その際の検出力は慣例的に80%～90%が用いられている。

例えば，「介入効果がない」という帰無仮説を誤って棄却してしまう第一種の過誤を防ぎたいという目的で検定を行うのであれば，検定結果は意思決定に関する情報として有用と考えられ，規制当局が使う目的の1つになると考えられる。

3.3　対立仮説と「真」のモデル

帰無仮説が誤っていることと対立仮説が正しいことは必ずしも両立しない。例えば，降圧薬の研究の例におけるデータの分布としては様々な「真」の状況が考えられ，その一部として図5のような状況が考えられる。

図5(a)は，これまで想定してきた，対立仮説に関する「正しい」と想定したモデルである。一方で，他の3つはこれまで想定したモデルに含まれていない。**第15回**の解説なども参照してほしいが，図5(b)の場合はWilcoxon検定を用いる，図5(c)の場合はt検定で帰無仮説が棄却されない，図5(d)の場合は検定結果の解釈性に問題が生じる，など様々なことを考える必要がある。2節では検定について帰無仮説を主に説明してきたが，実際の検定を選択する際は，対立仮説におけるモデル（確率分布）を考えて選択することも重要といえる。

4.　おわりに

今回は，実際の検定の理解を促すために，有意性検定の考え方に基づく検定を説明したうえで，統計的仮説検定の説明をした。実際の検定はこの2つの検定の考え方を混ぜたものであることを理解したうえで，p値の解釈，帰無仮説の棄却，第一種の過誤確率の制御，検出力の確保を考えてほしい。今回は触れていないが，検定の選択には，研究デザイン（**第3・4回**）を考える必要がある。例えば，2.4節でχ^2検定を説明

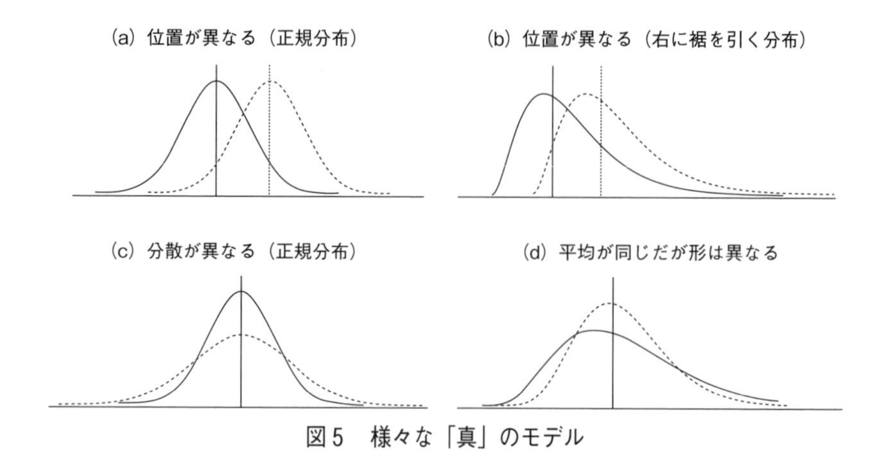

図5　様々な「真」のモデル

しているが，ランダム化比較試験（**表1**）の場合，ランダム化に基づく検定（Fisher' s exact test）を用いることが考えられる。また，観察研究の場合，回帰モデルによる交絡調整を行うのであれば，介入に対する回帰係数の検定を行う必要があるかもしれない。「適切」な検定を行うためには，「どのようにデータを得たか」「どのような解析が必要か」を考えることも重要であり，検定の基礎を理解しただけでは不十分であることに注意してほしい。

また，検定を用いる際は，検証的研究（confirmatory study）と探索的研究（exploratory study）の違いも念頭に置いてほしい。検証的研究は，例えば，「事前に定められた仮説を評価するための，適切に計画・実施された比較試験」[7]などと説明される。探索的試験は，抽象的な研究のアイデアを，検証的研究で確認できるように，定式化された仮説に変換するために実施する研究である。探索的研究も明確で精密な目的を持つべきであるが，事前に設定した仮説に対する検討だけでなく，データドリブンに仮説の選択を行うこともあり得る[7]。そのため，もし検定を用いる必要があるとすると，検証的研究と探索的研究では検定を用いる目的が異なる。その違いは，簡単には，第一種の過誤，第二種の過誤と関連した問題である。詳細については『多重比較法』[8]などを参照してほしい。

文　献

1）Otte WM, Vinkers C, Habets PC, et al. Almost significant: trends and P values in the use of phrases describing marginally significant results in 567,758 randomized controlled trials published between 1990 and 2020.（https://www.medrxiv.org/content/10.1101/2021.03.01.21252701v1.full.pdf), 2021.6.15.

2）Wu Y, Zhou C, Wang R, et al. Statistical reporting in nursing research: addressing a common error in reporting of p values（p=.000). *J Nurs Scholarsh* 2020; 52(6): 688–95.

3) Lang JM, Rothman KJ, Cann CI. That confounded P-value. *Epidemiology* 1998; 9 (1): 7 -8.
4) Harrington D, D' Agostino RB Sr, Gatsonis C, et al. New guidelines for statistical reporting in the journal. *N Engl J Med* 2019; 381(3): 285-6.
5) Wasserstein RL, Lazar NA. Editorial: The ASA's statement on p-values: Context, process, and purpose. The American Statistician 2016; 70, 129-133. 佐藤俊哉 訳. 統計的有意性と P値に関するASA声明. 日本計量生物学会. (http://www.biometrics.gr.jp/news/all/ASA.pdf). 2021.6.15.
6) Christensen R. Testing Fisher, Neyman, Pearson, and Bayes. *Am Stat* 2005; 59(2): 121-6.
7) International conference on harmonisation of technical requirements for registration of pharmaceuticals for human use. (1998). ICH Harmonised Tripartite Guideline. Statistical principles for clinical trials. (http://www.ich.org/fileadmin/Public_Web_Site/ICH_Products/Guidelines/Efficacy/E 9 /Step 4 /E 9 _Guideline.pdf). 2021.6.15.
8) 坂巻顕太郎，寒水孝司，濱崎俊光．多重比較法（統計解析スタンダード）．朝倉書店．2019.

第9回　臨床研究で注意をしたい代表的なバイアス

上村　夕香理

1.　はじめに

これまでに，リサーチクエスチョンに対応する適切な研究デザイン（第3，4回）やそれら臨床研究から得られるデータの要約や提示方法（第5，6回），曝露・介入要因や効果の大きさの推定（第7回）および検定（第8回）について紹介した。しかしながら，データの収集方法や解析方法が適切でない場合には，得られる結果が歪められてしまうことが知られている。例えば，治療や予防の介入効果を検討する臨床研究において，「本当は効く薬なのに効いていないという研究結果が得られる」「本当は効かない薬なのに効くという研究結果が得られる」というように，真の治療効果と実際に推定される治療効果に「ずれ」が生じてしまうことがある（ただし，真の治療効果は神のみが知っており，推測するしかない）。真値（例では真の治療効果）と得られる結果の間に「ずれ」が生じる現象は，データ数が少ないために，たまたま生じる「偶然誤差」と不適切なデザインや解析により生じる「系統誤差」に分けられる。系統誤差はバイアスともいう。今回は，臨床研究において注意すべき代表的なバイアスである「交絡バイアス」「情報バイアス」「選択バイアス」について概説し，それらが生じる研究デザインと具体的な場面を紹介する。

2.　交絡バイアス

2.1　交絡バイアスとは

第3回で，治療効果や曝露効果の大きさ（または関連の強さ）を分析的に評価する臨床研究で比較対照（コントロール）を設定する重要性について述べた。すなわち，Patient，Intervention／Exposure，Control，Outcomeの4つの要因で構成されるPICO／PECOのうち，Intervention／ExposureのOutcomeをControlのそれと比較することによって介入や曝露効果は推定される。しかし，比較したい介入と対照の治療や曝露は適切に定義されていたとして，対照「グループ」が介入「グループ」の適切な「対照」となっていなかった場合に，正しい介入効果を求めることは可能だろうか。例えば，介入グループと対照グループの健康関連QOL（アウトカム）を比較する場面を想定する。図1のように，介入グループの対象者の状態が対照グループの状態と比較して悪い状況では，両グループ間の健康関連QOLを単純に比較すると正確な群間差を得ることはできない。この例では，介入効果について実際の効果と比較して過小評価されることが想定される。

交絡の理解を深めるために，ある調査で「高血圧ほど年収が高い」という結果が得られた場合を考える。この結果をそのまま受け入れて，「年収を上げるために，毎日

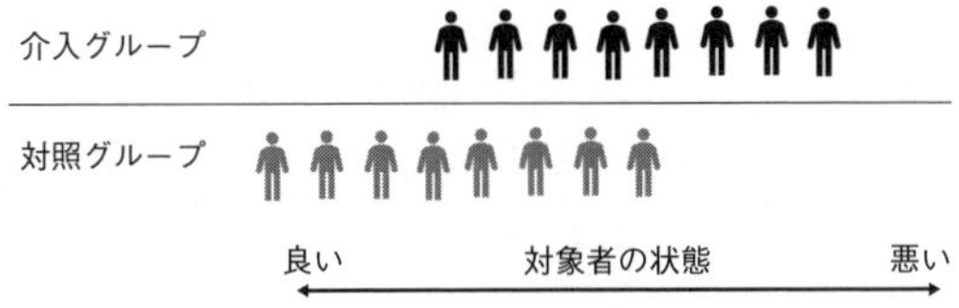

介入グループ

対照グループ

良い　対象者の状態　悪い

図1　介入グループと対照グループの比較

塩分・糖度の高い食品をたくさん摂取しよう」と考える人はいないであろう。このような結果が得られたのは，一般的に，年齢が高いほど高血圧の人が多く，同時に年齢が高いほど年収も高くなるからといえる。3つの関連を図で表すと**図2**のように提示できる[1)]。つまり，高血圧と年収の因果的な関連が全くない場合においても，年齢の影響によって両者の間に関係があるように見えてしまう。このような現象を「見かけ上の相関」という（**第6回**）。両グループ間で年齢の分布に偏りがあり（高血圧の集団でより年齢が高い），高血圧でないグループが高血圧のあるグループの適切な比較対照「グループ」となっていない（正確には，**図2**の高血圧は介入ではないが，理解を促すための例示である点には留意してほしい）。

このように，ある比較において適切な対照グループを用いていない現象を「比較可能性がない」という。より正確には，介入グループと対照グループの予後因子（リスク因子）の分布が異なる状況を指す。比較可能性がないグループを対照とすることによって，推定される介入・曝露効果に「ずれ」や「歪み」が生じてしまう現象を「交絡」という。また，交絡を引き起こす，介入・曝露とアウトカムではない第三の要因（変数）を「交絡因子（confounding factor，confounder）」と呼ぶ。**図2**の例では年齢が交絡因子となっている。このような交絡因子が存在するもとで適切な介入・曝露効果を求めるためには，デザインや解析において交絡因子を適切に対処する必要があるが，その手法については**第10回**にて概説する。

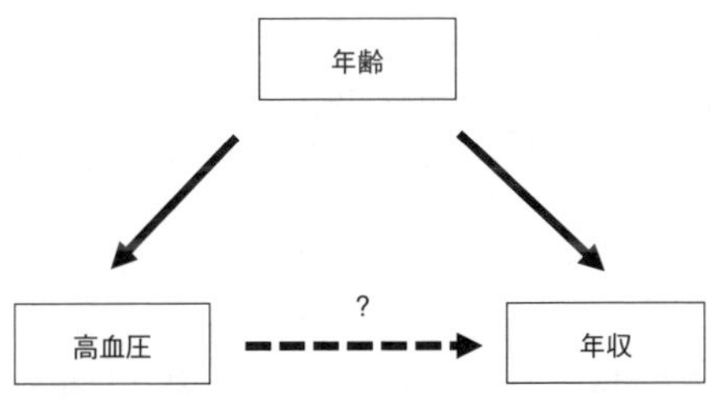

図2　高血圧と年収の関係は年齢によって交絡されている

2.2 交絡因子

交絡因子に対処するには,「当該の臨床研究において」どの変数が交絡因子であるかを特定することが重要である。一般的に交絡因子は,以下の3つの必要条件を有する[2]。

必要条件 1. アウトカムに影響を与える因子である
必要条件 2. 介入（曝露）と関連がある
必要条件 3. 介入（曝露）とアウトカムの因果経路に位置する中間因子ではない

必要条件1.のアウトカムに影響を与える因子は予後因子のことであり,交絡因子は予後因子（の一部）である,といい換えることが可能である。必要条件2.は介入（曝露）がある集団とない集団の間で予後因子の分布が等しくないことを意味する。必要条件3.は若干わかりにくいが,要するに交絡因子は介入（曝露）の結果ではないことを指す。例えば,降圧薬（介入）の脳出血発症（アウトカム）に対する効果に興味がある場面において,降圧薬服薬後の血圧値は,必要条件1.と2.を満たすものの,降圧薬の結果であるため（中間変数）,必要条件3.を満たさないことがわかる。交絡因子は結果を歪めるので,その影響を取り除かなければならないのに対し,中間変数は効果や関連の一部なので,その影響を取り除いてしまうと,みることを期待したとは異なる結果を評価してしまう恐れがある。

図2の例を用いて,第3の因子である年齢を上記3つの条件に当てはめてみると,

必要条件 1. 年齢と年収には関連がある
必要条件 2. 年齢は血圧と関連がある
必要条件 3. 血圧が高くなると年齢が上がり（あるいは下がり）年収が増加するということはない

と3条件を満たしていることがわかる。

例えば,コホート研究を含む観察研究では,交絡因子は一般に存在すると考えられる。対処が必要となる交絡因子を特定し,適切な手法によりそれらに対処することは,正確な介入（曝露）効果を推定するにあたって非常に重要となる。なお,詳述はしないが,**図2**のように各変数間の関係性を提示した図を有向非巡回グラフ（DAG：Directed Acyclic Graph）と呼び,DAGは交絡因子の特定や介入（曝露）効果を推定する手法を考えるうえで有用なツールと考えられている[3]。

3. 情報バイアス

情報バイアス（information bias）は,研究対象に関する情報が誤っていたり,研究対象から得られた情報が誤っていたりすることで発生するバイアスである[4]。測定

バイアスとも呼ばれる。情報バイアスには種々のバイアスが含まれるが，ここでは，誤分類バイアス，思い出しバイアス，面接者バイアスを紹介する。

3.1　誤分類バイアス

情報バイアスの理解には誤分類（misclassification）の理解が重要である。簡単には，離散尺度で測定された変数について，対象者が誤った区分（カテゴリ）に分類されている場合，そのような情報は「誤分類されている」という。例えば，本来であれば曝露グループに分類されるべきなのに非曝露グループに分類される，非曝露グループに分類されるべき対象者が曝露グループへ分類される誤りである。また，対象者の誤分類には，「系統的でない誤分類（non-differential misclassification）」と「系統的な誤分類（differential misclassification）」があり得る。アウトカムを含め，他の変数の値によって誤分類の仕方が異ならない誤りを系統的でない誤分類と呼ぶ。また，例えば，イベント発生が高い人ほど誤って曝露ありと誤分類してしまう誤りなど，アウトカムや他の変数の値で誤分類の仕方が異なる誤りを系統的な誤分類と呼ぶ。実際には，曝露因子の誤分類，アウトカムの誤分類，交絡因子の誤分類などが存在し得るが，以下では，曝露グループの誤分類が曝露効果の推定に与える影響の例を考えてみる。

飲酒の心疾患イベント発生リスクを検討するコホート研究において，酒の摂取状況の正確な情報収集ができず，アウトカムである心疾患イベントの発生有無にかかわらず飲酒に対する誤分類が起きているとする。仮に，「飲酒あり」と「飲酒なし」に曝露を分類する際の感度を80%，特異度を80%とする（感度，特異度の詳細は**第24回**参照）。これは，「真の飲酒あり」のうち20%は「飲酒なし」に誤分類され，20%は「飲酒なし」なのに「飲酒あり」に誤分類されてしまう，ということである。このような誤分類が，曝露効果の推定にどう影響するかを具体的な数値例を用いて以下で説明する。

まず，飲酒有無と心疾患イベント有無の真の関連を示した2×2分割表を**表1.1**に提示する。「飲酒あり」の中で心疾患イベント発生割合は10%（50/500）であるのに対し，「飲酒なし」の中での心疾患イベント割合は4%（20/500）なので，「飲酒あり」グループは「飲酒なし」グループと比較して心疾患イベントのリスクが2.5倍高い。

次に，曝露情報に関する誤分類が生じた後の結果を**表1.2**に示す。心疾患イベントがあった集団の中で「飲酒あり」の20%（50×0.2=10）が「飲酒なし」に分類され，「飲酒なし」の20%（20×0.2=4）が「飲酒あり」に分類される。したがって，「飲酒あり」でかつ心疾患イベントがあった集団の人数は，現実世界では44人（40+4）が観察される。同様に心疾患イベントがない集団においても，「飲酒あり」の20%（450×0.2=90）が「飲酒なし」に分類され，「飲酒なし」の20%（480×0.2=96）が「飲酒あり」に分類され，このカテゴリの人数は456人（360+96）となる。このように，疾患を起こした人／起こさなかった人の間で誤分類の程度が同じ，すなわち系統的でない誤分類が発生している状況では，心疾患イベントがなかった集団において

表1.1　飲酒と心疾患イベントに関する真の分割表

		心疾患イベント		
		あり	なし	
飲酒	あり	50	450	500
	なし	20	480	500

表1.2　誤分類後の飲酒と心疾患イベントの分割表

		心疾患イベント		
		あり	なし	
飲酒	あり	44 (=40+4)	456 (=360+96)	500
	なし	26 (=16+10)	474 (=384+90)	500

も同じ感度，特異度で誤分類が生じる。結果として，**表1.2**の分割表が観察されることになる。上記の感度・特異度のもと，臨床研究を実施してまとめられる**表1.2**から飲酒の有無別の心疾患イベント発生割合を算出すると，「飲酒あり」グループでは9.3%（44/500），「飲酒なし」グループでは5.1%（26/500）となり，飲酒によりリスクが約1.7倍になると算出される。ここから，真の飲酒効果（2.5倍）と比較して，飲酒効果が小さくなる，すなわち過小評価していることがわかる。

上述の例のように，2つの水準をもつ曝露変数に系統的でない誤分類が生じている場合，得られる介入・曝露効果は希釈され，真の効果よりも効果なしに近づくことが知られている。一方で，曝露変数にアウトカムあるいはアウトカムのリスク因子と関連のある系統的な誤分類が生じている場合には，そのバイアスの向きは過大評価・過小評価どちらにもなり得ることが知られている。

3.2　思い出しバイアス

思い出しバイアス（recall bias）は，誤分類バイアスに分類される。コホート研究では，曝露は研究開始時点での状態として（アウトカムが発生する前に）測定されるため，仮に誤分類の問題が生じるとしても，疾患の有無とは無関係な系統的でない誤分類となる（ただし，交絡因子と無関係とはいい切れない）。一方で，後ろ向きケース・コントロール研究では，デザイン上，曝露が疾患発生の「後」に測定されるため，系統的な誤分類が生じる可能性は高まる。特に，曝露情報を思い出しによって測定する場合，不正確な思い出しによって生じるバイアス（思い出しバイアス）への留意が必要となる。後ろ向きケース・コントロール研究では，ケース（疾病を発生した症例）とコントロール（疾病を発生していない症例）の「本人に尋ねた過去の曝露経験」を変数として用いることがある。一般に，ケースとなった症例はコントロールの症例と比べて病気の原因（曝露経験）を意識する傾向が強く，思い出す程度がケースとコントロールで偏る可能性がある。そのため，系統的な誤分類を生じることが指摘されている。

思い出しバイアスを防ぐ手段としては，①アウトカムとは別の疾患の患者をコントロールに用いる，②曝露の評価に客観的指標を用いる，③コホート内部でケース・コントロール研究を行うなどの方法が挙げられる。ただし，①の場合は選択バイアスを増やす可能性に注意が必要である[5]。

3.3 面接者バイアス

面接者バイアス（interviewer bias）は，曝露情報等を収集する面接者（観察者）が無意識的または意識的に歪んだ（方法で）情報収集を行うことで引き起こされる。特にケース・コントロール研究において，ケースとなる対象者とコントロールとなる対象者で尋ねる質問やその程度等の質問の仕方が偏ることで生じるバイアスであるため，思い出しバイアスと同様，注意を要するバイアスである。例えば，ケースに対してのみ質問の意図や具体的な意味について詳細な説明がなされていた場合，得られる曝露情報について系統的な誤分類が起こり得る。

このバイアスを小さくする工夫としては，上記が起こり得ることを認識し，質問方法の手順やマニュアルを詳細に作成する，スタッフのトレーニングの実施等が挙げられる。加えて，面接者に対するマスク化（盲検化）は有用であろう。すなわち，面接者に対して誰がケースで誰がコントロールかをわからなくする方法が有用となる。

4．選択バイアス

選択バイアス（selection bias）は研究対象者（研究対象集団）を決める時点で生じるバイアスであり，研究を行う場所，対象者を集める方法，研究参加後の脱落など，様々な状況で生じ得る[2)-4)]。研究分野によっては交絡バイアスのことを選択バイアスと呼ぶこともあるが，ここでは異なる概念としてこの用語を使う。以下では，代表的な選択バイアスとして，後ろ向きケース・コントロール研究におけるコントロール選択，試験途中での脱落が起きた場合に生じる選択バイアスについて紹介する。

4.1 対象者の選択

第4回で概説したとおり，いわゆる古典的なケース・コントロール研究は，試験開始時にケースとコントロールを特定して，過去に遡って要因を調べる後ろ向き研究である。ケース・コントロール研究は，コホート研究と比較して効率よく曝露とアウトカムの関連を評価できるデザインである一方で，コントロールの選択が難しいことが知られている。コントロールは，ケースが発生してくるもとの集団（源泉集団）からランダムに選択される必要があり，同様の研究目的でコホート研究を行った場合の（仮想的な）コホートの中から曝露状態とは無関係に選択されていると見なせる必要がある。仮に曝露状態と関連した集団をコントロールとして選択してしまうと選択バイアスが生じてしまう。

簡単な例として，喫煙（曝露）と肺がん（アウトカム）の関連を検討するケース・コントロール研究を考える。この研究において，A病院の呼吸器診療科において肺がんを発症した症例をケースとして同定し，同じA病院の呼吸器診療科に通っている気管支炎の症例（肺がんは発症していない）をコントロールにしたとする。一見，同じ病院の呼吸器診療科に通う患者から選択することは，ケースとコントロールで同じような選択プロセスを経ているため，「もし発症したらケースとして組み込まれる可能性のある人」がコントロールになっているとして適切に思えるかもしれない。しかし，喫煙は気管支炎のリスク因子であり，本来コントロールとして選択される集団と比較すると気管支炎の患者集団は喫煙している可能性が高く，喫煙と肺がんの関連の強さを低く見積もってしまう可能性がある。すなわち，このような選択は曝露状態と関連したコントロールの選択になっており，選択バイアスが生じてしまうことになる。

4.2 研究途中での脱落

コホート研究のように前向きにデータ収集する研究では，イベント発生時までの追跡ができず，その前に研究が終了したり，途中で対象者が脱落（drop-out）したりすることは一般的である。このような現象を「打ち切り（censoring）」と呼ぶ。打ち切りの原因の1つである脱落を起こす理由としては，引っ越し，研究参加に負担を感じて研究から外れた，など様々なことが挙げられる。打ち切りの種類は，興味のあるイベントと無関係（独立）な打ち切りなのか，イベントと関連がある打ち切りなのかに大きく分けることができ，それぞれ，情報のない打ち切り，情報のある打ち切りと関連する。情報のある打ち切りが生じている場合，適切に対処しないと，推定された曝露（介入）効果にバイアスが含まれることが知られている。情報のない打ち切りの典型例は，研究終了による打ち切りが挙げられる。このような情報のない打ち切りであれば，一般的に用いられる生存時間解析で選択バイアスが生じることはない（生存時間解析は**第13回**参照)。

例えば，喫煙の心疾患イベント発生への影響を評価するコホート研究において，肺がんが発生した時点で研究から脱落して打ち切りとして扱った場合を考える。心疾患，肺がんともに喫煙がリスク因子であることが知られており，喫煙している集団において，より肺がんによる打ち切りが発生すると考えられる。この場合，結果的に心疾患イベント発生リスクが低い集団が（打ち切られることなく）コホートに残ることなる。すなわち，打ち切りとイベントの間に関連性がある情報のある打ち切りが起きていることになるが，この例では，喫煙の心疾患に対する効果は低く見積もられる（バイアスが生じる）ことになる。

前述のとおり，情報のある打ち切りがある場合には選択バイアスが持ち込まれてしまう。このような選択バイアスは，観察研究だけではなく，ランダム化臨床試験においても発生することに注意が必要である。研究開始時に，選択バイアスが大きくなる理由により打ち切りが発生する可能性があるかを検討したうえで計画を立て，データ収集をすることが重要である。

5．まとめ

今回は，臨床研究を実施するうえで生じる代表的なバイアスとして，交絡バイアス，情報バイアス，選択バイアスについて概説した。思い出しバイアス，面接者バイアスはケース・コントロール研究で起きやすい，交絡バイアスは観察研究で一般的に起き得る，情報のある打ち切りに伴う選択バイアスはランダム化臨床試験でも起きるなど，研究デザインの特性ごとに生じやすいバイアスや留意すべきバイアスは異なる。どのようなバイアスが持ち込まれてしまいそうかを踏まえ，研究計画時にデータの収集方法や解析手法等を注意深く計画することが望ましい。これらのバイアスを最小化する手段であるデザインあるいは解析手法については，**第10回**以降で紹介する。

文　献

1）浜田知久馬．学会・論文発表のための統計学－統計パッケージを誤用しないために－新版．真興交易医書出版部．2012.

2）Rothman KJ．矢野英二，橋本英樹，大脇和浩(監訳)．ロスマンの疫学　科学的思考への誘い 第2版．篠原出版新社；2013.

3）Lash TL, VanderWeele TJ, Haneause S, Rothman K. *Modern Epidemiology*. Lippincott Williams & Wilkins；2020.

4）Szklo M, FJ Nieto．木原正博，木原雅子(監訳)．アドバンスト分析疫学369の図表で読み解く疫学的推論の論理と数理 第1版．メディカル・サイエンス・インターナショナル；2020.

5）Drews C, Greenland S, Flanders WD. The use of restricted controls to prevent recall bias in case-control studies of reproductive outcomes. *Ann Epidemiol*. 1993；3(1)：86-92. doi：10.1016/1047-2797(93)90014-u.

第10回　交絡バイアスに対処するための方法

上村　夕香理

1.　はじめに

リサーチクエスションを臨床研究により明らかにするには，適切な研究デザインを用い，適切にデータを収集する必要がある（**第3回**）。しかし，データ収集の方法はもちろん，用いる解析方法によってはリサーチクエスチョンに対して誤った結論を導いてしまう可能性がある。**第9回**では，真の効果と実際に得られる効果の間に「ずれ」が生じる現象であるバイアス（系統誤差）について，特に「交絡バイアス」「情報バイアス」「選択バイアス」を注意すべき代表的なバイアスとして概説し，各バイアスが生じる研究デザインと具体的な場面について紹介した。これらバイアスを最小限にするためには，デザイン段階で予防する，あるいは解析にて対処する必要がある。各種バイアスへの対処方法は様々提案されているが，ここでは交絡バイアスの対処に着目する。以下ではまず交絡バイアス（**第9回**）を簡単に復習したうえで，それを制御する方法を概説する。

2.　交絡バイアス

曝露効果あるいは治療などの介入効果を分析的に評価する臨床研究では，比較対照（コントロール）の設定が重要であり，曝露（あるいは介入）グループと対照グループのアウトカム（の要約指標）を比較することによってその効果が評価される。しかし，比較対照「グループ」が曝露（介入）「グループ」に対して適切（比較可能）でない場合，バイアスのない正確な効果を求めることが出来ない。例えば，飲酒と心筋梗塞発症の関係をみる観察研究において，飲酒グループで発症が多いという結果が得られたとする。飲酒グループで喫煙者が多い場合，心筋梗塞発症のリスクである喫煙が結果に影響していた可能性があり，飲酒に関する正しい曝露効果を求めることができない。すなわち，「喫煙」というリスク因子（の分布）が比較グループ間で異なるため，非飲酒グループは飲酒グループの適切なコントロールとなっていないということになる。このように適切なコントロール「グループ」が選択されてない状況は，曝露（介入）グループと非曝露（非介入）グループでリスク因子（の分布）が異なる状況を意味し，「比較可能性がない」といわれる。比較可能性がない集団を比較対照グループと設定することにより，推定される曝露（介入）効果に「ずれ」が生じてしまう現象が交絡（バイアス）である。

交絡バイアスに対処するには，それを引き起こす要因（変数）である交絡因子（confounding factor, confounder）となる変数を特定することが重要である。上記の例では，喫煙が交絡因子である。一般的に交絡因子は，以下の3つの条件を有する。

必要条件1. アウトカムに影響を与える因子である
必要条件2. 曝露（介入）と関連がある
必要条件3. 曝露（介入）とアウトカムの因果経路に位置する中間因子ではない

交絡バイアスに対処する方法は，研究デザイン段階，データ収集後の解析段階で用いる方法と大きく2つに分類できる。それぞれの交絡バイアスへの対処方法については以下で紹介する。

3. 研究デザインによる対処

3.1 ランダム化（randomization, random allocation）

試験治療（新治療）と対照治療（標準治療）の2つの治療を比較することで，試験治療の対照治療に対する有効性が評価できる。一般に，試験治療に対しては期待が大きく，患者の状態や患者の希望に沿って治療を処方すると，より重症度の高い患者が試験治療を受けてしまうかもしれない。このような状況では，有効な結果が得られる可能性が期待されにくい患者が偏って新規治療を受けたことになり，試験治療の有効性が過小評価されてしまうことになる。あるいは，試験治療の副作用を懸念して，状態がよい患者がより試験治療を受ける場合も考え得るが，そのような場合は有効性が過大評価されてしまう。いずれの場合においても，試験治療グループと対照治療グループ間で比較可能性がないために，両グループのアウトカムをそのまま比較するだけでは交絡バイアスの問題を回避できない[1]。このように，どのような理由によって治療を受けるか（治療が割り付けられるか）によって交絡バイアスが生じ得る。

治療の割り付けによって生じる交絡バイアスを制御する最も強力な手法として，ランダム（無作為）化が知られている[2]。ランダム化は，文字どおり，各患者がどちらの治療を受けるかをランダムに決定する方法のことである。例えば，コインをトスして，表ならば試験治療，裏ならば対照治療，のように確率的な要素を入れて，対象者をいずれかのグループ（群）にランダムに割り振ることで，いずれか一方の群に重症な患者が偏るなどのことがなく，同じような背景をもった患者が各群に割り付けられること（リスク因子の分布が等しくなること）が期待される。このランダム化が比較可能性を作り出す最強な方法である理由は，重症度や年齢等の既知のリスク因子のみならず，例えば，遺伝子変異等の未知のリスク因子についても，いずれかの群に偏ることなく比較可能性を保つ方法であるためである。ただし，すべてのリスク因子が均等に分布するということは，確率的に期待されるというだけで，すべての研究で必ず達成されているとは限らない。特に，対象者数が少ない研究の場合には，たまたまいずれか一方の群に重症度が高い（あるいは年齢や性別等の重要なリスク因子）が偏ってしまう可能性がある。このような問題をなるべく回避するために，いくつかのランダム化の工夫が提案されている。ここでは詳述しないが，例えば，層別ランダム化，置換ブロック法，最小化法などがあり，コイントスのような単純ランダム化より既知のリスク因子のバランスが取れる方法が提案されていて，実際に用いられている。
前述のように，ランダム化を用いた試験のことをランダム化比較試験やランダム化臨床試験と呼び，一般的にこの試験デザインで得られた結果のエビデンスレベルは高いといわれる。ただし，ランダム化比較試験であっても様々なバイアスが入り得る点には注意が必要である。次に代表的なバイアスを2つ記載する。1つ目は，ランダムに割り付けられた治療を患者や医師が知ることによって生じる「情報バイアス」である。割り付けられた治療を知ることによって，「試験治療が割り付けられたので症状がよくなるかもしれない」という患者や医師の期待や「対照治療が割り付けられたのでより注意深く患者の様態を観察しよう」といった医師の行動など，割り付けられた治療に対する期待や不安などによって群間で異なる情報が得られてしまうため，バイアスが生じてしまう可能性が高まる。このバイアスを避けるために用いられる有効な手段に，割り付け情報をマスクする「盲検化」がある。対象者に割り付けられた治療が，試験治療なのか対照治療なのかをわからなくする方法（盲検化）を用いることで上述のバイアスへの対策になる。2つ目は，アウトカムと関連がある情報のある打ち切りが多く発生することによる「選択バイアス」である。このバイアスの詳細については，**第9回**を確認されたい。
上述のようなバイアスに留意は必要であるものの，比較可能性がある集団を研究開始時につくれる点でランダム化臨床試験は強力なデザインである。しかし，リサーチクエスチョン（クリニカルクエスチョン）によっては，ランダム化臨床試験が適さないこともある（**第3回**）。

3.2　限定（restriction）

限定（化）は，リスク因子がある値（区分）である症例に研究対象を限定することで交絡バイアスを防ぐ方法である。例えば，飲酒と心筋梗塞の関連を調べる研究において，喫煙が交絡因子の必要条件を満たしたとする（飲酒する人の方が喫煙する傾向にあり，喫煙は心筋梗塞のリスク因子であり，普段の喫煙は飲酒の結果でない）。限定は，喫煙者（あるいは非喫煙者）に研究対象を限定する方法である。限定することで，**図1**の曝露と交絡因子の間の矢印（曝露と交絡因子の関連）がなくなり，喫煙は交絡因子の必要条件2.を満たさないことになるので，交絡因子にはなり得なくなる。あるいは，年齢のみが交絡因子と考えられる場合，同年齢のものだけを研究対象とすることで年齢による交絡は予防可能である。
繰り返しになるが，交絡因子は曝露因子と関連しなくてはならない（必要条件2.）ため，リスク因子のある値（区分）に対象者を限定することで交絡を防ぐことが可能となる。対象者の限定は研究結果の一般化可能性を低下させる可能性を否定できない（例えば，喫煙者のみの研究の結果を非喫煙者にも適用可能かはわからない）が，限定によって交絡バイアスを予防し，科学的妥当性が高められるメリットは大きく，リサーチクエスチョンごとにそのメリットおよびデメリットのバランスをみて判断する

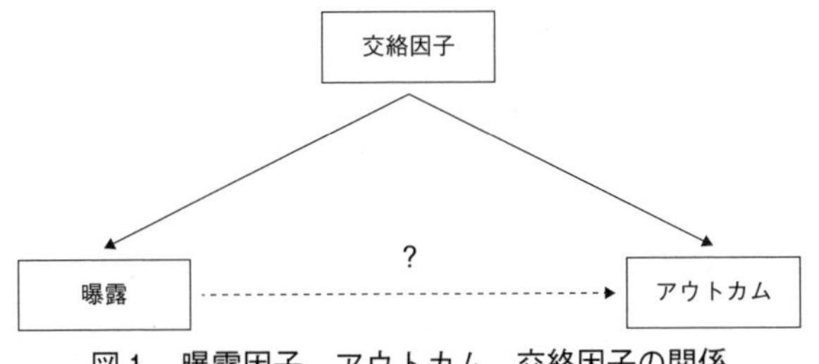

図1　曝露因子，アウトカム，交絡因子の関係

ことが望ましいと考える。

3.3　マッチング（matching）

コホート研究の開始（登録）時点で実施されるマッチングは，重要なリスク因子について，曝露グループと非曝露グループの間で均等に分布するように対象者を選択する方法である（異なる人数をマッチングする場合（可変マッチング）には注意が必要)。3.2節と同様，飲酒が心筋梗塞のリスク要因になっているかを検討するコホート研究を想定すると，既知のリスク因子である喫煙，年齢，高脂血症などが交絡因子となり得る。マッチングを研究デザインとして用いる場合，例えば，飲酒している「喫煙なし，50代，高脂血症あり」の人がいた場合は，飲酒していない「喫煙なし，50代，高脂血症あり」人を対照に選ぶ。同様に，飲酒している人と同じリスク因子の値を持つ飲酒していない人を選び，多くのペアを集めることで，飲酒グループと非飲酒グループの間で喫煙，年齢，高脂血症の交絡因子について偏りがない均等に分布したコホート集団がつくられる。ただし，マッチングが必要となるリスク因子が多い場合には，リスク因子の値の組み合わせ（パターン）が多くなり（例：喫煙なし，50代，高脂血症あり，糖尿病なし，男性，高血圧あり，…），マッチングの対象となる人を見つけることが困難かもしれない。そのような場合には，各対象者が曝露を有する（飲酒する）確率をすべての交絡因子を用いて推定して，その確率（傾向スコア）でマッチングする，という少し応用的な手法を用いることも可能である。

コホート研究でマッチングを用いる場合とは異なり，後ろ向きケース・コントロール研究でマッチングを用いる場合は交絡バイアスを防ぐことができないので注意が必要である。例えば，ケースと同じ交絡因子を持つコントロールを選択すると，交絡因子と曝露は関連しているので，マッチングで選択されたコントロールの曝露要因の分布はケースの曝露要因の分布と近づくことになる（**第9回**）。これは，コントロールはケースが発生してくるもとの集団（源泉集団）からランダムに選択される，同様の研究目的でコホート研究を行った場合の（仮想的な）コホートの中から曝露状態とは無関係に選択される（**第9回**），というケースとコントロールの曝露状況を単純比較するための選択ルールを満たしていないためである。曝露状態と関連した集団をコントロールとして選択してしまうと選択バイアスが生じてしまうことが知られている（第9回）。そのため，後ろ向きケース・コントロール研究において，仮にマッチングして対象者を選択した場合には，解析時においてマッチングした交絡因子に対して適切な調整が必要となる。

4. 解析手法による対処

4.1 層別解析

3節で紹介したデザインにより交絡に対処する限定という方法は，リスク因子がある値（区分）の症例に研究対象を限定するという方法で，リスク因子と曝露因子の関連をなくすことで交絡に対処する。層別解析は，限定に近い考え方に基づく解析手法である。交絡因子がある値をとるサブグループ（このサブグループを層と呼ぶ）に分けて，各層において曝露とアウトカムの関連を検討し，その結果を併合する方法が層別解析である[3)]（サブグループ解析との違いに注意）。以下では，運動と糖尿病発症の関連を検討したコホート研究を仮想例として，簡単な数値例を挙げて層別解析を説明する。

まず，①肥満と診断された症例は，医師より運動を促され，運動プログラムに参加しやすい環境にあった。②肥満は，糖尿病のリスク要因であることが知られている。③肥満であるために運動を促されたのであって，運動によって肥満となった訳ではない（肥満は中間変数でない）。という状況を想定する。これらから，運動と糖尿病発症の間の関連を評価するにあたって，肥満が交絡因子となっているコホート研究を想定していることになる。

運動と肥満の単純な関連について，**表1**のとおりの結果が得られたとする。運動ありグループ410名，運動なしグループ90名を追跡し，各グループでの糖尿病発症例がそれぞれ74例，20例みられたという研究結果である（現実的な数値ではないかもしれないが，簡単な数値例として参照されたい）。

この分割表より，運動ありグループの糖尿病発症割合は18.0%（=74／410），運動なしグループでの割合は22.2%（=20／90）なので，運動ありグループにおいて糖尿病発症のリスクが1.23倍高い（リスク比=1.23）という結果になる。しかし，前述の

表1　運動と糖尿病の分割表

		糖尿病発症		
		あり	なし	
運動	あり	74	336	410
	なし	20	70	90

とおり，肥満は交絡因子であるため，これを調整した交絡バイアスへの対処が必要になる。層別解析により交絡因子を調整するにあたっては，以下の3つのステップを実施する。

ステップ1. 交絡因子の水準（の組み合わせ）ごとに層別化する
ステップ2. 各層内で曝露とアウトカムの関連を評価する（サブグループ解析）
ステップ3. 各層内の結果を併合する

層別化では，まず肥満の有無別（層別）に各層における運動と肥満のデータを分割表で表す（**表2－1，2－2**）。

各層（**表2－1と2－2**）において，肥満の交絡因子としての影響は除かれている。なぜなら，限定と同様，各層内で肥満は必要条件2「曝露（介入）と関連がある」を満たさなくなっているからである。したがって，**表2－1と2－2**のそれぞれでは，肥満という交絡因子の影響を取り除いたうえで運動と糖尿病発症の関連を評価することが可能となる。**表2－1**（肥満あり集団）より，運動ありグループおよび運動なしグループの糖尿病発症割合はそれぞれ20.0％，40.0％であるため，リスク比は0.5倍と算出される。同様に**表2－2**（肥満なし集団）より，運動ありグループおよび運動なしグループの糖尿病発症割合はそれぞれ4.0％，8.0％であり，リスク比は0.5倍と算出される。すなわち，肥満の有無に関わらず，運動することによって糖尿病のリスクは0.5倍となることがわかる。全体の結果（運動で1.23倍リスクが高まる）と各層の結果（運動でリスクが0.5倍となる）に乖離がみられるのは，全体の結果では交絡因子の影響をとり除いていないために，運動の効果に肥満の影響が混ざってしまったからである。このように，層別化によって交絡因子の影響を曝露要因とアウトカムの関連から切り離すことが可能となり，交絡が調整される。なお，上記で示したとおり，各層ごとの結果を提示する解析をサブグループ解析と呼ぶ。

次に，各層ごとに得られた結果を併合する（pooling）ことを考える。層別解析はサブグループ解析の結果を1つの指標に要約することまでを含む。例では，肥満あり，なし，それぞれで0.5倍と算出されているので，それらを併合した結果が層別解析の

表2　肥満の有無別：運動と糖尿病の分割表

表2－1　肥満あり集団における分割表

肥満あり		糖尿病発症 あり	糖尿病発症 なし		
運動	あり	72	288	360	400
運動	なし	16	24	40	

表2－2　肥満なし集団における分割表

肥満なし		糖尿病発症 あり	糖尿病発症 なし		
運動	あり	2	48	50	100
運動	なし	4	46	50	

結果として提示される（この例では0.5倍と推定される）。層別解析は，各層の結果（推定値）を併合するが，情報量の多い（データ量が多い）層の重みを大きく，情報量が少ない（データ量が少ない）層の重みを小さくして併合する。詳述はしないが，併合する代表的な方法として，標準化（4.3節），重み付き最小二乗法，最尤推定法，Mantel-Haenszel法が挙げられる。

層別解析を用いる際に注意すべき点の1つに，いくつかの併合方法は「効果が層全体に渡り一定である」という前提をおいていることがある。各層の結果が著しく異なる場合には，その前提に依拠しない標準化を用いることが考えられるが，併合することなく各層の結果をそのまま提示することも検討すべきである。各層で効果が異なる場合のことを，曝露（介入）とアウトカムの関連に「交互作用がある」というが，これには量的と質的の2つがある。効果の向きは同じであるが（例：どの層においても曝露が予防的に働いている），その効果の大きさが異なる場合に「量的な交互作用がある」，効果の向きが異なる（ある層では曝露が有害的，別の層では予防的な効果がある）場合に「質的な交互作用がある」という。例において，仮に肥満がある集団で運動することで発症割合が0.5倍，肥満がない集団で2.0倍となっている場合，質的な交互作用があるということになるが，このような場合に各層の結果を併合することは適切ではないかもしれない。

4.2　回帰モデル

4.1節のとおり，層別解析は直感的にもわかりやすく交絡因子を調整可能な方法である。一方で，交絡因子が多数ある，あるいは年齢のように連続量の交絡因子の調整を要するとき，各層の水準の組み合わせは非常に多くなってしまう。例えば，「喫煙，飲酒，高脂血症，性別」と交絡因子が4つある場合，各交絡因子の区分が2水準だったとしても，その組み合わせは16通りとなり，結果として各層に含まれる人数が非常に少なくなる可能性がある。そのような状況では，各層の効果の推定は精度が低くなる，各層の解析結果が多岐に渡る可能性があるなど，解析結果の解釈が困難になりやすい。交絡因子が多数ある場合などには，それらを同時に調整する方法として回帰モデルを用いられることが多い。

回帰分析は，興味のある曝露（あるいは介入），交絡因子とアウトカムの関係性を特定のモデル（型）に当てはめて推定する方法である。モデルのタイプは数多くの種類があるが，アウトカムの変数の型と分布，推定する効果の指標によって適切な回帰モデルを選択する必要がある。医学研究で用いられる代表的で基本的な回帰モデルに，線形回帰モデル，ロジスティック回帰モデル，Cox比例ハザードモデルがある。回帰モデルについては**第11，12，14回**を参照してほしい。

4.3　標準化

標準化は，「ある標準集団が仮に曝露を受けた場合のアウトカム」と「同じ標準集団が曝露を受けなかった場合のアウトカム」を比較することによって曝露効果を評価する方法である[4)]。例えば，実際に曝露を受けた集団を標準集団と定めた場合には，「曝露集団が曝露を受けた場合のアウトカム」と「曝露集団が曝露を受けなかった場合のアウトカム」を比較することになる。同じ曝露集団間の比較であるので，交絡因子は存在することはない。曝露集団が曝露を受けたときのデータは収集されているものの，当然のことながら，曝露集団が曝露を受けなかったときの結果はデータとして存在しない。そのため，交絡因子の情報を用いてそのアウトカムを予測することになる（ここではその詳細を省く）。リサーチクエスチョンによっては，全体集団（標的集団）を標準集団に，あるいは非曝露集団を標準集団として特定し，それに応じた適切な重みを用いて標準化された効果の指標を推定することが可能である。また，標準化に基づく推定は，層ごとに効果が共通であるという前提を置く必要がないという点で他の手法と異なる。

5．まとめ

今回は，交絡バイアスに対処する方法として，研究開始前のデザイン段階で対処する方法とデータ収集後の解析段階で対処する方法を紹介した。未知の交絡因子も制御可能という点においてランダム化は最も強力な方法となるが，観察研究ではランダム化による対応はできず，その他の方法での対処が必要となる。今回紹介したランダム化以外の手法のいずれも有用な方法ではあるが，測定されていない，あるいは未知の交絡因子については制御ができない点は注意を要する。したがって，交絡因子として調整すべき変数を特定することがまずは非常に重要となる。重要な交絡因子が測定されない，あるいは重要な交絡因子の対処ができていない場合には得られる結果に交絡バイアスが含まれてしまうため，結果の解釈は非常に限定的になる。繰り返しになるが，交絡バイアスに対処するためには，それを制御する方法の理解とともに，研究開始段階で交絡因子を慎重に特定し，適切に収集することが肝要となる。

文　献

1）福原俊一．臨床研究の道標 第2版〈下巻〉．特定非営利活動法人健康医療評価研究機構；2017.
2）Greenland S. Randomization, statistics, and causal inference. *Epidemiology*. 1990；1（6）：421-9.
3）Rothman KJ．矢野英二，橋本英樹，大脇和浩（監訳）．ロスマンの疫学　科学的思考への誘い 第2版．篠原出版新社；2013.
4）佐藤俊哉．疫学研究における交絡と効果の修飾．統計数理．1994；42（1）：83-101.

第11回　回帰モデル

篠崎　智大

1.　はじめに

血圧が年齢とともに上昇することはよく知られている（**図1**）。このような傾向を統計学では

収縮期血圧 $= a + b \times$ 年齢

という等式で表すことが多い。これは中学校で習う1次関数なので，統計学の知識がなくても「血圧と年齢が直線的に変化する」こと，「年齢が1歳上がると収縮期血圧が b mmHg上昇する」ことを読みとるのは難しくないだろう。

しかし，上の等式のように血圧が年齢によって正確に定まるわけではない。実際，同じ年齢の人でも血圧の値は異なるし，同じ人の1歳当たりの血圧上昇幅は年齢によって異なるだろうし，もちろん人によって上昇幅も異なるだろう。そもそも，血圧の値は常に変動するものである。そこで，統計学的な説明の仕方で，血圧と年齢の個々の「データ」を直接数式で関係づけることを，以下で考えてみる。

患者 i の収縮期血圧を y_i，同じ患者 i の年齢を x_i として測定したとする（**表1**）。x_i と y_i の散布図（**第6回**）を描いてみれば明らかだが，**表1**のデータはどのようにしても1本の直線上には乗らないので，ぴったり「収縮期血圧（y_i）$= a + b \times$ 年齢（x_i）」と

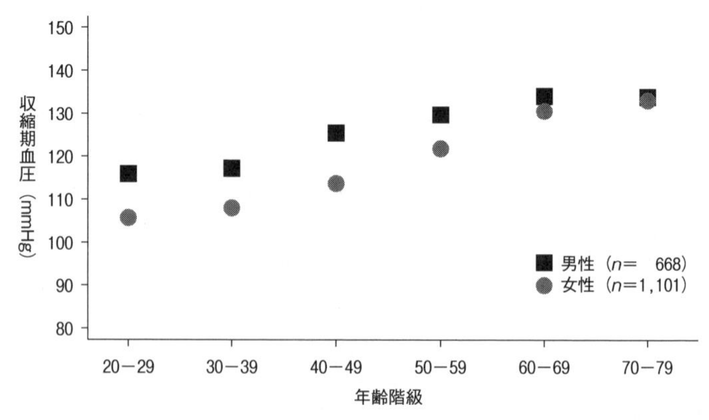

図1　令和元年国民健康・栄養調査による性・年代別収縮期血圧の男女別平均値

表1　収縮期血圧(y_i)と年齢(x_i)のデータ例

患者(i)	年齢(x_i)	収縮期血圧(y_i)
1	37	77.8
2	45	139.9
3	56	114.1
4	51	83.2
5	28	106.7
6	39	69.2
7	64	118.7
8	51	76.7
9	67	146.8
10	89	223.6

なる a と b を選ぶことはできない。そこで「誤差」と呼ばれるある値e_iを使って患者ごとの血圧と直線とのずれを表すことにし,

$$y_i = a + bx_i + e_i$$

という等式にしてみる。e_iのずれがある以上この数式における a と b は個人のx_iとy_iとを1対1につなぐものではないが,集団全体での血圧と年齢の関連を表すかもしれない。そのために,「x_iを固定して,e_iは互いに独立で平均0かつ分散一定の確率分布に従うと仮定して…」という形で,代数や確率統計を駆使した回帰分析(regression analysis)の説明を展開する教科書が一般的である。

回帰分析に関する教科書的な説明は数学的であり,回帰分析の基礎から発展まで厳密な説明ができる。しかし,回帰分析を正しく理解しようとするには,学習者自身が考えるよりも混乱が生じやすい。例えば,現実のデータ解析で「ある変数を回帰分析に入れることで考慮した」というお座なりの説明に対して,何がどう考慮されているのかの納得のいく説明は先の「x_iを固定して…」という枠組みでははっきりせず,後述する回帰分析の目的に応じて適切な説明をできる人は多くない。そこで,今回扱う「目的に応じた回帰分析の使い方」や**第12回**で扱う「結果変数の型に応じた回帰モデル」を整理して理解することを促すために,多くの教科書では採用されていない見方[1)2)]から回帰分析の説明を試みる。

2.　回帰と回帰モデル

ここでは「$y_i = a + bx_i + e_i$」というデータと誤差をつなぐような等式はいったん忘れてほしい。代わりに,次の定義から出発したい:

回帰とは条件付き期待値である

2.1　回帰

統計学において「条件付ける」とは，「そのような条件に合致するようなデータを選んでくる」ということである。例えば，「年齢を45歳で条件付ける」とは，「年齢が45歳であるような対象者のデータのみとり出す」ということになる。「期待値」は，簡単には，平均値（**第5回**）と考えて差し支えない。つまり，「条件付き期待値」とは，ある条件で選ばれたデータにおける平均値，すなわち集団内の一部の集団（サブグループ）での「サブグループ平均値」のことであり，これを回帰（regression）と呼ぶ。例えば，「年齢45歳での血圧の回帰」とは「対象集団内の45歳のサブグループにおける平均血圧」，「男性での血圧の回帰」は「対象集団内の男性での平均血圧」と読めばよい。この段階では回帰を難しく考える必要はない。

回帰においてサブグループを決める変数を説明変数（explanatory variable）という。これを独立変数や予測変数ということもあるが，「独立」や「予測」は統計的に異なる意味のある専門用語でもあるのでおすすめしない。上の例では「年齢」や「性」が説明変数である。説明変数は2つ以上あってもよい。その場合は，それらの組み合わせでサブグループが決められる。例えば，「男性で41歳」「男性で42歳」…と男性での年齢別サブグループが続き，男性で最後までいったら同様に「女性で41歳」「女性で42歳」…としていく。一方，回帰において平均値を求める変数のことを結果変数（outcome variable）という。目的変数，応答変数，従属変数，被説明変数ということもある。「従属」は「独立」と同じ理由で紛らわしいが，それ以外は状況に応じて好きな用語を使えばよい。今回は結果変数に血圧のような連続変数を考えるが，2値変数（**第12回**），生存時間変数（**第13回**）など様々な型に用いることができる。

ここで注意したいのは，「1つのサブグループに対して平均値（回帰）が1つ定まる」という当たり前のことである。これは「サブグループ内で結果変数の値が一定である」ということではない。サブグループ内で個々の結果変数の値は異なっていてよいが，その平均値は1つの値に決まるということである。ただし，このためにはサブグループの元となる「対象集団」が明確にされていなければならない。例えば，上のように「30歳代の男性」というサブグループを考えるとしても「日本在住の30歳代の男性」と「アメリカ在住の30歳代の男性」とは違う集団なので，ここが曖昧だと「30歳代の男性」というサブグループの血圧の平均値も定まらないだろう。さらにいうと，「日本人」も漠然としているため，「2021年9月15日時点で日本国内に在住の30歳代の男性」というように，なるべく明確な集団を考えるべきである。すると「2021年9月15日時点で日本国内に在住のすべての人」という明確に定義された対象集団内で，サブグループの数だけの回帰が存在するはずと考えられる。

仮想的な対象集団を1つ決めることができたとしよう。**図2（A）**にその対象集団全員における，年齢5歳ごとの平均収縮期血圧のプロットを示す。この各点が回帰である。

しかし多くの場合，興味のある「真の回帰」はわからない。なぜなら，対象集団全

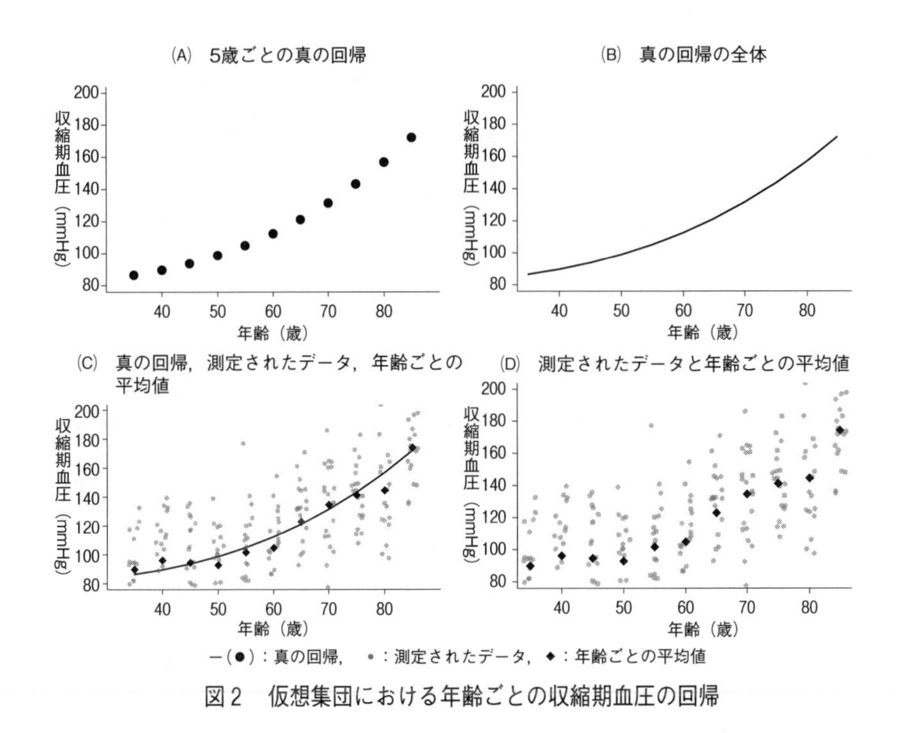

図2　仮想集団における年齢ごとの収縮期血圧の回帰

員のデータを集めることがコスト面や倫理面から常にできるとは限らないためである。例えば，図1のデータは，日本国民全体の身体状況や生活習慣の把握を目的とした「国民健康・栄養調査」から得られたものである。関心のある対象集団は「当該年度の日本国民全体」だが，血圧の測定は，たかだか2,000人弱の対象者から得られたにすぎない。したがって図1の各点は，性と年齢を説明変数，収縮期血圧を結果変数とした回帰の「推定値」である。図2(A) に示したような対象集団の各サブグループでただ1つずつ定まる「真の回帰」とは異なり，図1のようなデータから計算された「回帰の推定値」は，データをとり直すことで異なる値をとることになる「仮の値」といえる（第7回）。

2.2　回帰関数

連続的に変化する説明変数（年齢）に対して，真の回帰をびっしり並べて曲線状にプロットしたものを図2(B) に示す。この曲線上の各点が回帰の値となる。理解を一歩進めるために，この各点を

$$\mathrm{E}[\text{収縮期血圧} \mid \text{年齢} = x\ \text{歳}]$$

と書こう。「E」は期待値の英語であるexpectationの頭文字であり，大括弧[]の中の変数（ここでは収縮期血圧）の平均値をとることを意味する。括弧内の縦棒（｜）はその後ろに書いた条件でのサブグループで平均値をとることを表す。つまり，上の書き方で「年齢＝x歳のサブグループでの収縮期血圧の平均値」を表し，これが「条件付き期待値」すなわち「回帰」の統計学的に正式な表現となる。図2 (B) でいいたいのは，この回帰が年齢xごとに1つずつ定まることである。つまりxを引数(ひきすう)にとる関数fを用いて

$$\mathrm{E}[\text{収縮期血圧} \mid \text{年齢}= x\,\text{歳}]=f(x)$$

と書くことができる。復習までに，関数とは「ある値を引数に渡すと何か別の値を返すルール」のことである。例えば，$f(37)$ は「年齢が37歳のサブグループにおける平均血圧」を表す（年齢の37を渡すと対応するサブグループの平均血圧が返ってくる）。

回帰の本質は，このような「サブグループの関数」としてサブグループ平均値を見ることだといえる。より一般的に書くと

$$\mathrm{E}[\text{結果変数} \mid \text{説明変数}= x\,]=f(x)$$

が回帰である。統計学では，結果変数をY,説明変数をXという確率変数で書き換えて

$$\mathrm{E}[Y \mid X= x\,]=f(x)$$

とスタイリッシュに書くが，いいたいことは同じである。繰り返しになるが，説明変数Xは2つ以上の変数を含んでいてもよい。その場合は，サブグループを指示する値xがそれらの組み合わせで置き換わる。例えば

$$\mathrm{E}[\text{収縮期血圧} \mid \text{年齢}= x\,\text{歳},\ \text{性別}= z\,]=f(x,\ z)$$

として，f(37，男性）を考えるという具合である。このように，回帰（サブグループ平均値）を説明変数の値（サブグループ）の関数としてみたものを回帰関数（regression function）という。

2.3　データと回帰モデル

2.1節で述べたように，個々のデータは回帰（サブグループ平均値）のまわりに異なる値で現れる。ここで，35歳から85歳まで5歳刻みで対象集団から20人ずつランダムサンプリングして血圧を測定したデータが図2 (C) のようになったとする。この図には，図2 (B) に示した真の回帰に加えて，年齢ごとのデータとその平均値（回

帰の推定値）が示されている。この各平均値が，**図 1** に示した数十人ないし数百人ずつから計算された平均値プロットに対応する。

しかし，実際にわれわれの目に見えるのは**図 2（D）**に示したデータおよびその平均値だけである。ここから未知である**図 2（B）**の回帰を求める（推定する）ことが当座の目的となる。まず，これらの個々の「x ごとのデータの平均値」そのものを「回帰 $f(x)$ の推定値」として用いることが考えられる。しかし，

1) ジグザグしていて年齢に対する血圧の変化を表すものとして不自然
2) データのない年齢では平均値を計算できない
3) 平均値のない部分を適当に補間するのでは全体の形状が不自然に歪んでしまう
4) 現実には「5歳ごとにまとめてサンプリング」などはせず，個々の「回帰の推定値」に使えるデータが1つだけのこともある

などの後ろ向きの理由がいくつも思いつき，平均値をひたすら計算して回帰の推定値とする方法は，必ずしも好ましい方策とはいえない。

そこで，個々の「データの平均値」をそのまま使って回帰 $f(x)$ を別々に求めようとするのでなく，代わりに $f(x)$ が簡単な数式，例えば

$$f(x) = a + bx$$

で表されると仮定して，この $a + bx$ が「データの平均値」のそばを通るように a と b を決めるようにする。ここで「仮定」といったのは，「真実かどうかはわからないが，当座の目的のためにそう信じる」ということである。もし**図 2（B）**の真の回帰関数（われわれには見ることができない）の概形を直線で捉えられているのであれば，上のように $f(x)$ を直線で推定したほうが，平均値そのもので推定するより真実に近い結果が得られるだろう。もし直線ではなく（2次）曲線を仮定したいのであれば

$$f(x) = a + bx + cx^2$$

として，「データの平均値」のそばを通る a，b，c を選んでもよい。このような，数式による回帰 $f(x)$ の近似のことを回帰モデル（regression model）という。

図 3 に，3節で示す方法で推定した2つの回帰モデルと，真の回帰関数 $f(x)$ を重ねて描いたものを示す。実はこの仮想データは，年齢 x ごとの真の平均値が

$$f(x) = 80 + 0.15x + 0.001x^2$$

となるように生成している。仮定が正しい回帰モデル（2次曲線）であっても，限ら

れた数のデータから推定する以上は真の回帰関数 $f(x)$ に一致することはないが，十分に似た形状をデータから再現できている。直線の回帰モデルは仮定が誤っているものの，「データの平均値」そのものに比べると真の回帰からの乖離が小さくなる x の範囲があることもわかる。

3. 回帰モデルの当てはめ

3.1 説明変数が1つの場合

前述の回帰モデルの a や b のことを回帰パラメータ（regression parameters）や回帰係数（regression coefficients）という。これらをデータから推定することは，**図3**のようにデータから回帰モデルを1つ選びとることにほかならないので「回帰モデルをデータに当てはめる」ともいう。

回帰とは，条件付き期待値，すなわちサブグループ平均値であった。ここで，平均値がどのように特徴づけられる要約値だったかを**第5回**の説明から振り返ると，

- 偏差（データと平均値との差）の合計を0にする値（その周りでバランスをとる重心としての位置）
- 偏差の2乗の合計（平均値まわりのばらつき）を最小にする値

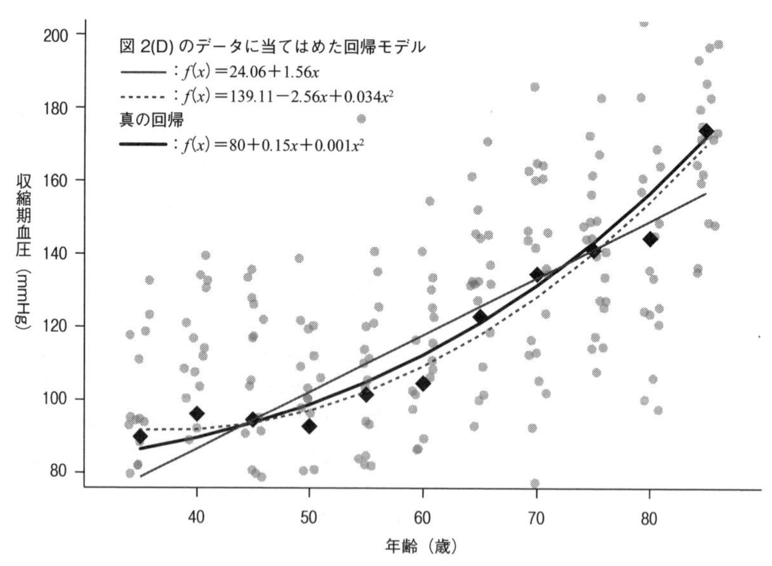

図3　図2（D）のデータに当てはめた回帰モデルと真の回帰

だった。つまり，平均値はそれ自体が最小二乗（least-square）要約統計量といえる。ということは，そのまわりのデータのばらつきを最小にするように回帰モデルを選ぶことで，回帰モデルを「サブグループ平均」としてデータを要約することになる。

この原理に基づいて回帰係数の推定を考えよう。**表 1** と同じようにx_iとy_iで i 番目のデータを表すと，そのデータの属するサブグループの平均値（回帰）$f(x_i)$ からの偏差は

$$y_i - f(x_i)$$

となる。これは回帰モデル$f(x) = a + bx$の下で

$$y_i - a - bx_i$$

と書くのと同じことなので，この2乗をデータに含まれる n 人分合計した

$$(y_1 - a - bx_1)^2 + (y_2 - a - bx_2)^2 + \cdots + (y_n - a - bx_n)^2$$

を最小にするように選んだ a と b が最小二乗推定量である。

このように，最小二乗推定量とは回帰モデルという$f(x)$ の形状（直線など）の制約のもとでサブグループ平均値を求めることにほかならない。実際の計算は解析ソフトの行列演算に任せることがほとんどだが，直線や2次曲線など自分で決めた（仮定した）形状の中から，よりデータの平均値にフィットした（当てはまりのよい）回帰モデルを推定できる原理があることを覚えておこう。

推定した回帰モデル上の$f(x)$ の値のことを，説明変数の値 x における当てはめ値（fitted value）や予測値（predicted value）という。**図 3** でいうと求めた直線や曲線上の各点のことである。また，観察データにおけるy_iと，x_iでの予測値$f(x_i)$ との差のことを残差（residuals）と呼ぶ。「真の回帰」とy_iの差は（真の回帰が不明なので）わからないが，残差はデータから計算できる。最小二乗法は，残差の2乗和を最小にするような方法だといい換えることもできる。

3.2　説明変数が2つ以上の場合

最小二乗法は，説明変数が2つ以上の場合でも全く同じように利用できる。例えば説明変数2つの回帰に対して

$$\mathrm{E}[\text{収縮期血圧} \mid \text{年齢} = x\,\text{歳，性別} = z\,] = a + bx + cz$$

というモデルを考える。この場合もやはり

$$(y_1 - a - bx_1 - cz_1)^2 + (y_2 - a - bx_2 - cz_2)^2 + \cdots + (y_n - a - bx_n - cz_n)^2$$

を最小にするようにa, b, cを選ぶことができる。一般に，求めるパラメータ数がデータ数nを越えない限りは，同じ原理で回帰係数を推定できると考えて差し支えない。

図3に示したように，説明変数は1つだが2乗以降の項も含む回帰モデルも同様に推定することができる（x^2をzに置き換えれば全く同じことになる）。

3.3　結果変数が連続値でない場合

ここまで，連続値の結果変数y_iのサブグループ平均値に対する回帰モデルを考えてきた。現実のデータでは，2値（あり・なし）や生存時間（「打ち切り」を含むイベント発生までの時間；**第13回**）などが結果変数であることもある。このような状況に対する回帰モデルの推定でも最小二乗法を適用することは可能だが，多くの場合は統計学的に好ましい性質が保証されない。そこで，最尤法（さいゆうほう）（maximum likelihood method）が通常用いられる[3]。最尤法は，データと回帰モデルとの「近さ」を測る物差しに「残差」を用いる代わりに，データを代入した「尤度」を物差しとしてデータにフィットした回帰モデルを選びとる方法である（詳細は**第12回**）。

4.　回帰モデルの目的

回帰は条件付き期待値，すなわちサブグループ平均値であり，回帰モデルは回帰を数式でまとめて近似的に表現したものである。この理解の仕方は冒頭の説明に比べて一見迂遠に思えるかもしれないが，以下に示す回帰モデルの3つの異なる使い方[2]を最も直截的かつ統一的に整理することにつながる。

4.1　目的1：データ平均の平滑化

直線やそれほど大きく変化しない曲線で変化パターンを表現することを平滑化（smoothing）といい，まさに2.3節で試みたことである。つまり，データからサブグループ平均値をばらばらに求めるのでなく，サブグループとその平均値を数式で簡略化された関係性（直線や2次曲線など）として表現しようということ自体が目的となり得る。

ただし2.3節とは異なり，あくまで「データのサブグループ平均値」を滑らかな関数として求めようということになると，背後の「真の回帰」の推定は必要とはされない場合がある。この意味では，データを要約すること自体がここでの目的となり，統計的推測（**第7回**）ではなく，記述（**第5・6回**）が回帰モデルを用いるモチベーションとなり得る。実際，3.1節で説明したように標本平均の延長として最小二乗解を得るだけであれば，その解釈性にはランダムサンプリング（**第7回**）の有無は必ずしも必要ない。

直線で要約した場合，回帰係数は「説明変数1単位増加あたりの結果変数の平均変化量」を表し，これ自体が要約統計量として情報を持つことになる。これが2次曲線になると回帰係数の解釈は難しくなる。また，曲線を表すために説明変数や結果変数を対数（log）変換した場合，経済学分野では弾力性（elasticity）という概念で回帰係数を解釈することがある。説明変数または結果変数（またはその両方）の標準偏差で回帰係数を変換した標準化回帰係数（standardized coefficients）は単位の異なる説明変数間の回帰係数を比較するために医学分野でもよく用いられるが，得てして解釈が難しくなることが多いため安易に使わない方がよい[2)4)5)]。

4.2 目的2：予測

ある変数の測定が侵襲性を伴うことで難しかったりコスト面で避けたかったりすることがある。あるいは，現在はまだ生じていない未来の変数を知りたいことがある。このような場合，手元のデータからこれらの変数を予測（prediction）できると便利である。

予測の基本は「わからないものは平均値で当てにいこう」という発想である。ただし，全体平均による標的を絞らない予測でなく，いくつかの変数でより均質なサブグループを作った中での平均値を用いることによる個別集団向けの予測を目指す。このサブグループを定めるための変数を説明変数，予測したい変数を結果変数とし，回帰モデルの形状を決めてデータから推定する手順を予測モデルの構築と呼ぶ。予測モデルに関する専用の報告ガイドラインも整備されている（報告ガイドラインについては**第21回**）。なお，上述のように「予測」という用語は未来の出来事だけを指すわけではないが，現在の疾患の有無を判定する際には「診断」という用語で使い分けることがある。

予測モデルは，複数の説明変数を含む多変数回帰モデル（multivariable regression models）をもとに構築されることが多い。推定された回帰モデルは説明変数から「予測値（当てはめ値）」を得るためのルールとして用いられる。一方，回帰係数は予測値に対応した「予測スコア」算定のために変換されて使われることはあるものの，本来，予測における直接興味のある対象ではない。米国心臓病学会・米国心臓協会が提供しているリスク計算ツール（http://www.cvriskcalculator.com/）は，年齢・血中コレステロール値・血圧値などを入力することで，10年以内の冠動脈疾患発症リスクを予測してくれるが，背後にあるのは回帰モデルの推定値である[6)]。

予測モデルの目的はより正確な予測であり，正しい回帰モデルの推定ではない。両者の区別は紛らわしいが，「サブグループ平均の正しい変化を捉えているが複雑な回帰モデル」よりも「関数形は間違っているがシンプルな回帰モデル」のほうが正確な（または異なる状況でも頑健な）予測を与えることが往々にしてある。このために統計的な変数選択法（**第14・15回**）が用いられることもある。予測モデルは作りっぱなしでは不十分で，予測の正確さの評価が常に求められ[7]，必要に応じてアップデートされる。予測モデルは科学的な真理探究というよりは，実用性を重視した技術開発的な側面の強い解析方針といえる。

4.3　目的3：比較における交絡調整

治療やリスク因子への曝露による結果変数の変化，つまり「効果」を知りたい場合，これらの治療または曝露を受けている集団と，そうでない集団との比較が肝となる。これら比較される2集団の（既知・未知を問わない）リスク因子が異なる分布をしている場合，交絡という現象によって公平な比較ができなくなってしまう（**第9回**）。

交絡に対処するための正攻法は，測定されているリスク因子でサブグループに分ける（層別する）ことによって，なるべく均質化されたサブグループ（層）の中で治療または曝露を比較することである（**第10回**）。層別することで，その層内では交絡がなくなると見なせるような変数の集まりを交絡変数という。ここでは，交絡変数に含まれる変数（例えば性・年齢・職業）の値がすべて等しい層（例えば男性・37歳・大学教員）を，まとめて「交絡変数 $=z$」という条件付けで表そう。この層内での治療（1：あり，0：なし）の比較とは，回帰の表現を用いると，

$$\mathrm{E}[\text{結果変数} \mid \text{治療}=1,\ \text{交絡変数}=z]-\mathrm{E}[\text{結果変数} \mid \text{治療}=0,\ \text{交絡変数}=z]$$

のことである。ここで，治療と交絡変数を説明変数とした回帰モデル

$$\mathrm{E}[\text{結果変数} \mid \text{治療}=x,\ \text{交絡変数}=z]=a+bx+cz$$

を考えると，上の「層内での比較」は

$$(a+b+cz)-(a+cz)=b$$

と治療の回帰係数 b で表されることがわかる。つまり，回帰モデルというサブグループ平均値への制約を通して，層別解析の結果を近似的に得ることができる。この例では治療の回帰係数が「交絡変数で層別した後の治療有無の比較」を表しているが，他にも回帰係数に限定されない効果の推定値の求め方がいくつもある[8)9)]。

ここで気をつけたいのは，回帰自体に説明変数から結果変数への「因果性」が仮定されているわけではない点である。ここまで説明してきたとおり，あくまで回帰は「条件付き期待値」に過ぎない。回帰モデルによる交絡調整の成否は，①説明変数に含んだ交絡変数による層別が十分かどうかというドメイン知識による正当化，②回帰モデルが回帰をうまく近似できているかどうかの両方にかかってくる。

5．おわりに

前記いずれの目的に照らしても，「$y_i = a + bx_i + e_i$」という表現を安易に信用してしまうと，「条件付き期待値」を超えてモデルから連想される意味合いや用語に踊らされ，本質を見誤る危険がある。**第12・14回**では，回帰モデルはサブグループ平均値の近似に過ぎないという基本から離れず，データ解析に謙虚に向き合うツールとして紹介していく。

文　献

1）Rothman KJ, Greenland S, Lash TL, eds. *Modern Epidemiology,* 3 rd ed. Philadelphia, PA：Lippincott Williams and Wilkins；2008.

2）Berk RA. *Regression Analysis*：A Constructive Critique. Thousand Oaks, CA：SAGE；2004.

3）Dobson AJ．田中豊，森川敏彦，山中竹春，他．(訳)．一般化線形モデル入門 原著第２版．東京，共立出版.

4）Greenland S, Schlesselman JJ, Criqui MH. The fallacy of employing standardized regression coefficients and correlations as measures of effect. *Am J Epidemiol.* 1986；123(２)：203-8.

5）Greenland S, Maclure M, Schlesselman JJ, et al. Standardized regression coefficients：a further critique and review of some alternatives. *Epidemiology.* 1991；2(５)：387-92.

6）Cifu AS, Davis AM. Prevention, Detection, Evaluation, and Management of High Blood Pressure in Adults. *JAMA.* 2017；318(21)：2132-4.

7）篠崎智大，横田勲，大庭幸治，他．イベント予測モデルの評価指標．計量生物学　2020；41(１)：1-35.

8）佐藤俊哉，松山裕．交絡という不思議な現象と交絡を取りのぞく解析：標準化と周辺構造モデル．計量生物学　2011；32：S35-S49.

9）篠崎智大．傾向スコア解析の考え方．整形外科　2020；71(６)：571-6.

第12回　イベント発症リスクに対する回帰モデル

篠崎　智大

1.　回帰と回帰モデル

回帰（regression）は条件付き期待値（サブグループ平均値）

$$\mathrm{E}[\text{結果変数}|\text{説明変数}=x]$$

のことで，「説明変数＝x」であるようなサブグループの関数$f(x)$として見ることができる。回帰モデル（regression models）は，この$f(x)$を簡略化した数式でまとめて表した近似表現である。例えば，直線を表す式を用いて，

$$f(x)=a+bx$$

という関数を仮定したとする。このとき，$f(x)$はサブグループxに対して何でも好きな値をとれるというわけではなく，xに対して条件付き期待値が直線的にしか変化し得ないという制約を与えていることになる。この制約下で，サブグループxごとの結果変数の期待値（回帰）をデータの平均値になるべく近くなるように求める手法が，最小二乗法という回帰分析（regression analysis）の方法である。

上の説明を理解できていれば，**第11回**の内容はしっかり押さえられている。そうでない場合，**第11回**の内容をもう1度読み直して理解を深めたうえで今回の内容に進んでいただきたい。

2.　2値結果変数の回帰モデル

2.1　2値結果変数の回帰

第5回の説明によると，「左右対称に分布する連続変数」であれば，平均値は適切な分布の要約となる。では，回帰においてサブグループごとの「平均値」を考えてよい結果変数は，血圧値などの連続変数である必要はあるだろうか。実はそうではない。多くの医学研究では，「10年以内の動脈硬化症の発症の有無」などの2値変数が用いられている[1)]。「血圧の平均値」などと異なり，「発症の有無の平均値」という表現は一見ナンセンスに思える。しかし，「発症あり」を1，「なし」を0という指示変数（indicator variable）で表し直すと（**表１**），この平均値は

$$\frac{1\times(\text{発症ありの総数})+0\times(\text{発症なしの総数})}{\text{対象者の総数}}=\frac{\text{発症ありの総数}}{\text{対象者の総数}}$$

表1　年齢と動脈硬化症発症データの例

患者(i)	年齢(x_i)	動脈硬化症発症	発症の指示変数(y_i)
1	37	なし	0
2	45	あり	1
3	56	なし	0
4	51	なし	0
5	28	なし	0
6	39	なし	0
7	64	なし	0
8	51	なし	0
9	67	あり	1
10	89	なし	0

となり，発症割合（incidence proportion）あるいは疾患発症リスク（incidence risk）に一致する（**第5回**）。

2値変数の平均値は割合（リスク）になるので，結果変数が2値の場合にも，「回帰」の「条件付き期待値」としての定義を変えることなく「サブグループごとの割合」を表すことに用いることができる。したがって2値変数の回帰は

$$\mathrm{E}[\text{動脈硬化症の発症の指示変数} \mid \text{年齢} = x\text{歳}] = \mathrm{Pr}[\text{動脈硬化症の発症あり} \mid \text{年齢} = x\text{歳}]$$

となる。ここで，「Pr」は括弧内のイベントを生じる確率（probability），すなわち割合・リスクを，縦棒（|）は条件付けを表す。つまり右辺は「年齢＝x歳」のサブグループでの動脈硬化症の発症リスクを表す条件付き確率となる。

回帰の考え方は**第11回**で説明した連続変数の場合と全く同じである。ただし，確率（割合・リスク）は0から1までの値しかとらないことに注意する。**図1（A）**には，ある仮想的なハイリスク患者集団における年齢5歳ごとの動脈硬化症の（真の）発症確率

$$\mathrm{Pr}[\text{動脈硬化症の発症あり} \mid \text{年齢} = x\text{歳}] = r(x)$$

をプロットした（ただし，$x = 35,40,45,\cdots,85$）。ここでは「リスク」の頭文字をとって$f(x)$から$r(x)$に表記を変えているだけで，$r(x)$の各点が回帰であることは**第11回**の場合と変わらない。例えば，$x = 60$歳で$r(60) = 0.291$となっているのは，「この対象集団全体から60歳のサブグループを抜き出してくると，そのうち29.1％が動脈硬化症を発症する」ということである。この回帰を他の年齢xについても埋め尽くして曲線でつないだものが**図1（B）**である。

回帰（サブグループ確率）が滑らかに変化しても，結果変数である発症データ（発

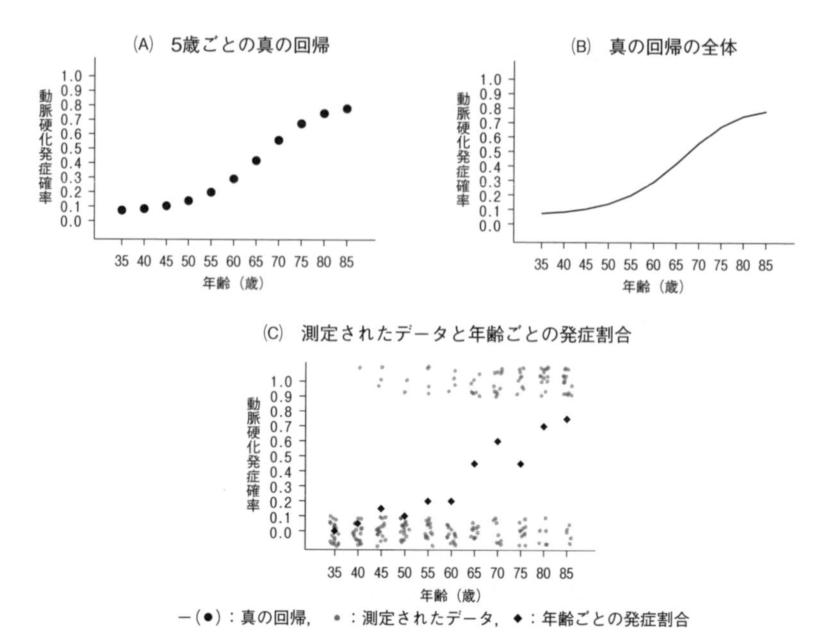

図１　仮想集団における年齢xごとの発症確率（回帰）$r(x)$＝Pr[動脈硬化発症|年齢＝x歳]と観測データ

症指示変数）は表１のように0または1しかとらないことに注意しよう。仮想例として，対象集団で35歳から85歳まで5歳刻みのサブグループで20人ずつの対象者をランダムに調査して，10年以内に動脈硬化症の発症があったかどうかを観察したデータを図１（C）に示す。図には，各年齢サブグループに含まれる20人を分母として求めた発症割合も併せて示してある。データそのものは0と1に貼り付いているため，データのプロットだけから回帰$r(x)$の形状を読みとることは難しい。一方，サブグループごとに計算した割合からは，各サブグループの回帰$r(x)$の形状（図１(B)）を漠然と読みとることができる。

2.2　回帰そのものに対するモデル

第11回でとり上げたように，xの範囲全体にわたる回帰$r(x)$の推定値を得るために，図１(C）のようにサブグループxごとに割合を計算していくのは現実的ではない（年齢xによってはデータがなかったり，データがあってもたった1つだけで，意味のある精度で割合を計算できなかったりするかもしれない)。そこで，結果変数が連続の場合と同様に，$r(x)$の形状に数式で制約を与えて回帰をまとめて表現した「回帰モデル」を求める。

まず，線形リスクモデル（linear risk model）

$$r(x) = a + bx$$

を考える。**図2(A)** に示したのは，**第11回**での連続変数の場合と同様に，**図1(C)** のデータに最小二乗法で線形リスクモデルを当てはめて推定した

$$r(x) = -0.596 + 0.015x$$

である。例えば，60歳のサブグループにおける発症確率はこの回帰モデルにおいては，$r(60) = -0.596 + 0.015 \times 60 = 0.335$となる。これが1歳上のサブグループでは，$r(61) = -0.596 + 0.015 \times 61 = 0.350$となる。これらの差をとると，

$$r(61) - r(60) = 0.350 - 0.335 = 0.015$$

となる。推定した$r(x)$ の式と見比べればわかるように，これは，$b = 0.015$に等しい。

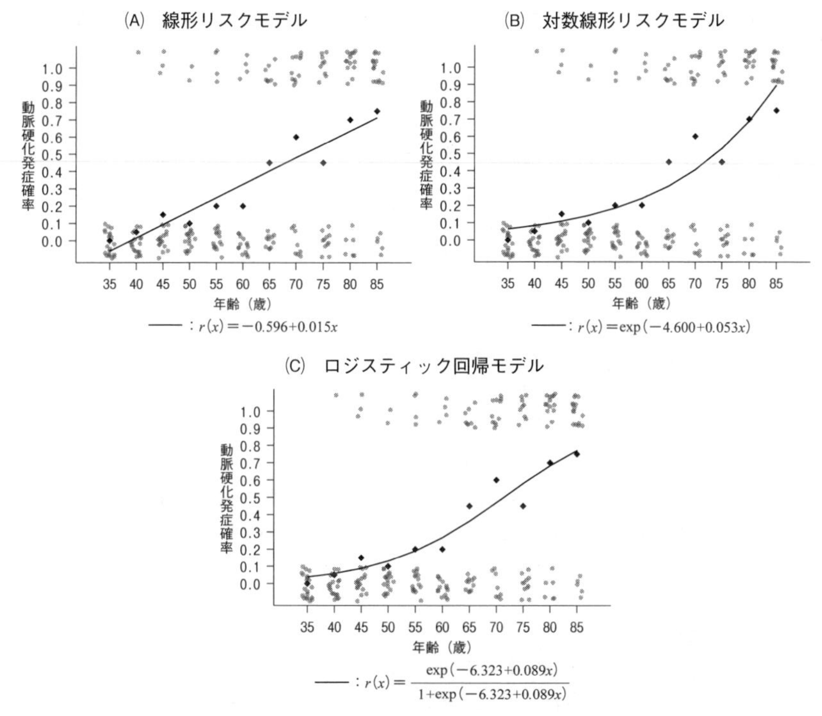

図2　図1(C) データに当てはめた回帰モデル

つまり線形リスクモデルの回帰係数bは，2つのサブグループ間のリスク差（risk difference）

$$\Pr[\text{発症あり}\,|\,\text{年齢}=61\text{歳}]-\Pr[\text{発症あり}\,|\,\text{年齢}=60\text{歳}]$$

を表している。ただし，ここでいうリスク差は「60歳の人が61歳になったことで増加するリスク」のことではない。あくまで「60歳のサブグループ」と「61歳のサブグループ」という異なる2グループのリスクの差を指す。

この解釈は60歳という年齢に限った話ではなく，いかなる年齢xにおいても，1歳違いのサブグループ同士のリスク差は常に

$$\Pr[\text{発症あり}\,|\,\text{年齢}=x+1\text{歳}]-\Pr[\text{発症あり}\,|\,\text{年齢}=x\text{歳}]=r(x+1)-r(x)=b$$

となる。つまり，線形リスクモデルの回帰係数bは「説明変数が1単位だけ異なるサブグループ同士のリスク差」を表していることになる。元がどのサブグループxであっても，xが1増えたサブグループでは「bだけリスクが足される」ことから，加法リスクモデル（additive risk model）とも呼ばれる。

線形リスクモデルの明らかな問題の1つは，回帰$r(x)$のとり得る値の範囲である。というのも，いま$r(x)$は確率であるという定義上，0から1の間に収まらなければいけない。**図2（A）**を見ると，縦軸の$r(x)$は年齢xが38未満で0を下回っている。同様に，103歳以上で1を上回ってしまうため，「2値変数の回帰」としては矛盾を含んでいる。つまり，このモデルでは，年齢が39歳ないし102歳のサブグループに対してのみ，回帰（サブグループ確率）として意味のある推定値が得られているに過ぎない。

実は，**第11回**の血圧値のような正値（0より大きい値）しかとらない結果変数に対する回帰モデルでも同じ懸念は生じ得る。しかし，血圧値のように平均値のとり得る境界（0）から離れた比較的狭い範囲でデータが測定されやすい場合には（医学的な解釈可能性は別として）通常問題が起きることはない。一方で，2値変数は平均値（確率）がとり得る値の境界（0と1）でのみデータが測定されるため，現実のデータ解析で回帰モデルの範囲の問題が表面化しやすい。

また，2値の結果変数に対する回帰モデルの推定に最小二乗法を用いることも，統計的推測（**第7回・8回**）の正当化に水を差すような技術的な問題が生じ得る。これは3節で述べる推定方法により回避できる。

2.3　回帰の範囲を引き延ばす

2.2節の「とり得る値の範囲」問題に対する1つの対処法が，回帰$r(x)$を「引き延ばす」ことである。このための数学的な常とう手段の1つが（自然）対数変換である。自然対数は「$e=2.718$を何乗したらその数字になるか」で，logという関数で表される。

例えば，log(2.718) は1(2.718にするには2.718を1乗する)，log(1) は0 (1にするには2.718を0乗する)，そしてlog(0) は$-\infty$(0にするには2.718を無限回掛け合わせて逆数をとる) となる。対数関数は，変換前後で数値の大小関係が変わらない「単調変換」でもある。0から1の値をとる回帰$r(x)$ を対数変換する場合，$\log r(x)$ の範囲は$-\infty$から0になり，0以下のいくらでも小さい値をとることができるようになる。

対数変換したリスク（対数リスク）に対して線形モデル，

$$\log r(x) = a + bx$$

を仮定するのが対数線形リスクモデル（log-linear risk model）である。**図2(B)** では，3節で述べる方法（「修正」ポアソン回帰）で推定した$\log r(x) = -4.600 + 0.053x$を回帰$r(x) = \exp(-4.600 + 0.053x)$ に戻して図示した。ただし，expは「$e = 2.718$を何乗しなさい」という関数（指数関数という）で，対数関数の逆関数，つまり元に戻す働きをする。xがどんなに小さくなっても$r(x)$ は0に近づくだけで，0を下回る様子がないことが見てとれるだろう。

ここで「指数変換後の掛け算（割り算）は，足し算（引き算）したものの指数変換」という高校数学で学んだルールを思い出してほしい。1歳だけ違うサブグループ同士のリスク比（risk ratio）は，

$$\frac{r\ (x+1)}{r\ (x)} = \frac{\exp\{a + b(x+1)\}}{\exp\{a + bx\}} = \exp[\{a + b(x+1)\} - \{a + bx\}] = \exp(b)$$

となる。したがって，対数線形リスクモデルの回帰係数は$b = \log\{r(x+1)/r(x)\}$ であり，「説明変数が1単位だけ異なるサブグループ同士の対数リスク比」を表す。2.2節とは対照的に，サブグループ間でxが1増えるとリスクが$\exp(b)$ 倍になることから，乗法リスクモデル（multiplicative risk model）とも呼ばれる。

対数線形リスクモデルでも，$r(x)$ が超えてはいけない上限1を超えるxの値が存在する可能性は残る。実際，**図2(B)** ではx >88歳の範囲で$r(x)$ が1を上回る。

2.4 対数オッズ変換により回帰の範囲をさらに引き延ばす

回帰を対数変換で引き延ばす前に，オッズ（**第6回**）によってさらに引き延ばす。

$$r(x) \rightarrow \text{オッズ変換} \rightarrow \frac{r(x)}{1 - r\ (x)}$$

すると，回帰$r(x)$ が0から1に変化するとき，回帰オッズ$r(x)/(1 - r(x))$ は0から∞の範囲で変化する。続いて対数をとることで，

$$\frac{r(x)}{1-r(x)} \rightarrow \text{対数変換} \rightarrow \log\left\{\frac{r(x)}{1-r(x)}\right\}$$

となる。回帰オッズ$r(x)/(1-r(x))$が0から∞の範囲で変化するとき，その対数は－∞から∞の範囲（実数値全体）で変化することになる（**表2**）。この対数オッズに線形モデルを仮定した

$$\log\left\{\frac{r(x)}{1-r(x)}\right\} = a + bx$$

がロジスティック回帰モデル（logistic regression model）である。

図2(C) には，3節で述べる方法（最尤法）で推定したロジスティック回帰モデル

$$\log\left\{\frac{r(x)}{1-r(x)}\right\} = -6.323 + 0.089x$$

を

$$r(x) = \frac{\exp(-6.323 + 0.089x)}{1 + \exp(-6.323 + 0.089x)}$$

に戻してプロットした（やや複雑に見えるかもしれないが，ペンを持ってこの逆変換を確認してみてほしい）。対数オッズではとり得る範囲（実数値全体）をはみ出す恐れがない以上，それを戻した回帰$r(x)$でもとり得る範囲（0から1）をはみ出すことはない。もはやxがどんな値をとろうが，$r(x)$は0と1の間に必ず収まってくれる。

ロジスティック回帰モデルでは，1歳だけ違うサブグループ同士のオッズ比（odds ratio）が

表2　2値結果変数の回帰が変換後にとり得る値の範囲

回帰$r(x)$の変換	変換後の解釈	表記	とり得る値の範囲
なし	発症リスク	$r(x)$	0から1
対数	対数発症リスク	$\log r(x)$	－∞から0
オッズ	発症オッズ	$r(x)/\{1-r(x)\}$	0から∞
対数オッズ	対数発症オッズ	$\log[r(x)/\{1-r(x)\}]$	－∞から∞（実数値全体）

$$\frac{\left\{\dfrac{r(x+1)}{1-r(x+1)}\right\}}{\left\{\dfrac{r(x)}{1-r(x)}\right\}}=\frac{\exp\{a+b(x+1)\}}{\exp\{a+bx\}}=\exp(b)$$

となる。いい換えると，回帰係数bは「説明変数が1単位だけ異なるサブグループ同士の対数オッズ比」となる。

2.5　回帰の変換と結果変数の変換

対数線形リスクモデルやロジスティック回帰モデルで行った「回帰$r(x)$の変換」は，「結果変数そのものの変換」とは異なることに注意されたい。そもそも今回のように0か1しか値をとらないデータ（**表1**や**図1（C）**）をオッズや対数で変換することはできない。一方，結果変数が（正の値しかとらない）連続変数の場合にはデータ自身を対数変換することが可能であり，これに対する線形モデルを「対数線形モデル」と同一視する混乱が見られることもある。しかし，「データの平均値（回帰）の対数変換は，対数変換したデータの平均値（回帰）とは異なる」ということを覚えておいてほしい。このことは3節で説明する一般化線形モデルのリンク関数を理解するうえで重要な見方である。

2.6　多変数回帰モデル

説明変数が2つ以上ある場合，その組み合わせでサブグループを定義することは**第11回**で述べたとおりである。例えば，年齢（連続値）と性別（男性なら1，女性なら0），喫煙状況（現在ありなら1，なしなら0）を説明変数とした回帰は，

$$\mathrm{Pr}[\text{発症あり}\,|\,\text{年齢}=x\text{ 歳，性別}=z\text{，喫煙}=w]=r(x,z,w)$$

と表せばよい。このとき$r(37,1,0)$は「37歳の男性で非喫煙者」というサブグループでの動脈硬化症の発症リスクを表す。このような，説明変数を複数持つ多変数回帰モデル（multivariable regression models）として，例えば，

- 線形リスクモデル：$r(x,z,w)=a+bx+cz+dw$
- 対数線形リスクモデル：$\log r(x,z,w)=a+bx+cz+dw$
- ロジスティック回帰モデル：$\log\left\{\dfrac{r(x,z,w)}{1-r(x,z,w)}\right\}=a+bx+cz+dw$

がよく用いられる（**第14回**ではこれらをベースに，より柔軟な「モデリング」の仕方を紹介する）。

ここで，説明変数のうち「年齢」に着目し，2.2－2.4節と同様に，年齢1歳違いのサブグループx歳と$x+1$歳を比較しよう。このとき，他の変数（性別・喫煙）は同じ値であれば何でもいいので，特に値を指定せず，性別がz，喫煙状況がwとなるサブグループをもってくる。すると，線形リスクモデルではリスク差が

$$r(x+1,z,w)-r(x,z,w)=\{a+b(x+1)+cz+dw\}-\{a+bx+cz+dw\}=b$$

となり，a,c,dは消え去って，年齢の回帰係数bだけが残る。同様に，対数線形リスクモデルではリスク比が

$$\frac{r(x+1,z,w)}{r(x,z,w)}=\frac{\exp\{a+b(x+1)+cz+dw\}}{\exp\{a+bx+cz+dw\}}=\exp(b)$$

ロジスティック回帰モデルではオッズ比が

$$\frac{\left\{\dfrac{r(x+1,z,w)}{1-r(x+1,z,w)}\right\}}{\left\{\dfrac{r(x,z,w)}{1-r(x,z,w)}\right\}}=\frac{\exp\{a+b(x+1)+cz+dw\}}{\exp\{a+bx+cz+dw\}}=\exp(b)$$

となり，年齢の回帰係数b（の指数変換）だけが残る。つまり，上の3つのモデルの年齢の回帰係数bはそれぞれ，「他の変数（性別・喫煙）がすべて同じ集団内で，年齢だけが1歳だけ異なるサブグループ同士のリスク差」「同・対数リスク比」「同・対数オッズ比」と解釈できることがわかる。

ある変数の異なる値（グループ）を比較するとき，他の変数がすべて同じ値であるようなサブグループ同士で比較する――これはまさに層別解析（**第10回**）でやっていることである[4)]。多変数回帰モデルの回帰係数を報告する際に「調整済み（adjusted）リスク差・リスク比・オッズ比」などと呼んでいるのは，層別解析に対応した指標の推定値を回帰モデルで近似的に得ているという意味にほかならない。

上の解釈が他の変数の値（性別＝z，喫煙＝w）によらないということは，どの性別・喫煙の層で見ても，年齢1歳分のリスク差（または対数リスク比・オッズ比）がbとして一定ということである。これは多変数回帰モデルに新しく加えられた「共通性の仮定」であり，説明変数を増やす中で，サブグループ平均の変化に対してわれわれが勝手に想定して追加した制約といえる。しかし，この制約が現実と乖離していると，回帰モデルは真の回帰から大きくずれる「バイアス」を生じる。

回帰を考えるために，なぜ説明変数を増やし，なぜ危険を冒して制約をおくのか。そもそも説明変数を増やす目的は，サブグループを細かく，均質な集団とすることで，

①個別的でより精確な予測をしたり，②公平な比較（交絡調整）をしたりするためであった（**第11回**）。サブグループが細かくなれば，その分，サブグループの平均値（回帰）の数は増える。しかし，データ数は増えないため，限られたデータから多くの回帰をまとめて推定する必要があるが，何の代償もなくタダ飯にはありつけない（ノーフリーランチ）。そこで，求めるべき回帰により厳しい制約を与えることでデータの穴埋めをする――これが統計学におけるモデルを含む「仮定」の役割である。上に挙げた共通性の仮定をどこまで緩めるか（**第14回**）は，統計学における「バイアス・分散トレードオフ」というジレンマの一例である。

年齢と入れ替えれば，性別と喫煙の回帰係数でも全く同じ議論ができる。ただし，性別と喫煙は0か1の値をとる指示変数なので，「0に対応するサブグループに比べた1に対応するサブグループのリスク増加」を表す。つまり今回のデータでは，性別の回帰係数は「女性（0）に比べた男性（1）の動脈硬化症リスク増加」，喫煙の回帰係数は「現在喫煙なし（0）に比べた喫煙あり（1）の動脈硬化症リスク増加」を表す。このような0か1しかとらない説明変数の比較は，**第14回**で説明するダミー変数（dummy variable）を理解するための前提となる。

3. 一般化線形モデル

3.1 概要

2節で説明した3つの回帰モデルは，実は一般化線形モデル（generalized linear models）[5)6)]という枠組みで統一的に整理できる。まず「回帰の変換」は「リンク関数（link function）」そのものであり，回帰係数の解釈に直接影響する。そして，回帰（条件付き期待値）の背後に想定される「条件付き確率分布」の設定は，データの近くを通る回帰モデルを選ぶための「物差し」としての役割を果たす。この「リンク関数」と「条件付き確率分布」を自由に組み合わせることは構わないが，統計学的に相性のよい組み合わせも存在する。ただし，その「統計学的に使い勝手のよいモデル」が必ずしも解釈しやすい指標を与えてくれるわけではないので，リンク関数を先に選んでおくが推定に際して「確率分布の仮定」の是非は問わないという，やや筋を曲げて「修正」したスマートな手法もよく使われるようになってきている[7)-9)]。

本節は技術的な内容を含むが，成書[5)6)]の数学的な説明に，データ解析を行ううえでの「手ざわり」を与える目的での記載になっている。ここで，いままで扱ってきた「イベント発症リスクに対する回帰モデル」の背景理論のエッセンスとキーワードを押さえてほしい。

3.2 要素１：リンク関数

2節で見てきたように，回帰そのものを，線形式を使ってまとめて表そうとするのは必ずしも得策ではない。モデルに線形式を仮定する前段階で回帰を変換する関数をリンク関数という。例えば，2.6節の回帰モデルはいずれも，

$$g[r(x,z,w)] = a + bx + cz + dw$$

と書くことができる。具体的には，

・線形リスクモデル：$g(r) = r$
・対数線形リスクモデル：$g(r) = \log(r)$
・ロジスティック回帰モデル：$g(r) = \log\left(\frac{r}{1-r}\right)$

というリンク関数gをそれぞれ使っている。ここで「線形」というのは，上の回帰モデルの右辺のように，a,b,c,dという「回帰パラメータがバラバラの項となって足されている」ものを指す。回帰の引数x,z,w（つまり説明変数）については別々の項に分かれている必要はなく，xzなどくっついた形で式に含んでもよい（交差項や交互作用項と呼ばれる；**第14回**）。

リンク関数の働きの1つは「回帰の引き延ばし」だが，副作用的に回帰係数の解釈も変化することは2節で見たとおりである。リンク関数は回帰$r(x,z,w)$の変化の仕方を直接規定しており，一般化線形モデルで根本的な要素といえる。

3.3　要素２：条件付き確率分布と最尤法

最小二乗法は，平均値からの類推で「サブグループ平均値（回帰）からの各データの偏差の2乗の合計が最も小さくなるように回帰モデルを選ぶ」という原理であった（**第11回**）。リンク関数が使われていても同様に，yで結果変数，添え字で対象者を表すと，n人分の偏差の2乗の合計，

$$[y_1 - r(x_1, z_1, w_1)]^2 + [y_2 - r(x_2, z_2, w_2)]^2 + \cdots + [y_n - r(x_n, z_n, w_n)]^2$$

を最小にするように回帰モデルのパラメータを選ぶことができる。

しかし，最小二乗法は万能ではない。この手法の統計的に好ましい性質（回帰モデルが正しければバイアスがなく，かつその中でばらつきが最も小さい[10]）は，線形モデルが正しいことに加えて，「各サブグループ（年齢＝x歳，性別＝z，喫煙＝w）内での結果変数の分散がx,z,wによらず一定」という仮定を要する。しかし，これは2値結果変数の場合には一般に成立し得ない仮定である[3)6)]。そのうえ，そのままでは正しい信頼区間やp値を得ることすらできない。

代わりの方法の1つが最尤推定法（maximum likelihood estimation）である。これは，上のように「残差の2乗」でデータと回帰モデルの距離を測るのではなく，サブグループごとの，つまり説明変数で「条件付き」の確率（密度）関数で測る方法である。この関数を尤度（ゆうど）関数（likelihood function）と呼ぶ。例えば，各サブグループ内

で結果変数がベルヌーイ分布（コイントスの表裏のような，1回きりの試行に関する二項分布）に従っているとわれわれが考えるとき，尤度関数は，

$$y=1\text{のとき}：r(x,z,w)$$
$$y=0\text{のとき}：1-r(x,z,w)$$

つまり，発症あり（$y=1$）のときは発症ありの確率（回帰），発症なし（$y=0$）のときは発症なしの確率（回帰を1から引いたもの）となる。これをまとめると，

$$r(x,z,w)^{y}\{1-r(x,z,w)\}^{1-y}$$

と書くことができる。この尤度関数にデータを代入した

$$(x_i,\ z_i,\ w_i)^{y_i}\{1-r(x_i,\ z_i,\ w_i)\}^{1-y_i}$$

が小さいほど「この確率分布の下で珍しい，尤もらしくないデータが得られた」ということを示すので，データと確率分布の乖離が大きいと考える。こうしてデータを代入した尤度関数を n 人分掛け合わせることで，データと回帰モデルとの差を測る「物差し」ができあがる。これを最も大きく（最も尤もらしく）するように回帰モデルのパラメータを選ぶのが最尤法である。対象者数 n が大きくなれば，最尤推定量は，①真の回帰に最も近くなるようなパラメータの値に近づいていき，②そのような推定量の中で最もばらつきが小さくなってくれる。さらに，③ほとんど正規分布のようなふるまいをするようになるので，信頼区間や p 値の計算も容易になるという，大変使い勝手のよい推定方法である。

線形回帰モデルの尤度関数に正規分布の確率密度関数をもってきた場合，最尤法は最小二乗法に一致する。したがって，各サブグループでの結果変数の条件付き分布が正規分布であれば，最小二乗法は最尤法としての良さも兼ね備えることになる。逆に，実際に正規分布でなくても，最尤法は上に述べた仮定（説明変数によらずサブグループごとの分散が一定）が正しければ最小二乗法の良さを享受できる。ただ，2値結果変数ではどちらも一般に正当化できないので，線形リスクモデルに最小二乗法をそのまま使うことは好ましくない。

一般化線形モデルでは，このような「物差し」として使える確率分布は指数型分布族という仲間の確率分布に限られる。しかし，それに属する正規分布・二項分布・ポアソン分布・負の二項分布・ガンマ分布などで，（連続値や整数値なども含む）大抵の結果変数の条件付き分布を十分にカバーできる。

3.4　実践的な推定方法

最尤法にもまた落とし穴がある。その1つが「回帰の取り得る値の範囲と，条件付き分布との矛盾」である。例えば，二項分布を使うとき回帰（発症確率）は0から1の範囲に収まらないといけないし，ポアソン分布を使うとき回帰（発症数の期待値）は0より大きくないといけない。

回帰の取り得る値は，3.2節のリンク関数，条件付き分布は3.3節の指数型分布族によって定められる。実は，指数型分布族に属する確率分布の多くには正準リンク（canonical link）という都合のよいリンク関数がそれぞれ存在し[5)6)]，そのリンク関数を使う限りはどのようなデータに対しても尤度関数に矛盾を来さず，推定手順もスムーズに進むようになっている。これをもとに，回帰モデルを設定するための実践的な方針を以下で3つに整理する。**表3**では，これらの方針の下で選択肢になり得る2値結果変数に対する回帰モデルをまとめている。いずれも，SAS・R・Stata・SPSSなどの統計ソフトで簡単に実行できる[7)]。

方針1　結果変数の条件付き分布として適切なものをまず決めた上で，正準リンク関数を選ぶ

例えば，2値結果変数に二項分布を仮定したら，正準リンクをもつロジスティック回帰モデル[5)6)]を用いることにする。しかし，3.2節で述べたように，回帰の形状を決めるうえではリンク関数が本質であるので，方針1のようなリンク関数の選択の仕方が臨床的に解釈しやすいとは限らない。それでも，ロジスティック回帰モデルからリスク差を出すように，回帰係数以外で「比較の指標」を計算することもできるので[4)11)]，そこまでやるなら推定値を安定的に得るのに有用なアプローチである。

表3　2値結果変数に対する一般化線形モデルの例

回帰モデル	回帰係数	リンク関数	尤度関数	正準リンク	最尤法の正当化	修正
線形リスクモデル	リスク差	変換なし	二項分布	No	Yes	−
	リスク差	変換なし	正規分布	Yes[a]	No[b]	ロバスト分散
対数線形リスクモデル	対数リスク比	対数	二項分布	No	Yes	−
	対数リスク比	対数	ポアソン分布	Yes	No[b]	ロバスト分散
ロジスティック回帰モデル	対数オッズ比	対数オッズ	二項分布	Yes	Yes	−

注　a：最尤法は最小二乗法に一致。
　　b：2値結果変数に対する確率分布として適切な尤度関数を用いていることは仮定できないが，推定方程式にもとづくロバスト分散を用いた推測は正当化される。

方針2　正準リンクにこだわらず，適当と考える条件付き分布によって任意のリンクを持つ回帰モデルを推定する

例えば，回帰係数でリスク差を求めるために線形リスクモデルを仮定し，二項分布の尤度を用いて推定する。正準リンクではないものの3.3節で述べた最尤推定量の性能を享受することができるが，データによっては回帰と尤度の「矛盾」により回帰モデルが推定できないこともある。よく見かける手順だが，「推定値が得られた結果のみ報告し，得られなかったら他の推定結果を報告する」というアドホックな手続きをとるならば，好ましいとはいえないだろう。

方針3　回帰係数の解釈からリンク関数をまず決め，それが正準リンクとなるように尤度関数を選んでくる

例えば，リスク差がほしければ線形リスクモデルに対して正規分布，リスク比がほしければ対数線形リスクモデルに対してポアソン分布の尤度を選択する（**表3**）。しかし，2値結果変数に正規分布やポアソン分布を仮定するのは，ばかげていないだろうか。実はそうでもなく，一般化線形モデルの尤度関数は，実際に正しくなくてもデータとモデルの近さを測る「物差し」としては機能するし，その場合にも推定方程式という，最尤法を包括する理論で統計的な正当化が可能である。ただし，ロバスト分散またはサンドイッチ分散と呼ばれる計算方法で信頼区間や p 値を求めることで，最小二乗法や最尤法を「修正」する必要がある[7)-9)]。

4.　おわりに

図1(C) のデータから，年齢を説明変数，動脈硬化発症の有無を結果変数としてこれらの回帰モデルを推定した結果を**表4**に示す。いずれも，SASのGENMODプロシジャで求めた結果だが，他のソフトでも比較的シンプルな指定により同じ結果を得

表4　図1(C)データに対する回帰モデル g [Pr(動脈硬化発症あり|年齢＝x歳)]＝$a+bx$の推定結果

回帰モデル	リンク関数 g	尤度関数	比較の指標	推定値	95%信頼区間	
線形リスクモデル	変換なし	二項分布	b：リスク差(1歳当たり)	0.0139	0.0100	0.0177
	変換なし[a]	正規分布[a]	b：リスク差(1歳当たり)	0.0155	0.0135[b]	0.0174[b]
対数線形リスクモデル	対数	二項分布	exp(b)：リスク比(1歳当たり)	1.0489	1.0360	1.0619
	対数[a]	ポアソン分布[a]	exp(b)：リスク比(1歳当たり)	1.0542	1.0433[b]	1.0653[b]
ロジスティック回帰モデル	対数オッズ[a]	二項分布[a]	exp(b)：オッズ比(1歳当たり)	1.0928	1.0651	1.1211

注　a：図2に示した回帰モデル。
　　b：信頼区間はロバスト分散にもとづく。

られる（**第14回**）。このように，説明変数1つと結果変数1つの関係を見るだけでも様々な回帰モデルが用意されている。「回帰モデルを使いこなせる」というのは，いろいろな方法を使える手数の多さではない。どの結果が正しいかはデータからはわからない以上，手法の相対的な利点・欠点を整理して，論理的に一貫性をもった報告・解釈を目指す知識と態度をもてることである。

文　献

1）Rothman KJ, Greenland S, Lash TL, eds. *Modern Epidemiology*, 3 rd ed. Philadelphia, PA：Lippincott Williams and Wilkins；2008.

2）Berk RA. *Regression Analysis：A Constructive Critique*. Thousand Oaks, CA：SAGE；2004.

3）Westfall PH, Arias AL. *Understanding Regression Analysis：A Conditional Distribution Approach*. Boca Raton, FL：Chapman and Hall／CRC；2020.

4）篠崎智大．傾向スコア解析の考え方．整形外科　2020；71（6）：571-6.

5）Dobson AJ．田中豊，森川敏彦，山中竹春，他．（訳）．一般化線形モデル入門 原著第2版．東京，共立出版；2008.

6）松井秀俊，小泉和之．統計モデルと推測．東京，講談社；2019.

7）Naimi AI, Whitcomb BW. Estimating risk ratios and risk differences using regression. *Am J Epidemiol*. 2020；189（6）：508-10.

8）Zou G. A modified Poisson regression approach to prospective studies with binary data. *Am J Epidemiol*. 2004；159（7）：702-6.

9）Hagiwara Y, Fukuda M, Matsuyama Y. The number of events per confounder for valid estimation of risk difference using modified least-squares regression. *Am J Epidemiol*. 2018；187（11）：2481-90.

10）Hansen. A modern Gauss-Markov theorem. *Econometrica*. 2022；90（3）：1283-94.（https://onlinelibrary.wiley.com/doi/10.3982/ECTA19255）

11）佐藤俊哉，松山裕．交絡という不思議な現象と交絡を取りのぞく解析：標準化と周辺構造モデル．計量生物学　2011；32：S35-S49.

第13回　発症や治癒までの期間を考慮する

上村　鋼平

1.　はじめに

ある治療の効果を評価する際，一定期間内にイベントが発生するかどうかではなく，当該イベントが発生するまでの時間に興味がある場合がある。例えば，抗がん剤の有効性を評価する際，治療効果を評価するためのイベントとして死亡や再発を用いることが考えられるが，そのイベントが起きるまでの期間を延長することが望ましいため，死亡や再発までの時間を評価項目（エンドポイント）に設定することが多い。また，抗インフルエンザ薬の有効性を評価する際は，一般に患者全員がインフルエンザから回復するため，一定期間内で回復というイベントが発生するかどうかの評価には意味はなく，回復までの時間を短縮できる（回復スピードを速める）かどうかを評価することになる。実際に行われた臨床試験[1)]の結果をまとめた**図1の図A**をみると，グラフの縦軸に示される有症状患者の割合は，横軸の治療開始からの時間が経過するにつれて0へ向かって減少していき，180（hr）当たりで両群の割合が重なり，最終的には有症状患者の割合は0になっている。例えば，300（hr）という期間を設けて，回復というイベントの発生の有無を両群で比較した場合，回復した人の割合はともにほぼ100%となり，割合では治療群間の違いを検出できない。一方，48（hr）の有症状患者の割合は，おおよそ80%，50%，72（hr）ではおおよそ60%，40%となっており，割合の減少スピードが各個人の回復までの時間を反映していることを考えると，治療群間で回復までの時間には違いがあることがわかる。

以上のような，死亡，再発，回復といったイベント発生までの時間のデータ（事象時間データ：time to event data）を評価するためには，「生存時間解析」と総称される統計手法が必要となる。事象時間データは，日本語では生存時間データ（survival

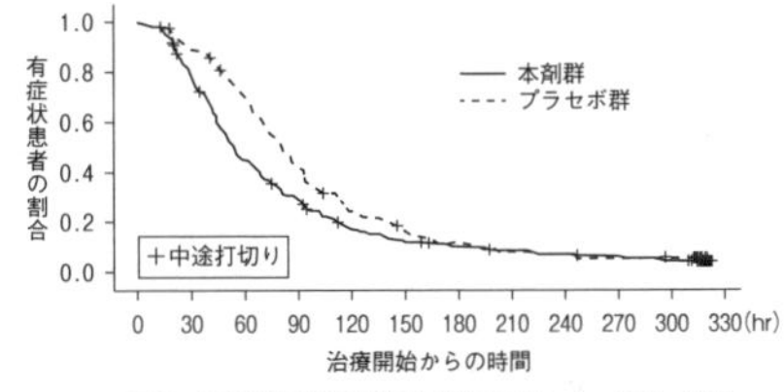

図A　国際共同第Ⅲ相臨床試験でのKaplan-Meier曲線

表A　国際共同第Ⅲ相臨床試験でのインフルエンザ罹病期間※1

投与群	例数※2	中央値（hr）[95%信頼区間]	p値※3
本剤	455	53.7 [49.5, 58.5]	p<0.0001
プラセボ	230	80.2 [72.6, 87.1]	

※1：インフルエンザの各症状（咳，喉の痛み，頭痛，鼻づまり，熱っぽさ又は悪寒，筋肉又は関節の痛み，並びに疲労感）の全ての症状が「なし」又は「軽度」に改善するまでの時間と定義した。ただし，その状態が少なくとも21.5時間以上持続していることを条件とした。
※2：欠測例（本剤群1例，プラセボ群1例）は除外
※3：インフルエンザ7症状の合計スコア（11点以下,12点以上）及び地域（日本／アジア，その他の国・地域）を層とした層別一般化Wilcoxon検定

出典　ゾフルーザ®添付文書（https://www.info.pmda.go.jp/go/pack/6250047F1022_1_14/6250047F1022_1_14）より抜粋

図1　抗インフルエンザ薬の臨床試験の例

data）ということが多い。以下では，生存時間データの特徴，生存時間解析で用いられる基本的な指標，代表的な生存時間解析の方法について，事例を交えながら解説する。

2. 打ち切り（censoring）

すべての対象者でイベントまでの時間を観察することができれば，各治療群でイベントまでの時間の平均などを計算することが可能となり，平均の差などを用いた治療効果の推測が可能となる。しかし，多くの場合において，対象者全員のイベントまでの時間を知ることは困難である。

生存時間データの最大の特徴は，打ち切りの存在である。打ち切りとは，簡単には，イベントまでの時間を観察する前に観察（追跡）が終了することを意味する。例えば，図 2 に示すように，研究終了時点までイベントを発生しなかった対象者，試験途中での参加不同意や転居などによる追跡不能によりイベントを観測できなかった対象者は打ち切りに該当する。このような打ち切りデータは，打ち切り時点まではイベントを発生しなかった，すなわち，イベント発生までの時間は打ち切り時点以降である，という不完全な情報しか得られない。しかし，打ち切りデータが不完全であることを理由に，該当する対象者を除外して解析を行うことは禁物である。例えば，研究終了による打ち切りを考えると，より長く生存する対象者ほど打ち切りを受けやすくなる。この場合，有効な治療により生存時間を延長できたとしても，打ち切りとなって解析対象から除外されることとなり，治療による延長分を適切に評価できなくなる可能性が容易に想像される。つまり，打ち切りデータを安易に除外するとバイアスが入るということである。

生存時間解析において打ち切りデータをどのように考慮しているのかを理解するこ

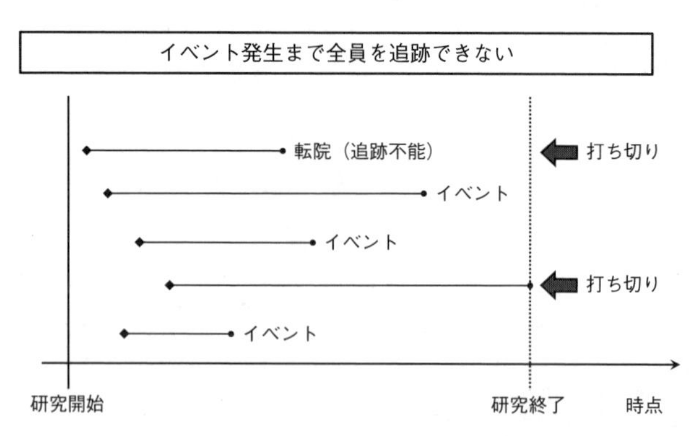

図 2　打ち切りデータの模式図

とが，生存時間解析を適切に実施するための鍵となる。以下では，独立に生じる右側打ち切りのみを想定した説明をするが，その定義やその他の打ち切りに関する詳細は教科書[2)]等を参照してほしい。

3．「ある瞬間のリスク」とハザード（hazard）

まず，生存時間データからイベントの発生状況や発生リスクに関する推測をどう行うかを考える。打ち切りデータが存在しなければ，研究に参加した対象者全員で（研究）期間内にイベントを発生したかどうかを定義することができるため，研究の最初に存在した研究参加者の総数を分母に，生存時間データから求めた（研究）期間内にイベントが発生した人数を分子にとることで，イベント発生割合を算出することができる。

$$\text{イベント発生割合} = \frac{\text{（研究）期間内にイベントを発症した人数}}{\text{研究参加者の総数}}$$

一方，打ち切りデータが存在する場合，研究参加者の総数を分母にとるとしても，期間内の途中まで観察した人と期間内の最後まで観察した人をどのように扱って分子を計算するかは簡単ではない。例えば，期間内で打ち切りがあった人のイベントは観察されていないことから「打ち切りはイベント発生なし」と扱う場合，観察期間が短い対象者ほどイベントがなかったと判断しにくく，観察期間が長い対象者ほどイベントがなかったと判断しやすいという，打ち切りまでの時間から判断できる真の状況に関する可能性は無視されてしまう。当然，打ち切り以降のどの時点でイベントが生じ得るかは特定不可能であり，どのような仮定を置くかによって前述のような可能性は必ずしも正しいとは限らない。いずれにせよ，打ち切りを伴う生存時間データでは，打ち切りデータが存在しないデータのように，研究参加者の総数を分母としたイベント発生割合でイベント発生状況をまとめることはできないということである。

ここで，イベントや打ち切りが発生するごとにリスクを評価する集団（分母）が変化する点に注目する。例えば，ある時点でイベントや打ち切りがあった人は，その時点までは評価対象となっていたものの，その時点以降は観察されていないので評価対象集団からは外れていく。このような，直前までイベントや打ち切りを起こさずにいてイベントを起こす（イベントが観察される）リスクにまだ曝されている集団のことを「at risk集団」（population at risk）と呼ぶ（詳細な定義は生存時間解析の教科書[2)]等を参照してほしい）。生存時間解析のいくつかの方法は，時間とともに変化するat risk集団に対し，どのようにリスクを評価することが可能かを考えている。

実は，生存時間データから，以下の式で示す「瞬間のリスク」を考えることができる。

$$瞬間のイベント発生リスク = \frac{ある時点にイベントを発症した人数}{ある時点のat risk集団の人数}$$

ここでいう「時点」とは，例えば追跡開始から12カ月後から13カ月後の間の「1カ月」，365日後から366日後の「1日」，といった（短い）期間のことである（期間を微小にすれば「時点」)。例えば，12カ月時点の「瞬間のリスク」を考える場合，12カ月（365日）までにイベントを起こしていたり，打ち切られたりした人はat risk集団から除外されるので，分母の人数は研究参加者の総数ではない点に注意してほしい。

上記のように，ある期間内での「割合」として「瞬間のリスク」が定義可能ではあるものの，実際には時間の概念が「時点」の定義に含まれているので，

$$瞬間のイベント発生リスク = \frac{ある時点にイベントを発症した人数}{ある時点のat risk集団の人数 \times 時点を定義する期間}$$

というように，時間を考慮して「瞬間のリスク」を定義しなおす必要がある。このように計算される指標のことを「率」(rate) といい，リスク（確率）と区別される。なぜなら，リスクはある集団におけるイベント発生の割合だったの対し，率はある単位時間当たりにおいてどのくらいイベントが起きるかという指標だからである。率はある単位時間当たりで表した指標であるため，速度（ある単位時間当たりにどの程度の距離を進むか）と似たものとして理解を促す説明がなされることが多い。

「率」の計算で大事な点は，「それまでの打ち切りは除いてat risk集団を定義できる」という点である。例えば，365日までに打ち切りを起こした人は除いて，追跡が継続している人のみでat risk集団を定義し，その後の1日の間にイベントを起こす人を数えれば，率は計算できる。この程度の微小な期間であれば，その期間内に追加で打ち切りが起こることは考えにくいため，打ち切りデータが存在する場合でも率は計算可能となる。特に時点を定義する期間を極限まで小さくした率のことを「ハザード」といい，生存時間解析ではこの指標を基本とした方法を用いることが多い。

4. 生存時間解析を用いた研究事例

Covid-19による死亡に対するワクチンの追加接種の効果を評価する研究[3]で生存時間解析が使用された。この研究は，ファイザー製のコロナワクチンの3回目接種の効果を調べたイスラエルの研究である。デルタ株の出現と早期にワクチン接種した集団における有効性の低下により，感染が再拡大したことから，イスラエルの保健省が3回目のワクチン接種（ブースター接種）を緊急的に認めたものの，Covid-19による死亡率が低下するというブースター接種の有用性を示すエビデンスが必要とされていたことが研究の背景である。本研究では843,208例が組み入れられ，研究期間として設定された54日間の間にその90％にあたる758,118例にブースター接種が行われた。

ブースター接種群では65例の死亡が発生（10万人日当たり0.16件という死亡ハザード）し，非ブースター接種群では137例の死亡が発生（10万人日当たり2.98件という死亡ハザード）した。

結果として「10万人日当たり○件」と与えられている死亡ハザードの値は，人時間法（人年法）という手法により「率」を計算したものと同等である。率（ハザード）は，1カ月時点，2カ月時点，…，12カ月時点，と時点ごとで異なる値をとり得るものである。ここでは，瞬間のリスクである率をハザードとして近似的に用いること，全時点にわたって率が同等の値をとることを仮定して，時点を通じて平均化したようなハザードを求めていることになる。統計学的には，ハザードが時点によらず一定と考えた場合，以下の人時間法による率の推定方法は最適な方法と考えられている。

$$\text{率(人時間法に基づく平均的なハザード)} = \frac{\text{研究期間内にイベントを発症した人数}}{\text{各対象者の観察期間の和(総観察人時間)}}$$

人時間法に基づく率の計算においても，打ち切りデータが考慮されている点に注意されたい。分母の観察期間の和へ寄与する各対象者の観察期間とは，研究期間ではなく，「対象者が研究に参加した時点からイベントまたは打ち切りを起こす時点までの期間」となっているからである。

人時間法ではハザードが時間によらず一定と仮定しているため，刻一刻と変化するイベントの発生状況を表現するものではない可能性に注意が必要である。どのようなイベントの発生状況か（ハザードが一定かどうか）によらず，通常はKaplan-Meier法によってイベント発生状況を要約することが多いが，この方法については後述する。

治療群間で生存時間データの特徴がどう違うかを要約する際，各群のハザード（率）を用いた「ハザード比」という指標を用いることができる。例えば，ハザードが時点によらず一定な場合，ブースター接種群の10万人日当たり0.16件，非ブースター接種群の10万人日当たり2.98件の日から，0.054＝(0.16/2.98）とハザード比を求めることができる。実際には，時点ごとにハザードは異なる可能性があるので，比例ハザード性（proportional hazards）という仮定を用いることがある[4)]。簡単には，基準となる群（ここでは非ブースター接種群）のハザードは時点によって自由に変化してよいが，比較する群（ここではブースター接種群）のハザードは時点によらず常に基準となる群のハザードの○倍になっている，という仮定である。

ワクチンの追加接種の研究は，ランダム化比較試験ではなく観察研究であったため，ブースター接種群と非ブースター接種群との比較可能性が担保されていない（**第4・10回**）。したがって，単純な群間比較ではなく，後述するCox比例ハザードモデル（Cox proportional hazards model）を用いて交絡因子を調整した結果が重要になる（回帰モデルによる交絡調整は**第14回**参照）。この研究では，年齢，性別，糖尿病，COPD，慢性腎疾患，慢性心不全，肥満，肺がん，既往歴，喫煙歴などの交絡因子を調整した結果，ブースター接種群と非ブースター接種群の死亡ハザード比［95%信頼区間］は0.10［0.07，0.14］，p 値は$p<0.001$であったことから，ファイザーワクチンの2回目の接種から少なくとも5カ月以上経過した対象者において，ブースター接種を行った場合は，ブースター接種をしなかった場合と比較し，死亡ハザードが相対的に90%低減したということになる。

5.　生存時間解析の３種の神器

生存時間解析には，データの記述，単純な群間比較，回帰モデルに対応する代表的な3つの解析方法がある。大まかには，

①時間とともに変化する生存確率を表す関数（生存関数）をKaplan-Meier法により推定し，生存時間データ全体を視覚的に記述するために，推定した生存関数をグラフ化したKaplan-Meier曲線を示す。
②治療群ごとに推定したKaplan-Meier曲線全体について，群間で比較するためにlog-rank検定を行う。
③患者背景の分布の偏り（群間での差異）を調整した群間比較をする，あるいは予後予測モデルを構築するために，Cox比例ハザードモデルに基づく解析を行う。

のような目的で3つの方法を用いることがある。

Kaplan-Meier法，log-rank検定，Cox比例ハザードモデルは，生存時間解析における3種の神器と呼ばれており，必需品的な位置づけを担っているが，常にこれらを用いるべきということではない。より詳細については，生存時間解析の教科書等[4]を参照してほしい。

5.1　Kaplan-Meier曲線

Kaplan-Meier曲線は，ある時点でイベントが発生していない確率（生存確率）を時間の関数で表現する生存関数をKaplan-Meier法により推定し，それに対応する曲線（生存曲線）を視覚的に記述したものである。連続変数に対する正規分布，2値変数に対する二項分布のように，生存時間データに対しても確率分布を想定することは可能であり，例えば，指数分布と呼ばれるものを用いることができる。そのような仮定（モデル）を用いると，生存関数に対する生存曲線は滑らかな曲線となる。一方で，Kaplan-Meier法はノンパラメトリック法と呼ばれる方法であり，推定される生存曲線は階段状の曲線となる。どのような方法を用いたとしても，生存関数は非増加関数であり，生存曲線が右肩上がりになることはない。前述した図１の図Aは，各時点でまだインフルエンザから回復できていない人の割合（確率の推定値）の推移を表しており，インフルエンザ症状からの回復をイベントとしたKaplan-Meier曲線である。

ここで，4例の生存時間データを用いて，Kaplan-Meier法による生存関数の推定方

法を概説する（図３）。

ある時点 t におけるat risk集団の人数とイベント数をそれぞれ$N(t)$，$d(t)$ で表すと，ハザードは以下のように推定できる。

$$（離散）ハザード=\frac{d(t)}{N(t)}$$

前述した説明から時間の概念が分母にないことに疑問を持つかもしれないが，疑問のとおりである。この指標は正確には離散ハザード[2)]と呼ばれるものである。ここでは細かい違いについては説明しないが，瞬間のリスクの最初の定義に似たようなもので，「割合のような，ハザードのようなもの」くらいの認識で問題ない。

次に，ある時点でのイベント発生後の生存確率について考える。実は，イベント発生前の生存確率に瞬間のリスク（離散ハザード）を掛けた分だけ落差が発生することを考えればよい。例えば，12カ月時点で生存していて，かつ12カ月時点でイベントを起こす可能性を求めれば，12カ月時点で生存から非生存に変わる可能性（確率）が計算できる。このような変化分が生存確率の変化分になる。つまり，イベント発生前の生存確率から生存から非生存に変わる確率を引き算することでイベント発生後の生存確率が計算できるということである。これを各時点で繰り返せばKaplan-Meier曲線の出来上がりである。

上述の考え方から，Survival functionの頭文字Sを用いて，時点 t における生存関数を$S(t)$と表すと，

$$S(t)=S(t-1)\times\left\{1-\frac{d(t)}{N(t)}\right\}$$

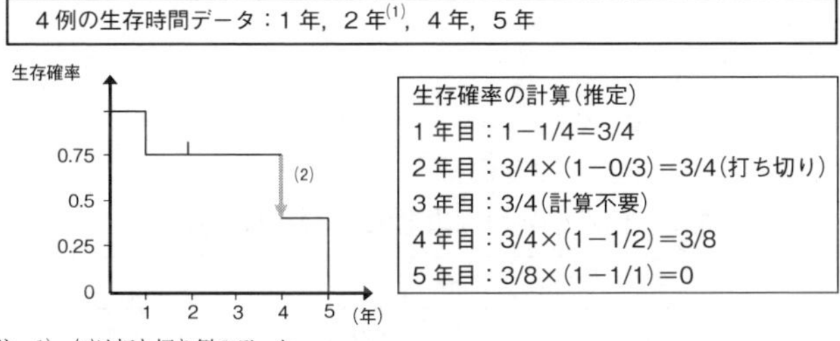

注　1）(1)は打ち切り例のデータ
　　2）(2)は3/4(4年目にまだ生存している確率)×1/2(4年時点の瞬間のリスク)=3/8
　　3）4年時点の瞬間のリスクはat risk集団$N(t)=2$と発生イベント数$d(t)=1$から$d(t)/N(t)=1/2$と計算

図３　Kaplan-Meier法に基づく生存関数の求め方（４例の生存時間データを例に）

とKaplan-Meier法から計算することができる。ただし，$S(t)$ はイベント発生後の生存確率，$S(t-1)$ はイベント発生前の生存確率であり，$\{1-d(t)/N(t)\}$ は時点 t でイベントを起こさない確率である（正確にはt_+やt_-などを用いるべきだが，簡単のため，t と$t-1$を用いている)。

Kaplan-Meier法により求める生存確率は，ある瞬間（時点）を生き延びる確率（1－離散ハザード）を当該の時点まで掛け合わせたものとなっている。ある瞬間を生き延びる確率がその時点の（離散）ハザードと関係していることから，生存関数とハザードが密接に関係していることが想像できるだろう。実際，生存関数とハザード関数は一対一で対応する。このことから，生存時間データを表現する生存曲線全体を群間で比較することは，全時点にわたってハザードを比較することと捉えることができる。なお，ハザードが打ち切りデータに対応して推定可能なものとなっていることから，Kaplan-Meier法も打ち切りデータを考慮して時点ごとの生存確率を推定していることも想像に難くない。

5.2　Log-rank検定

Kaplan-Meier曲線全体を群間比較するためによく用いられる検定方法がlog-rank検定である。Log-rank検定では，時点ごとの（離散）ハザードに群間で差があるかどうかを見るため，時点ごとのat risk集団に基づき分割表を作成する。全部でK個の時点においてイベントが発生し，あるイベント発生時点を$t_k(k=1,2,\cdots,K)$と表すと，ある時点におけるイベント発生状況を表す分割表は**表1**のようになる。$d_A(t_k)$，$N_A(t_k)$ は群Aの観測イベント数およびat risk集団の人数，$d_B(t_k)$，$N_B(t_k)$ は群Bの観測イベント数およびat risk集団の人数，$d(t_k)$，$N(t_k)$ は群Aと群Bの合計観測イベント数およびat risk集団の合計人数である。

分割表の検定に用いられるx^2検定（**第8回**）と同様に，観測イベント数が期待イベント数とどのくらい異なるかに基づき，ハザードに群間で違いがないかどうかの検定を行う。ハザードは時点により変化するため，同じ時点（時間という条件を揃えたうえ）で比較を行う点に留意してほしい。Log-rank検定では，**表1**の分割表をベースに以下の統計量を用いる。

表1　時点t_kのat risk集団に基づく分割表

	イベントあり	イベントなし	合計
群A	$d_A(t_k)$	$N_A(t_k)-d_A(t_k)$	$N_A(t_k)$
群B	$d_B(t_k)$	$N_B(t_k)-d_B(t_k)$	$N_B(t_k)$
合計	$d(t_k)$	$N(t_k)-d(t_k)$	$N(t_k)$

$$x^2\text{検定統計量} = \frac{[\{d_A(t_1) - e_A(t_1)\} + \cdots + \{d_A(t_K) - e_A(t_K)\}]^2}{[d_A(t_1)\text{の分散} + \cdots + d_A(t_K)\text{の分散}]}$$

$e_A(t_k)$ は群Aの期待イベント数を表し，時点t_kでの群Aと群Bのハザードが同じだったとしたときに時点t_kで観察されるだろうと期待されるイベント数として，以下のように計算される。

$$e_A(t_k) = d(t_k) \times \frac{N_A(t_k)}{N(t_k)}$$

時点t_kでの群Aと群Bのハザードが同じ場合，期待イベント数は合計イベント数をat risk集団の人数で比例配分することにより求まる。Log-rank検定は，人数に比例したイベント数に対して観測イベント数がどの程度超過または下回るかを時点ごとに計測し，全時点分足し合わせることにより群間比較を行っていると解釈できる。

Log-rank検定は，群間で比例ハザード性[4)]が成り立っている場合に最も検出力（**第8回**）が高いことが知られている。例えば，進行がんに対する殺細胞薬の臨床試験で観察される生存曲線のように，時点経過とともに徐々に群間で生存曲線が開いていくケースにおいて有効な検定手法となる。一方，**図1**に示した抗インフルエンザ薬の臨床試験のように，Kaplan-Meier曲線が試験の前半で大きく開くが後半では差が小さくなるようなケースでは，各時点のat risk集団の人数の合計である$N(t_k)$ を重みとした一般化Wilcoxon検定と呼ばれる生存曲線を比較する検定方法が適しており，**図1**の右側の**表A**に示される検定結果においても一般化Wilcoxon検定が採用されている。一般化Wilcoxon検定を含む，log-rank検定以外の検定方法は書籍[5)]等を参照してほしい。

5.3　Cox比例ハザードモデル

Cox比例ハザードモデルはハザードに対する回帰モデルであり，Cox回帰モデルとも呼ばれる。Cox比例ハザードモデルは4節の研究事例で見たように，交絡因子を調整したもとでのハザード比を治療効果として求めるために用いることができる。ハザードに関する手法であることから，打ち切りデータに対処できる回帰モデルということになる。

Cox比例ハザードモデルについて4節の研究事例を用いて説明する。対象者 i の研究開始後のある時点 t におけるCovid-19による死亡ハザードを$h_i(t)$とする。対象者 i の治療群と患者背景について，x_{1i}：ブースター接種の有無，x_{2i}：年齢，x_{3i}：性別，x_{4i}：糖尿病の有無，x_{5i}：COPDの有無，x_{6i}：慢性腎疾患の有無，x_{7i}：慢性心不全の有無，x_{8i}：肥満の有無，x_{9i}：既往歴の有無，x_{10i}：喫煙歴の有無，のような変数として表すと，4節の研究事例の比例ハザードモデルは以下の式のように表される。

$$h_i(t) = h_0(t) \times \exp(\beta_1 \times x_{1i} + \beta_{2i} \times x_{2i} + \cdots + \beta_{10} \times x_{10i})$$

$h_0(t)$はベースラインハザード関数と呼ばれ，時間とともにハザードが変化する部分をある基準によりまとめたものである。具体的には，$x_{1i} = x_{2i} = \cdots = x_{10i} = 0$とすべての変数が0の対象者におけるハザードの変化を表すものである（年齢など0が解釈しにくい場合は平均年齢を引くなどして基準化するなど変数変換することもある）。$h_0(t)$は対象者を表す添え字 i がついておらず，集団全体に共通する基準のハザードを意味している。このように，ベースラインハザード関数にハザード比を掛け合わせることで各対象者のハザードを表すモデルがCox比例ハザードモデルである。$\exp(\beta_1 \times x_{1i} + \beta_2 \times x_{2i} + \cdots + \beta_{10} \times x_{10i})$ がハザード比に対応する部分であるが，自然対数の底である e のべき乗で表されるため，必ず正の値をとる。ハザード比を定義する部分は時間に対する関数になっていない（時間に依存しない形となっている）ことから，「時間によらずハザード比が一定＝比例ハザード」ということになる。

対象者 i のベースラインハザード関数に対するハザード比は，$x_{1i} = 1$（ブースター接種あり），$x_{2i} = 40$（40歳），$x_{3i} = 1$（男性），…と各変数の値を順に代入してexp(.)の中身を計算し，その値で e のべき乗を計算することで求まる。しかし，実際に興味があるのは「ブースター接種を行った対象者と行っていない対象者を比較した場合のハザード比」である。ここでブースター接種ありの対象者 i とブースター接種なしの対象者 j のハザード比を計算すると，以下のようになる。

$$\text{時点 } t \text{ のハザード比} = \frac{h_i(t)}{h_j(t)} = \frac{h_0(t) \times \exp(\beta_1 \times 1) \times \exp(\beta_2 x_{2i} + \cdots + \beta_{10} x_{10i})}{h_0(t) \times \exp(\beta_1 \times 0) \times \exp(\beta_2 x_{2j} + \cdots + \beta_{10} x_{10j})}$$

このとき，対象者 i と j とで年齢や性別などの背景因子がすべて同じ値（$x_{2i} = x_{2j}$, …, $x_{10i} = x_{10j}$）であれば，分母分子の$\exp(\beta_2 x_{2i} + \cdots + \beta_{10} x_{10j})$ はキャンセルされ，かつベースラインハザード関数$h_0(t)$も分子と分母でキャンセルされることから，以下の式へ帰着する。

$$\text{時点 } t \text{ のハザード比} = \frac{h_i(t)}{h_j(t)} = \frac{\exp(\beta_1 \times 1)}{\exp(\beta_1 \times 0)} = \exp(\beta_1)$$

裏を返すと，Cox比例ハザードモデルから推定された回帰係数$\widehat{\beta_1}$の指数をとったexp（$\widehat{\beta_1}$）は，ブースター接種の有無について，患者背景の違いを揃えたうえで時点ごとのハザードを比較したハザード比として推定されており，調整ハザード比として解釈することができる。また，exp($\widehat{\beta_1}$）も時点に依存しないことから，各変数でみたとしても，比例ハザード性が仮定されていることがわかる。4節で示したブースター接種群と非ブースター接種群の死亡ハザード比［95％信頼区間］と p 値は，$\exp(\beta_1)$ とその95％信頼区間，ならびに $\beta_1=0$ かどうかの検定の p 値となっている。

なお，上記のベースラインハザード関数が実際に時間と共にどのように変化するかをいい当てる（モデル化して推定する）ことはCox比例ハザードモデルでは必要ない。医療の分野では，ベースラインハザード関数（または生存関数に変換した生存時間分布）に関して，時間に対してどのような関数の形（例えば，時間に対して何次関数となるか，どのような関数の組み合わせとなるかなど）で表せば適当であるかについての十分な事前情報がない場合も多い。それゆえ生存時間分布を仮定する必要がないCox比例ハザードモデルは，汎用性の高い便利なモデルとしてよく用いられている。

6．まとめ

今回は，生存時間解析データの特徴，基礎的な指標，代表的な解析方法について事例を交えながら解説した。生存時間データ解析では，ハザードという要約指標を用い，時間とともに変化するat risk集団において瞬間のリスクを計測することで打ち切りデータへの対処が可能となる。生存時間データの代表的な解析方法は，Kaplan-Meier法による生存関数の記述，log-rank検定を用いた群間比較，Cox比例ハザードモデルによる交絡因子の調整と予後予測モデルの構築の3種である。これら解析方法はいずれもハザードと関連しているため，ハザードへ慣れることが生存時間解析の理解を助ける近道と考えらえる。

文　献

1）ゾフルーザ®添付文書.（https：//www.info.pmda.go.jp/go/pack/6250047F1022_1_14/6250047F1022_1_14）2023.7.1.

2）Kalbfleisch JD, Prentice RL. *The statistical Analysis of Failure Time Data, 2nd Edition.* John Wiley & Sons：New York, 2002.

3）Arbel R, Hammerman A, Sergienko R, et al. BNT162b2 Vaccine Booster and Mortality Due to Covid-19. *N Engl Med* 2021; 385（26）：2413-20.

4）Cox, DR, Oakes D. *Analysis of Survival Data.* Chapman & Hall/CRC：Flolida, 1984.

5）Fleming TR, Harrington DP. *Counting processes and survival analysis.* John Wiley & Sons：New York, 1991.

第14回　回帰モデリング

篠崎　智大

1.　はじめに

これまで，回帰モデル一般の考え方（**第11回**），2値変数（**第12回**）または生存時間変数（**第13回**）が結果変数であるようなイベント発症に対する回帰モデルを解説してきた。これらは回帰（regression）とそのモデル（regression models）そのものの理解を目的とし，研究論文を読む場面や解析を行う前段階での知識整理を意図していた。今回は，自らが統計解析を行う場面で，これから推定すべき回帰モデルを自ら設定するモデリング（またはモデル化：modeling，モデル特定：model specificationともいう）の考え方を紹介する[1)]。

2.　回帰モデルでの説明変数

回帰とは「サブグループ平均値」であり，回帰における説明変数とはそのサブグループを決めるための変数（例えば年齢）あるいは変数の組み合わせ（例えば年齢と性別）であった。ここで考えるのは，「回帰モデル」における説明変数の使い方である。

2.1　回帰モデルの形状

図 1 は**第11回**と**第12回**で示したデータの散布図である。さらにこの図には相異なる回帰モデルが重ね描きしてある。**図 1 (A)** には，35歳から85歳まで5歳刻みで20人ずつ対象集団からランダムサンプリングして得られた収縮期血圧データと，それらの平均値がプロットされている。図の中の直線は，このデータに回帰モデル，

$$\mathrm{E}[\text{収縮期血圧} \mid \text{年齢} = x\text{歳}] = a + bx$$

を当てはめたものである（推定値は$a = 24.06$，$b = 1.56$）。同じ図の曲線は同じデータに，

$$\mathrm{E}[\text{収縮期血圧} \mid \text{年齢} = x\text{歳}] = a + bx + cx^2$$

という回帰モデルを当てはめた結果である（推定値は$a = 139.11$，$b = -2.56$，$c = 0.034$）。

図 1 (B) には，5歳ごとに20人ずつから記録した動脈硬化発症データ（ありなら1，なしなら0）と，発症ありの年齢別割合がプロットされている。直線は，このデータに対する回帰モデルとして，線形リスクモデル

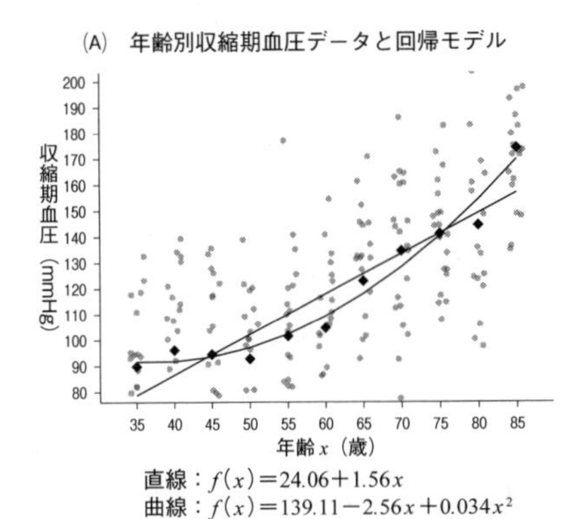

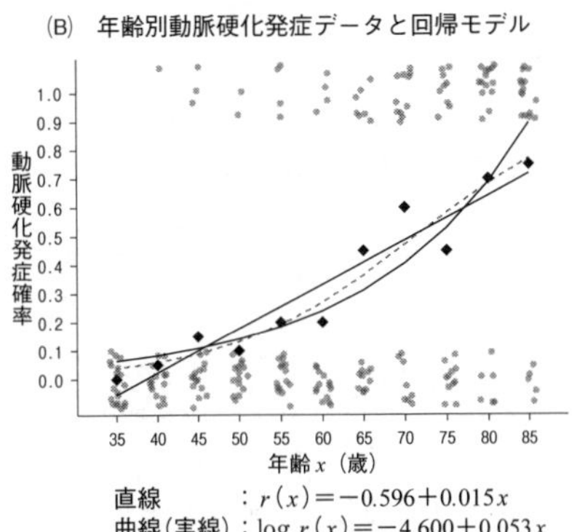

図1　年齢5歳ごとに測定されたデータと当てはめた回帰モデル

$$\mathrm{Pr}[\text{動脈硬化症の発症あり}\,|\,\text{年齢}=x\text{歳}]=a+bx$$

を当てはめたものである（推定値は$a=-0.596$，$b=0.015$）。2つの曲線は対数線形リスクモデル

$$\log \mathrm{Pr}[\text{動脈硬化症の発症あり}\,|\,\text{年齢}=x\text{歳}]=a+bx$$

（推定値は$a=-4.600$，$b=0.053$）およびロジスティック回帰モデル

$$\log \frac{\mathrm{Pr}[\text{動脈硬化症の発症あり}\,|\,\text{年齢}=x\text{歳}]}{(1-\mathrm{Pr}[\text{動脈硬化症の発症あり}\,|\,\text{年齢}=x\text{歳}]}=a+bx$$

（推定値は$a=-6.323$，$b=0.089$）という相異なる回帰モデルを同じデータに当てはめたものとなっている。

以上のように，① 説明変数を変換（例えば2乗；**図1 (A)**）して加えたり，② 回帰そのものを変換（例えば回帰の対数変換や対数オッズ変換；**図1 (B)**）したりすることで，回帰モデルの形状（model form）を変えることができる。このことをもう少し正確に説明しておこう。

回帰（E[収縮期血圧 | 年齢＝x歳]＝$f(x)$ またはPr[動脈硬化症の発症あり | 年齢＝x歳]＝$r(x)$）は説明変数である年齢の値 x が1つ決まればそれに対応したサブグループ平均である回帰の値も1つ決まるという意味で，説明変数の関数である。このように「どの変数を使ってサブグループを決めるのか」が「回帰」における説明変

数の役割であった。「回帰モデル」はこの$f(x)$や$r(x)$に特定の形状を与える。例えば**図1 (A)** の曲線は

（モデル1）　$f(x)=a+bx+cx^2$

図1 (B) のロジスティック回帰モデルは

（モデル2）　$r(x)=\dfrac{\exp(a+bx)}{1+\exp(a+bx)}$

とそれぞれの関数の「形状」を特定していることになる。関数の形を説明変数でどのように決めるか，言い換えると$f(x)$や$r(x)$がxごとに好き勝手な値をとるのではなく，xの値に応じてどのような規則で変化するかを決めるのが「回帰モデルにおける説明変数の役割」となる。モデル1では，上述の①のように説明変数を変換（2乗）して直線式に付け加えている。モデル2では，上述の②のように回帰を変換してはいるが，説明変数はそのままである。もちろん①と②を組み合わせることも可能である。②は**第12回**でリンク関数として詳しく述べたので，以下では①について見ていく。

2.2　説明変数の変換1：定数倍と定数の加算（線形変換）

まず，単純な回帰モデル

$$\mathrm{E}[\text{結果変数}\,|\,\text{説明変数}=x]=a+bx$$

を考えよう。この回帰係数bは「説明変数1単位増加当たりの結果変数の平均値の変化」を表す（**第11回**）。したがって**図1 (A)** の

$$\mathrm{E}[\text{収縮期血圧}\,|\,\text{年齢}=x\text{歳}]=a+bx$$

という回帰モデルの回帰係数bは「年齢1歳当たりの血圧平均値の変化」を表す。ここで，説明変数を1/10倍にしてみよう。すなわち，年齢の値を10で割って

（モデル3）　$\mathrm{E}[\text{収縮期血圧}\,|\,\text{年齢}/10=x]=a^*+b^*x$

という回帰モデルを考える。このとき，回帰係数b^*は「年齢/10が1増加当たり」つまり「年齢が10（歳）増加当たり」の血圧平均値の変化を表すようになる。このように，説明変数を定数倍することによって，より解釈しやすいスケールで回帰係数を求めることができる。

このような定数倍によって説明変数を変換しても，当てはまる回帰モデルは全く変わらない。つまり，**図1（A）**にモデル3を重ねても，既に描かれている直線とぴったり重なる。というのも，モデル3は

$$\mathrm{E}[\text{収縮期血圧} \mid \text{年齢}=x] = a^{*} + b^{*}\,(x/10)$$

と書き直すことができる（ピンとこない人は，例えば「年齢＝40」すなわち「年齢/10＝4」のときに，上2つの回帰モデルの値が同じ$a^{*}+4b^{*}$で表されることを確かめよう）。年齢を1/10にする前の元の回帰モデルとモデル3の回帰係数を見比べると，$a=a^{*}$，$b=b^{*}/10$すなわち$b^{*}=10b$となるような，同じ直線式なのである。

説明変数に定数を足す（引く）場合も同様に考えられる。元の回帰モデルの切片aは「年齢＝0歳」のサブグループにおける血圧平均値を表すものだった。ここで，例えば年齢の値から40を引いた説明変数を用いると

$$\mathrm{E}[\text{収縮期血圧} \mid \text{年齢}-40=x] = a^{**} + b^{**}x$$

という回帰モデルを考えることができる。この切片a^{**}は「年齢－40＝0」であるようなサブグループでの血圧平均値を表す。これは「年齢が40歳」のサブグループに他ならないので，説明変数に定数を足したり引いたりすることで切片の解釈を変えることができる。この回帰モデルは

$$\mathrm{E}[\text{収縮期血圧} \mid \text{年齢}=x] = a^{**} + b^{**}(x-40) = a^{**} - 40b^{**} + b^{**}x$$

と書いても同じことである。元の回帰モデルと見比べると，$b^{**}=b$，$a=a^{**}-40b^{**}=a^{**}-40b$より，$a^{**}=a+40b$という関係にある同じ直線式であることがわかる。

以上から，説明変数を定数で掛けたり割ったりしても，定数を足したり引いたりしても，回帰モデルの形状は変わらないが，回帰係数や切片の解釈を変えることができることがわかる。

2.3　説明変数の変換２：非線形変換

定数の和や積以外の変数変換では，回帰モデルは異なる形状をもつようになる。例えば説明変数を2乗して含めた場合は，**図1（A）**に示したとおり，直線から（2次）曲線になる。他にも，0より大きい値しかとらない説明変数に対しては，「外れ値」の影響を小さくする効果を期待して，対数（log）変換がよく行われる。ただし対数変換をする場合には，その説明変数が0以下の値（0を含む）をとってはいけない。この場合，説明変数に定数cをあらかじめ足して0より大きくなるようにしたうえで対数変換した

$$E[結果変数 | 説明変数 = x] = a + b\log(x + c)$$

を用いることがあるが，定数 c に何を設定するか（1か0.1かなど）で回帰モデルの形状が恣意的に変化することから，安易な使用は控えた方がよい[1)]。

他にも，説明変数を分位点などで区間に分け，隣り合う区間と滑らかにつなぐように各区間内で2次関数や3次関数を当てはめる回帰スプライン（regression spline）[2)]や，2乗や3乗などだけではなく－1乗（逆数）や1/2乗（平方根）といったべき乗変換を含む分数多項式回帰（fractional polynomial regression）[3)]を用いることもあるが，ここでは名称だけの紹介に留める。いずれも比較的単純な関数で複雑な回帰の形状を表現する変数変換である。

2.2節のような定数の和や積による変換を線形変換というのに対し，ここで紹介したようなそれ以外の変換を非線形変換という。説明変数を非線形変換すると，**第12回**のような「回帰の変換」とは異なり，回帰係数の解釈が難しくなってしまう。例えば，年齢の2乗の回帰係数や，年齢の平方根の回帰係数には直観的な説明が与えにくい。このような場合には，当てはめた回帰モデルを**図1**のようにプロットして，回帰モデルの形状そのものを示すとよい。

2.4　交互作用項

図2(A)に性・年齢別の収縮期血圧の仮想データの平均値を示す。性と年齢で決まるサブグループ平均が「性・年齢を説明変数とした血圧の回帰」であり，**図2(A)**の各平均値はその推定値といえる。**図2(B)**には，このデータに対して

$$E[収縮期血圧 | 年齢 = x歳,\ 性別 = z] = a + bx + cz$$

という多変数回帰モデル（multivariable regression model）を当てはめた結果を示している。性別の値 z が男性なら1（z に1を代入），女性なら0（z に0を代入）とすると，このモデルは

$$E[収縮期血圧 | 年齢 = x歳,\ 男性] = E[収縮期血圧 | 年齢 = x歳,\ 性別 = 1] = (a + c) + bx$$
$$E[収縮期血圧 | 年齢 = x歳,\ 女性] = E[収縮期血圧 | 年齢 = x歳,\ 性別 = 0] = a + bx$$

と書き直すことができる。これらは，切片が c（性別の回帰係数）だけずれた，傾き b（年齢の回帰係数）の平行な直線なので，**図2(B)**のようになっている。

しかし，データ，特に性・年齢別の平均値をみると，性別に平行な回帰直線を当てはめるのはやや気が引けないだろうか。その場合には，年齢の値 x と性別の値 z との交互作用項(interaction term)または交差項(product term/cross term)“xz”を含めた

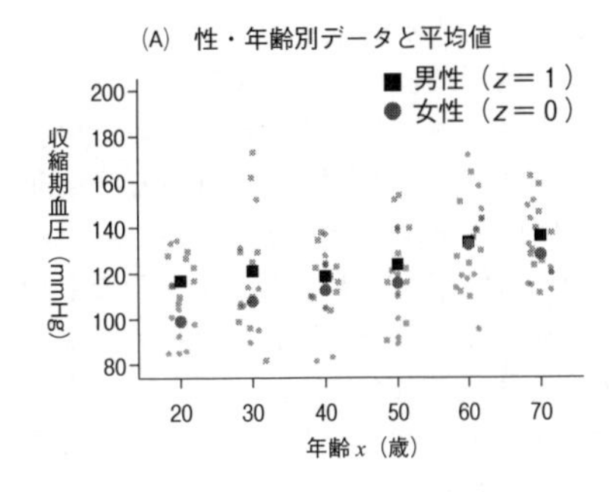

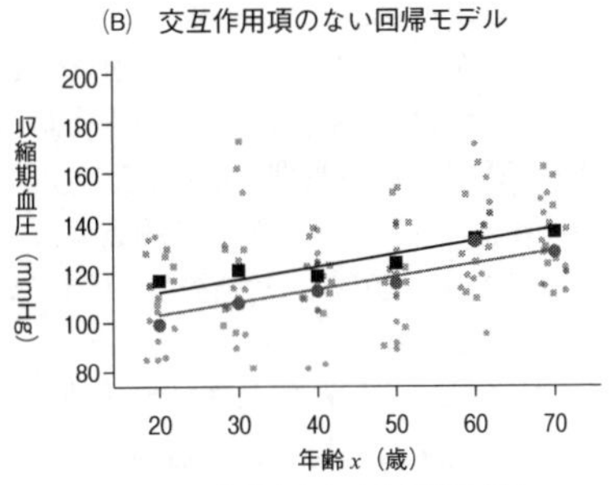

2つの直線をまとめた回帰モデル；
$f(x,\ z)=92.70+0.52x+9.06z$

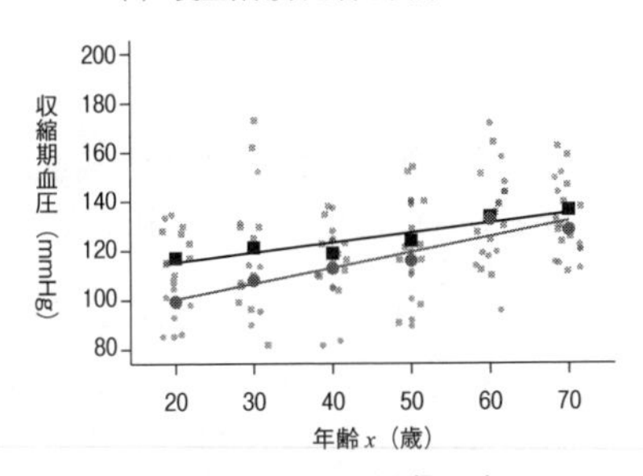

2つの直線をまとめた回帰モデル；
$f(x,\ z)=87.40+0.63x+19.65z-0.24xz$

図2　性・年齢別の収縮期血圧データと当てはめた2変数回帰モデル

$$\mathrm{E}[\text{収縮期血圧} \mid \text{年齢}=x\text{歳},\ \text{性別}=z]=a+bx+cz+dxz$$

を当てはめればよい。このモデルは男性（$z=1$）と女性（$z=0$）別に

$$\mathrm{E}[\text{収縮期血圧} \mid \text{年齢}=x\text{歳},\ \text{男性}]=(a+c)+(b+d)x$$
$$\mathrm{E}[\text{収縮期血圧} \mid \text{年齢}=x\text{歳},\ \text{女性}]=a+bx$$

と書き直すことができ，これらの直線はもはや平行ではない（図2 (C)）。交互作用項は，このように，「男性と女性で年齢による血圧平均値の上がり方が異なる」または同じことだが「年齢ごとに男性と女性の血圧平均値の差が異なることを許した」回帰モデルを考えるときに用いる。

異なる説明変数同士を掛け合わせた交互作用項や1つの説明変数を2乗や3乗した項（これらを高次項：higher-order termsという）の利用に当たっては重要な注意点がある。それは，「高次項を含む場合はより低次の項はすべて含めなければいけない」という原則（階層原理：hierarchy principle[1]や変数組み入れ原理：variable inclusion principle[4]という）である。例えばxzという交互作用項を含めた回帰モデルとしたければ，xとzそのものも含めなければいけないし，x^3を含めたければx^2とxそのものを含めないといけない。例外もあるが[1]，この原理を守らないと思わぬ形状の回帰モデルが当てはめられてしまうことがあるので遵守を徹底されたい。

高次項を含んだ場合は，各説明変数から定数（平均値など）を引いたうえで掛け合わせたり2乗したりする中心化（centering）が推奨されることもある。回帰係数を解釈しやすくすることが主な目的だが，中心化をしてもしなくても当てはまる回帰モデルは同じものとなる。

2.5　ダミー変数

2つ以上のカテゴリを持つ質的変数を複数の0/1変数で表し直すとき，その0/1変数のことをダミー変数（dummy variables）という。例えば，上述の性別（男性を1，女性を0）もダミー変数の1つである。

ダミー変数の作り方は何通りかあるが，通常はカテゴリ数より1つ少ないダミー変数を用意する。例えば，生物学的性別（2カテゴリ）には上で見たとおり1つのダミー変数でよく，血液型(4カテゴリ)に対しては，3つダミー変数を用意すればよい（D_1・D_2・D_3とする)。続いて，「参照（reference）カテゴリ」を定めて（例えばA型），そのカテゴリに対するすべてのダミー変数の値を0と設定する。それ以外のカテゴリ（B型・O型・AB型）には，それぞれダミー変数を1つずつ割り当てて（順にD_1・D_2・D_3とする)，そのカテゴリに含まれたらそのダミー変数のみを1とする。この例では，血液型が

血液型＝A型　$\Rightarrow D_1=0,\ D_2=0,\ D_3=0$
血液型＝B型　$\Rightarrow D_1=1,\ D_2=0,\ D_3=0$
血液型＝O型　$\Rightarrow D_1=0,\ D_2=1,\ D_3=0$
血液型＝AB型 $\Rightarrow D_1=0,\ D_2=0,\ D_3=1$

というダミー変数の組に変換される。あとは，回帰モデルを

$$\mathrm{E}[\text{身長}\mid\text{血液型}]=a+bD_1+cD_2+dD_3$$

などと当てはめればよい。このモデルでは各血液型のサブグループでの平均値が

$$E[\text{身長}|\text{血液型}=\text{A型}]=a$$
$$E[\text{身長}|\text{血液型}=\text{B型}]=a+b$$
$$E[\text{身長}|\text{血液型}=\text{O型}]=a+c$$
$$E[\text{身長}|\text{血液型}=\text{AB型}]=a+d$$

と表せるので，各ダミー変数の回帰係数b，c，dは「そのカテゴリと参照カテゴリ（A型）との平均身長の差」を表すことになる。

ダミー変数は，順序カテゴリや，年齢などの連続値をカテゴリに分けた際に用いてもよい。例えば**図1（A）**には年齢別の平均値（◆）が計算されているが，これらは35歳を参照カテゴリとしたダミー変数D_{40}，D_{45}，…，D_{85}（年齢x歳でD_xだけが1となり残りは0となる）を用いて

$$E[\text{収縮期血圧}|\text{年齢}]=a+b_{40}D_{40}+b_{45}D_{45}+\cdots+b_{85}D_{85}$$

を当てはめているのと同じことである。切片は参照カテゴリ（35歳）のサブグループ平均値を，回帰係数b_{40}，…，b_{85}は35歳に比べた40歳，…，85歳のサブグループ平均値の差を表す。同様に**図2（A）**は20歳を参照カテゴリとすると

$$E[\text{収縮期血圧}|\text{年齢，男性}]=a+b_{30}D_{30}+b_{40}D_{40}+\cdots+b_{70}D_{70}$$
$$E[\text{収縮期血圧}|\text{年齢，女性}]=a'+b'_{30}D_{30}+b'_{40}D_{40}+\cdots+b'_{70}D_{70}$$

というダミー変数を含む2つの異なる回帰モデルの推定値と見ることができる。

2.6　2値結果変数の回帰モデルの場合

説明変数の変数変換，交互作用項，ダミー変数の考え方は，2値や生存時間を結果変数とした回帰モデルでも同じように用いることができる。線形リスクモデルでは回帰係数の解釈を「平均値の差」から「リスク差」に，対数線形リスクモデルでは「（対数）リスク比」に，ロジスティック回帰モデルでは「（対数）オッズ比」に置き換えればよい。例えばロジスティック回帰モデルに交互作用項を含めた

$$\log\frac{\Pr[\text{発症あり}|\text{年齢}=x\text{歳，性別}=z]}{1-\Pr[\text{発症あり}|\text{年齢}=x\text{歳，性別}=z]}=a+bx+cz+dxz$$

を用いることで，「男性と女性で年齢1歳当たりのオッズの上がり方が異なること」と「年齢ごとに男性と女性のオッズ比が異なること」を許した回帰モデルを当てはめることができる。

3. モデル選択

3.1 モデル形状選択と変数選択

モデル選択（model selection）とは，どのように回帰モデルを特定するかをデータから決める作業のことだが，2つの「選択」を区別した方がよい。1つはモデル形状の選択（model form selection）で，2節で述べたような回帰モデルの関数形をどうするかを指す（2次項や交互作用項を含むか，変数変換をするか，回帰を変換するかなど）[1)]。もう1つが変数選択（variable selection）であり，説明変数自体を選ぶものである[5)]。回帰モデルを用いる目的，すなわち「比較」か「予測」かによって，正当化できるモデル選択の仕方が異なってくる。

3.2 比較が目的の場合

治療や曝露の比較における最大の関心ごとは，交絡（confounding）が結果を歪ませていないかどうかである（**第9回**）。交絡を除く必要がある場合，そのサブグループ内では交絡が生じないほど均質な集団になるようなリスク因子（交絡変数という）をいくつも測定し，そのリスク因子の組み合わせでデータをサブグループに分けた比較を行えばよい。多変数回帰モデルは，このようなサブグループ平均（回帰）のサブグループに応じた変化の仕方に説明変数の値による制約を与えることで，実際にサブグループに分けないまま回帰を近似して求める目的で使われる（**第11回**）。

比較を目的とする場合，説明変数（交絡変数）は「サブグループ内で交絡が生じない」ように選ぶ必要がある。これはモデリング以前の話である。つまり，交絡変数は専門知識・背景知識にもとづいてモデリングの前に決められ，測定される必要がある。回帰モデルを特定する段になって，説明変数を統計的に（例えば回帰係数の p 値などによって）選ぶことは，交絡変数が選ばれることを保証しないので一般に推奨されない[6)]。したがって，比較におけるモデル選択とは変数選択ではなく，既に決められた説明変数に対してモデル形状を選択することが基本である[1)]。例えば，喫煙あり群となし群の脳卒中リスクを比較したいとき，性別と年齢でサブグループに分けないといけないことがわかっているならば，

$$\Pr[\text{脳卒中発症あり} \mid \text{年齢} = x\text{歳，性別} = z\text{，喫煙} = w] = r(x,z,w)$$

という回帰が必要だとまず考える。モデル形状の選択とは，$r(x,z,w)$ の形状を例えば

$$r(x,z,w) = a + bx + cz + dw$$
$$r(x,z,w) = a + bx + cz + dw + ex^2 + fxz$$

のどちらにするかという問題である。当然ながら，$r(x,z,w)$ の真の形状により近いほうが，喫煙あり群となし群とのリスク差を表す回帰係数 d の推定値のバイアスは小さ

い可能性が高い。この点では高次項を含む後者のモデルに常に軍配が上がる。しかし，複雑な（説明変数の高次項を多く含む）モデルは回帰係数の推定により大きなばらつきを伴う（**第15回**）。このようなジレンマをバイアス・分散トレードオフという。これに対する折衷を狙ったモデリングは難しいが，比較を目的とする場合には色々なモデルを当てはめて，可能な限り柔軟に回帰の変化を捉えられる複雑なモデルを選ぶのがよいだろう。モデルを当てはめるからといって，曝露の回帰係数（上のモデルではd）が自分にとって都合の良いモデルを選ぶことは言語道断である。

一方，変数選択をするということは，

$$\Pr[\text{脳卒中発症あり} \mid \text{年齢}=x\text{歳},\ \text{喫煙}=w]=r(x,w)$$
$$\Pr[\text{脳卒中発症あり} \mid \text{性別}=z,\ \text{喫煙}=w]=r(z,w)$$

などと，一部の説明変数だけを条件付けた喫煙有無の比較をすることを意味する。しかし，これらの回帰$r(x,w)$ または$r(z,w)$ をどんなに正しくモデリングしようとも，交絡変数の一部がサブグループ化に使われていない以上，その多変数回帰モデルからは交絡によるバイアスのある比較しか行うことができない。したがって，比較における変数選択は，どこまで交絡バイアスを許容して推定量のばらつきを抑えるかというトレードオフの観点でのみ正当化されることになる[7)8)]。

3.3　予測が目的の場合

多変数回帰モデルによる予測は，リスク因子でできるだけ細分化されたサブグループが作られるように説明変数を選び，各サブグループ平均値で結果変数を当てにいくことが目的である。どのモデルにもとづく予測が良いかは様々な指標にもとづいて判断され得るが[9)]，3.2節の比較におけるバイアスとは違って，基準となる「正しい」予測モデルというものがない。つまり，結果的に予測がうまくいくモデルを得ることができればいいのだが，①どのようなサブグループを作るべきか，ひいてはどの説明変数を選ぶべきかには決まりがなく，②モデル形状が正しいからといって予測モデルが「良い」予測を与えるとも限らない。そのため，予測を目的とする回帰モデルにおいては，モデル形状選択と変数選択がそこまで区別されない。

こうした背景から，予測においては統計的変数選択法が発達している。代表例として次のように異なる方針がある[5)]。

1）統計的検定による機械的選択（test-based algorithm）：説明変数の回帰係数が0かどうかのp値の大小にもとづいて変数を出し入れする
2）情報量規準(information criterion)：「予測誤差」の推定値（情報量規準）を最小にするモデルを選ぶ
3）交差検証法(cross validation)：データを分割し，データ内で交互に予測誤差を推定

4) 罰則付き推定法(penalized estimation)：半自動的に推定時に説明変数を選択する

ただし，これらは互いに無関係ではない。以下で1)－4)の方針を簡単に説明する。

まず，1)は簡便でよく使われるが（変数増加法・変数減少法・ステップワイズ法などを耳にしたことがあるかもしれない；**第15回**参照)，統計的な正当化は多くの場合で難しい。

2)は候補モデルすべての中で情報量規準を最も小さくするものを選ぶ方法だが，説明変数の数が多くなると大変である（10個の説明変数候補があると，それぞれを含むか含まないかで$2^{10}=1024$通りのモデルが候補となる。ここから何も説明変数を含まないものを除くと1023モデルを調べる必要がある。これが候補15個になると$2^{15}-1=32767$モデルを調べないといけなくなる)。この場合，変数を1つずつ逐次的に追加・削除する変数増加法・減少法でサーチ範囲をぐっと狭めることで，近似的に情報量規準を最小化する方法もある。しかし，このやり方は実は1)の検定法に帰着する。例えば赤池情報量規準（AIC）を使った逐次的なモデル選択は，$p<0.157$を基準とした1)の変数選択と等価となる[5]。

3)は計算時間が長くなって大変だが，機械学習手法を含む広いモデルに汎用的に適用できる。ただし，データをいくつに分割するかなど，実施に当たって解析者が設定をチューニングしなければいけない。特にデータの分割数をデータ数と同じにしたものを1つ抜き交差検証法（leave-one out cross validation）というが，線形回帰モデルで計算した予測誤差は，データ数が十分大きいときAICと似た値になる[2]。

4)の有名なものにLASSO（「ラッソ」と呼ぶことが多い）という手法がある（**第15回**)。これは，各回帰パラメータ推定値を0に引き寄せる一方で，一部の推定値はぴったり0にしてしまう性質がある。係数が0ということは，その説明変数は回帰モデルに含まれなくなるということである。したがって，回帰モデルを推定する手順の中で，変数選択が自動的に行われることになる。ただし，この方法を用いる際に解析者が決めなければいけない「チューニング」パラメータというものがある。この設定に前述の交差検証法が用いられ，予測誤差を最小にする値が使われることがデフォルトになっていることが多い[2]。

4. 複雑な状況に応じたモデリング

モデリングのいくつかのアプローチとその考え方を見てきたが，複雑な現実を回帰モデルで近似するときに過度に単純化してしまうことがある。明らかな例は，高次項まで含めた柔軟な関数形で回帰モデルを特定すべきところを，単純な直線式（1次関数）だけ当てはめてしまうような場合である。このようなモデル特定の誤り（specification error）あるいはモデル誤特定（model misspecification）は，一般に推定値を解釈する際にバイアスの原因となる。ただし，この手のモデル誤特定があったら，ただちに解析結果が無意味になるわけではない。程度問題でもあるし，状況によってはモデルの誤特定下でも正しい解釈ができる推定値を得られる場合もある[10)]。

モデル誤特定はもっと微妙で複雑な形でも生じる。例えば，2値結果変数の回帰モデルを最尤推定（**第12回**）する場合，実は説明変数の各サブグループに含まれる対象者ではイベントを生じる確率が一定であることが暗に仮定されている（二項分布とはそういうものである）。これはよく考えると無理筋の要求である。どんなにデータを測定してサブグループを絞り込んだところで，遺伝的・環境的なばらつきを含めて，サブグループ内でリスク一定とは見なせないだろう。このような場合，過分散（overdispersion）という現象が生じ，モデルが表すよりも本来のデータのばらつきのほうが大きくなる。これを裏返せば，回帰モデルのパラメータ推定値のばらつきが見かけ上小さく推定されてしまう（「標準誤差が過小推定される」という）ことで，不当に狭い信頼区間や小さすぎるp値が得られてしまう。このような場合には，過分散を組み込んだ疑似尤度（quasi-likelihood）で回帰モデルを当てはめたり[11)]，**第12回**でも登場したロバスト分散[12)]を用いたりすることで対処できる。

このようなサブグループ内のリスクの不均一性に加えて，サブグループ内でデータが相関してしまっている状況もよくある。例えば，同じ対象者から繰り返し測定された結果変数の回帰モデルでは，同一対象者のデータが他の対象者のデータよりも似た値となるであろう。多施設研究で施設ごとに異なる治療方針を採っている場合には，施設内の患者同士のデータのほうが他施設の患者のデータよりも似通ってしまうかもしれない。最尤法や最小二乗法などの回帰モデルを推定する手法の多くは，サブグループ内でデータが互いに相関していないことを暗に仮定しているので，これを放っておくとやはり推定値のばらつきを正しく評価できなくなってしまう。混合効果モデル（mixed-effect models），マルチレベルモデル（multilevel models）または階層モデル（hierarchical models）は，そのような相関をもたらすデータの単位（上の例では患者や施設）を説明変数として調整し，回帰係数を「確率変数」として推定する[13)14)]。一般化推定方程式（generalized estimating equations：GEE）はそのデータの単位（患者や施設）を「クラスター」として推定時にまとめて扱い，クラスター間ではデータは独立だと仮定して回帰モデルを推定する[15)]。いずれも正確な理解には腰を据えて教科書に向き合う必要があるが，パッケージでは1行2行コードを追加したり，オプションを1つ2つチェックしたりするだけで実行できる。

比較を目的とする場合には，結果変数の回帰をモデル化するだけではなく，比較したい治療変数や介入変数に対する回帰（サブグループごとの治療確率・介入確率）を傾向スコア（propensity score）としてモデル化し，交絡調整に用いることもある[16)]。または，結果変数の回帰モデルの回帰係数を報告するだけでなく，推定した回帰モデルからサブグループあるいはデータごとに「治療があった場合」「なかった場合」の予測値を計算して，交絡を調整した比較に用いる「モデルにもとづく回帰標準化（model-based regression standardization）」という方法もある[17)18)]。このような「比較」における交絡調整に特化した解析手法は，因果推論（causal inference）という分野において，どのような比較に意味があるか，その比較をバイアスなく行うための手法と仮定はどのようなものか，という理論化が進んでいる。

文　献

1）Greenland S. Chapter 21. Introduction to regression modeling. In：Rothman KJ, Greenland S, Lash TL, eds. *Modern Epidemiology*, 3rd ed. Philadelphia, PA：Lippincott Williams and Wilkins；2008.

2）小西貞則．多変量解析入門－線形から非線形へ．東京，岩波書店；2010.

3）Royston P. Model selection for univariable fractional polynomials. *Stata J.* 2017；17（3）：619-29.

4）Westfall PH, Arias AL. *Understanding Regression Analysis：A Conditional Distribution Approach.* Boca Raton, FL：Chapman and Hall/CRC；2020.

5）Heinze G, Wallisch C, Dunkler D. Variable selection：a review and recommendations for the practicing statistician. *Biom J.* 2018；60（3）：431-49.

6）VanderWeele TJ. Principles of confounder selection. *Eur J Epidemiol.* 2019；34（3）：211-9.

7）Greenland S, Pearce N. Statistical foundations for model-based adjustments. *Annu Rev Public Health.* 2015；36：89-108.

8）Greenland S, Daniel R, Pearce N. Outcome modelling strategies in epidemiology：traditional methods and basic alternatives. *Int J Epidemiol.* 2016；45（2）：565-75.

9）篠崎智大，横田勲，大庭幸治，他．イベント予測モデルの評価指標．計量生物学　2020;41（1）：1-35.

10）Maldonado G, Greenland S. Interpreting model coefficients when the true model form is unknown. *Epidemiology.* 1993；4（4）：310-8.

11）松井秀俊，小泉和之．統計モデルと推測．東京，講談社；2019.

12）Naimi AI, Whitcomb BW. Estimating Risk Ratios and Risk Differences Using Regression. *Am J Epidemiol.* 2020；189（6）：508-10.

13）Gelman A, Hill J. *Data Analysis Using Regression and Multilevel/Hierarchical Models.* Cambridge University Press；2007.

14）久保拓弥．データ解析のための統計モデリング入門－一般化線形モデル・階層ベイズモデル・MCMC．東京，岩波書店；2012.

15）松山裕，林邦彦，佐藤俊哉，他．Generalized Estimating Equationsの理論と応用．薬理と治療．1996；24（12）：2531-42.

16）篠崎智大．傾向スコア解析の考え方．整形外科．2020；71（6）：571-6.

17）Greenland S. Estimating standardized parameters from generalized linear models. *Stat Med.* 1991；10（7）：1069-74.

18）佐藤俊哉．疫学研究における交絡と効果の修飾．統計数理．1994；42（1）：83-101.

第15回　無計画な解析における問題

坂巻　顕太郎

第15回

1. はじめに

アメリカ統計協会（American Statistical Association，ASA）が統計的有意性とP値に関する声明[1)]を出した背景の1つに，検定（解析）結果に基づいて選択的に結果を報告するという問題がある。簡単には，ある1つのデータに対して複数の解析を実施し，p値が有意水準を下回った結果（またはそれに類する結果）のみを報告する問題のことで，結果が根本的に解釈不能になるという問題が生じる。このような「結果のいいとこ取り」のことを，“cherry-picking”，“data dredging”，“significance chasing”，“significance questing”，“selective inference”，“p-hacking” などという[1)]。例えば，新たな降圧薬の治療効果を評価するために，収縮期血圧，拡張期血圧，脈圧，平均血圧の4つの評価項目に対して，標準治療との群間比較を行うことを考える。簡単のため，治療効果は全くない，それぞれの評価項目は関連しない（独立である），有意水準5%の検定を用いた群間比較を行う，という状況を考える。このとき，各評価項目の群間比較に対し，少なくとも1つ以上の検定で有意差がつく確率は，

$$1-0.95^4=1-0.815=0.185(18.5\%)$$

となる。これは，18.5%の確率で，「実際には治療効果がないにもかかわらず，結果のいいとこ取りにより，治療効果があるようにみえる結果が報告されてしまう」ということを意味する。この他にも，「ある10例の実験データで有意差がつかなかったので，別の10例を集めて検定を行い，有意差がついた10例だけの結果を報告する」「あるデータで有意差がつかなかった理由をサンプルサイズが小さいことと考え，さらにサンプルを追加したデータで検定を行い，有意差が出たデータでしか検定を行わなかったかのように報告する」などの「結果のいいとこ取り」が行われている。

「結果のいいとこ取り」は，HARKing（Hypothesizing After the Results are Known：結果がわかった後に仮説を作ること）[2)]とも関連している。Kerr[2)]はHARKingのことを “presenting a post hoc hypothesis（i.e., one based on or informed by one's results）in one's research report as if it were, in fact, an a priori hypotheses” と述べている。例えば，レジストリデータなどの既に様々な変数が入力されているデータで解析を行い，有意差が出た結果に対し，後付けで研究仮説を作り，論文報告することがHARKingとなる。このような研究が横行した結果，再現性の危機（reproducibility crisis）[3)]が指摘されるようになり，検定やp値の誤用の問題が指摘されるようになった。

「結果のいいとこ取り」を防ぐには，臨床試験に関するガイドラインの1つである

ICH E8(R1)（改訂された臨床試験の一般指針）[4]で指摘されているように，試験実施計画書や統計解析計画書の事前規定が重要である。この際，解析目的と解析方法における仮定を確認しておくことが必要である。例えば，収縮期血圧などの連続変数のアウトカムの平均の群間比較が目的で解析にt検定を用いる場合，各群のアウトカムが分散の等しい正規分布に従うとt検定では仮定していることを確認しておく必要がある。JAMAがまとめた統計解析計画書に関するガイドライン[5]には，"27c methods used for assumptions to be checked for statistical methods"，"27d details of alternative methods to be used if distributional assumptions do not hold，eg，normality，proportional hazards，etc" とあるように，仮定の確認や仮定が満たされなかった場合の解析方法を統計解析計画書に記載すべき項目としてあげている。

しかし，観察されたデータにおいて解析方法の仮定が間違っている可能性があったとしても，研究における主解析（primary analysis）の解析方法を変える必要が必ずしもあるわけではない。例えば，t検定を用いる際に正規性の仮定が間違っているからといって，必ず違う検定方法を使うべきとはいえない。解析方法を選択する際は，解析目的と解析方法の関係性（decision rule：意思決定ルール），解析方法の仮定に対する頑健さ（robustness），仮定が満たされなかった場合に使う他の解析方法の性質，仮定の確認を伴う場合に解析方法の統計的性質が担保されない可能性，など様々な要因を考慮する必要があり，解析方法の性質を理解したうえで事前に統計解析計画書などを規定しておくべきである。

今回は，以上のような問題が起こる例として，2節で連続変数の2群比較に用いる検定の選択，3節で回帰モデルにおけるモデル選択や変数選択を概説する。連続変数の2群比較では，t検定，Welch検定，Wilcoxon検定などが用いられるが，仮定の確認のために等分散性や正規性の検定を行うことがある。これらの仮定の確認に関する問題を，各検定方法の紹介と仮定に対する頑健性に関するシミュレーション実験の結果の紹介から説明する。また，回帰モデルにおけるモデル選択や変数選択については，どのような観点で「結果のいいとこ取り」が生じるかを概説する。検定や回帰モデルに関する基本的な考え方は，**第8回**，**第11回**，**第12回**，**第14回**を参照してほしい。また，「結果のいいとこ取り」の問題に関しては「多重比較」とも関連しており，その詳細は坂巻ら[6]を参照してほしい。

2．検定の選択

本節では，高血圧患者を対象に，収縮期血圧（連続変数）を評価項目として試験治療と標準治療の群間比較を行う研究を想定する。このような研究では「平均の差」を効果指標として用いることが多い（**第6回**，**第8回**）。そこで，検定の目的は「治療群間で平均が異なるかどうか」を検証することとする。このとき，t検定，Welch検定，Wilcoxon検定のどの検定が目的に合った検定結果を返すかを以下で概説する。Wilcoxon検定の説明には**表1**のデータ（順位変換）を利用するが，解析結果などは

表１　投薬後の収縮期血圧

治療	収縮期血圧(mmHg)	順位
標準治療	153.0	11
標準治療	134.2	8
標準治療	139.0	10
標準治療	124.0	1
標準治療	138.9	9
標準治療	132.7	7
試験治療	124.3	2
試験治療	129.5	6
試験治療	157.4	12
試験治療	126.0	4
試験治療	125.6	3
試験治療	128.8	5

示さない。参考として，統計解析でよく用いられるプログラミング言語の1つであるR（**第17回**）のプログラムを以下に示すので，適宜，実行して結果を参照してほしい。

```
> Y0 <-c(153, 134.2, 139, 124, 138.9, 132.7)
> Y1 <-c(124.3, 129.5, 157.4, 126, 125.6, 128.8)
> t.test(Y1,Y0, var.equal=TRUE)  #t検定
> t.test(Y1,Y0)  #Welch検定
> wilcox.test(Y1,Y0)  #Wilcoxon検定
```

検定の仮定や頑健性を考える際は，各群の収縮期血圧の分布の形に着目する。**図１**は収縮期血圧がどのように分布するかを表した図であり，ここでは4つのモデル（**第8回**）を想定する。縦線は各分布における平均を表しており，**図１(a)**，**図１(b)** は，分布を移動させれば，平均が等しい（分布が重なる）状況となる（location shift model）。以下では，t検定，Welch検定，Wilcoxon検定における仮定と**図１**の分布との関係を概説する。

2.1　t検定，Welch検定，Wilcoxon検定

t 検定は「$\mu_1 = \mu_0$」という帰無仮説に対する検定を行う。μ_1は試験治療群における収縮期血圧の平均，μ_0は標準治療群における収縮期血圧の平均である。ここで，Y_{ij}を収縮期血圧（連続変数），i を治療群（0：標準治療群，1：試験治療群），j を研究対象者（標準治療群n_0人，試験治療群n_1人）とすると，t検定の検定統計量は以下になる。

$$t = \frac{\bar{Y}_1 - \bar{Y}_0}{\sqrt{(1/n_1 + 1/n_0)\widehat{\sigma^2}}}$$

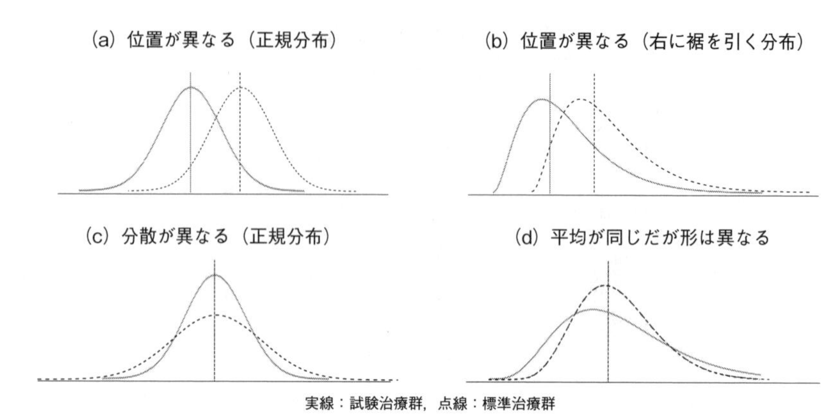

図1　収縮期血圧の分布に関する様々な「モデル」

ただし，$\bar{Y}_1 = \sum_{j=1}^{n_1} Y_{1j}/n_1$は試験治療群における収縮期血圧の平均，$\bar{Y}_0 = \sum_{j=1}^{n_0} Y_{0j}/n_0$は標準治療群における収縮期血圧の平均，$\widehat{\sigma^2}$は$Y_{1j}$または$Y_{0j}$の分散の推定値である。帰無仮説のもとでは，すべての対象者に対する収縮期血圧の平均$\bar{Y} = (\sum_{j=1}^{n_1} Y_{1j} + \sum_{j=1}^{n_0} Y_{0j})$／$(n_1 + n_0)$を用いて，

$$\widehat{\sigma^2} = \frac{\sum_{j=1}^{n_1}(Y_{1j} - \bar{Y})^2 + \sum_{j=1}^{n_0}(Y_{0j} - \bar{Y})^2}{n_1 + n_0 - 1}$$

と$\widehat{\sigma^2}$は計算される。ｔ検定の検定統計量は，図1(a)のように，各群の収縮期血圧は正規分布し，各群の収縮期血圧の分散は等しいという仮定（$Y_{ij} \sim N(\mu_i, \sigma^2)$）のもとで，統計的に妥当な構成方法から導かれる。

Welch検定は，ｔ検定と同様,「$\mu_1 = \mu_0$」という帰無仮説に対する検定を行う。ただし，図1(c)のように，収縮期血圧が正規分布に従うことを仮定するが，群間で分散が等しいという仮定は置かない点（$Y_{ij} \sim N(\mu_i, \sigma_i^2)$）がｔ検定と異なる。Welch検定が置く仮定には，図1(a)の状況も含んでいることに注意してほしい。検定統計量は，試験治療群における収縮期血圧の分散の推定値$\widehat{\sigma_1^2} = \sum_{j=1}^{n_1}(Y_{1j} - \bar{Y}_1)^2/(n_1 - 1)$，標準治療群における収縮期血圧の分散の推定値$\widehat{\sigma_0^2} = \sum_{j=1}^{n_0}(Y_{0j} - \bar{Y}_0)^2/(n_0 - 1)$を用いて，以下のように計算される。

$$t = \frac{\bar{Y}_1 - \bar{Y}_0}{\sqrt{\widehat{\sigma_1^2}/n_1 + \widehat{\sigma_0^2}/n_0}}$$

Wilcoxon検定では，帰無仮説「$F_1(Y) = F_0(Y)$」と対立仮説「$F_1(Y - \Delta) = F_0(Y)$,

$\Delta \neq 0$」を想定している。$F_1(Y)$ は試験治療群における収縮期血圧の累積分布関数，$F_0(Y)$は標準治療群における収縮期血圧の累積分布関数である。簡単には，分布の形は同じで位置がずれているモデル（location shift model）を想定しており，**図1 (a)**と**図1 (b)** のようなモデルが該当する。検定には，**表1**のように，元の変数から求まる順位（片側検定を使う際は昇順と降順に注意）を用いた，以下の検定統計量を用いる。

$$T = \frac{W - \mathrm{E}[W]}{\sqrt{\mathrm{V}[W]}}$$

Wは試験治療群の順位の和, $\mathrm{E}[W] = n_1 n_0/2$は$W$の期待値, $\mathrm{V}[W] = \sqrt{n_1\ n_0(n_1 + n_0 + 1)/12}$は同順位がない場合の$W$の分散である。Wilcoxon検定はMann-Whitney検定と同等であり，各群からランダムに選択された収縮期血圧の大小関係に関する確率$\Pr[Y_1 > Y_0]$を評価する検定方法でもある。Wilcoxon検定の詳細については村上[7]なども参照してほしい。

2.2 検定の頑健性

t 検定，Welch検定，Wilcoxon検定で検討したい仮説や仮定が異なることを2.1節で概説した。t 検定やWelch検定を用いる目的は「2群間の平均の差の有無」を検討することである。一方，Wilcoxon検定を用いる目的は「分布の位置がずれているかどうか」の検討であり，特に，アウトカムの大小関係を評価することである。ただし，location shift modelのもとでは「2群間の平均の差の有無」を検討できる。つまり，「治療群間で平均が異なるかどうか」を検証したい場合，仮定が正しい状況であれば，いずれの検定も利用できるということになる。

検定方法を選択する際は，解析目的に対する検出力（**第8回**），仮定が間違っている場合にどのような結果を返すか，に注意すべきである。このとき，例えば，正規性の検定（Kolmogorov-Smirnov検定やShapiro-Wilk検定など）を用いて仮定を確認することがあるが，ほとんどの状況において意味をなさない。その理由の1つは，以下で示す検定方法の頑健性である。その他にも第一種の過誤確率の上昇などの問題がある。詳細はRochonら[8]等を参照してほしい。

ここでは，Fagerlandら[9]やFayら[10]を参考に，**図1**のいくつかの状況で，2群のサンプルサイズが同じ，または，サンプルサイズが異なる場合に，t検定，Welch検定，Wilcoxon検定がどのような結果を返すかをシミュレーション実験により検討する。検定の有意水準は両側5%とする。各設定で10,000個の疑似データを発生させ，それぞれの検定が棄却した割合を**表2**に示す。

シミュレーション実験の結果が示すように，2群でサンプルサイズが等しい場合や分散が等しい場合，分散や分布の形に関わらず，$\mu_1 = \mu_0$（帰無仮説が正しい場合）でのt検定の第一種の過誤確率は5%程度になることがわかる（シミュレーション回数

表2　棄却割合（シミュレーション回数：10,000回）

サンプルサイズ		平均		標準偏差		想定するモデル	t 検定（%）	Welch検定（%）	Wilcoxon検定（%）
標準治療	試験治療	標準治療	試験治療	標準治療	試験治療				
各群の収縮期血圧が正規分布（左右対称の分布）に従い，群間で平均が等しい場合									
100	100	0	0	0.25	1	図1（c）	5.23	5.16	7.90
100	100	0	0	0.5	1	図1（c）	5.08	5.07	6.03
100	100	0	0	1	1	図1（a）	4.72	4.72	4.81
100	200	0	0	0.25	1	図1（c）	0.78	5.03	3.34
100	200	0	0	0.5	1	図1（c）	1.70	4.91	3.19
100	200	0	0	1	1	図1（a）	5.04	5.10	5.32
100	200	0	0	2	1	図1（c）	11.11	5.03	8.59
100	200	0	0	4	1	図1（c）	14.66	4.89	12.25
各群の収縮期血圧がガンマ分布（右に裾を引く分布）に従い，群間で平均が等しい場合									
100	100	3	3	1.73	1.73	図1（b）	5.10	5.10	5.09
100	100	3	3	1.73	0.87	図1（d）	5.18	5.15	25.26
100	100	3	3	1.73	0.58	図1（d）	5.37	5.30	36.22
100	100	3	3	1.73	0.43	図1（d）	5.51	5.42	41.25
各群の収縮期血圧が正規分布（左右対称の分布）に従い，群間で平均が異なる場合									
100	100	0	0.4	0.25	1	図1（c）	97.05	96.98	94.69
100	100	0	0.4	0.5	1	図1（c）	94.50	94.44	92.69
100	100	0	0.4	1	1	図1（a）	80.49	80.48	78.68

とサンプルサイズを大きくすればより5%に近づく）。$\mu_1=\mu_0$でも，2群でサンプルサイズと分散がともに異なる場合，t検定の第一種の過誤確率は5%から離れる（サンプルサイズと分散の関係でconservativeかanti-conservativeかは異なる）。同様の状況でのWelch検定の第一種の過誤確率は5%程度である。このような結果から，不等分散も想定しているWelch検定がデフォルトの検定として推奨されることもあるが，歪度（skewness）に対して敏感であるなどの性質があり[9]，$\mu_1=\mu_0$の検定に対してWelch検定がt検定よりもグローバルに頑健であるとはいえない。Wilcoxon検定は分布の形に対して敏感であり，$\mu_1=\mu_0$の状況であっても，棄却割合は5%と大きく異なることがある。これはWilcoxon検定の帰無仮説が「$F_1(Y)=F_0(Y)$」であることと関係しており，location shift modelが正しい状況でない限り，平均に関連する解釈を検定結果が与えることはできない。もちろん，Wilcoxon検定は中央値の違いを検討しているわけでもないことに注意してほしい。

以上の結果は，正規性の仮定などが満たされていなくとも，t検定により「治療群間で平均が異なるかどうか」が検証可能である場合が存在することを意味する。つまり，解析目的をかんがみると，正規性が成立しないと考えられる場合にWilcoxon検定を必ず使うべきとはいえないということである。例えば，割付比1：1のランダム化比較試験における収縮期血圧（連続変数）の平均に関する群間比較であれば，t検定を用いればよく，この際に等分散性や正規性などの仮定の検討は，第一種の過誤確率の上昇の問題[8]もあり，不要と考えられる。ただし，「治療効果」に関する推測がいくつか考えられる場合には適切な検討は必要である。

Wilcoxon検定の良さとして，location shift modelのもとでは，正規性が満たされないことに対して頑健な性質を持つことがあげられる。分布が大きく歪んでいる場合，t検定やWelch検定よりも検出力は高くなる。そのため，歪んだ分布でのlocation shift modelが想定される場合はWilcoxon検定を用いることが推奨されることもある[10)]。ただし，歪んだ分布においてlocation shift modelが成立すること自体が難しいこともあり[9)]，解析目的を適切に設定して，検定は選択すべきである。

3. 回帰モデルにおける選択

Yを結果変数（収縮期血圧など），Xを説明変数（治療など）とすると，回帰関数は$E[Y \mid X=x]=f(x)$と表現される（**第11回**）。例えば，収縮期血圧に対する治療の影響を評価するための回帰モデルとして，以下のような線形回帰モデルを$f(x)$の近似として考えることができる。

$$
\begin{aligned}
&E[\text{収縮期血圧} \mid \text{治療，年齢，性別，喫煙}] \\
&\quad = \beta_0 + \beta_1 \times \text{治療} + \beta_2 \times \text{年齢} + \beta_3 \times \text{性別} + \beta_4 \times \text{喫煙}
\end{aligned}
$$

その他にも，一般化加法モデル（generalized additive model）という以下のような回帰モデルを用いることも可能である。

$$
\begin{aligned}
&g(E[\text{収縮期血圧} \mid \text{治療，年齢，性別，喫煙}]) \\
&\quad = \beta_0 + f_1(\text{治療}) + f_2(\text{年齢}) + f_3(\text{性別}) + f_4(\text{喫煙})
\end{aligned}
$$

一般化加法モデルや各モデルの違いに関する正確な説明はここでは割愛するが，線形回帰モデルと一般化加法モデルの違いを，Gurvenら[11)]を参考に，単純に表現すると

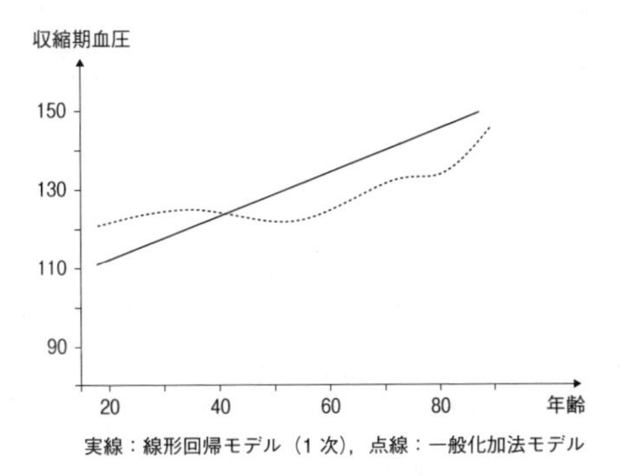

図2　年齢と収縮期血圧の関係を表現するモデルの違い

図2のようになる。簡単には，線形回帰モデルは年齢と収縮期血圧の1次の関係（直線関係）のみを表現しているのに対し，一般化加法モデルはより柔軟な（直線では表せない）関係を表現できるといえる。

回帰モデルを解析に用いる場合，どの説明変数を用いるべきか，どの回帰モデルを用いるべきかという疑問が生じる。変数やモデルを選択する際は，データ数とモデルの複雑さとのバランスを考慮する必要がある。モデルの複雑さは，説明変数の数，モデルの柔軟さ（例えば，線形回帰モデルと一般化加法モデルの違い）などによって決まる。変数やモデルを選択する際の参考として，**図3**にモデル構築用データにおけるモデルの複雑さと誤差の関係を示した。**図3**が示すように，単純なモデル（例えば，説明変数が少ない回帰モデル）では，モデルの説明力が低いため，観測値とモデルの予測値の違い（バイアス）が大きい。一方で，複雑なモデル（例：説明変数が多い回帰モデル）では，限られたデータで複雑なモデルを推定することが困難なため，分散が大きくなる。これらのバランスを考え，「最適」なモデルの選択を考えることもできる。

本節では，変数選択やモデル選択による「結果のいいとこ取り」の問題や回帰係数のバイアスを概観する。3.1節では変数選択により結果変数と無関係な説明変数がどのように選択されるかを，3.2節では変数選択を含むモデル選択による過学習（overfitting）の問題を概説する。

3.1　変数選択

回帰モデルを用いる目的は，データ平均の平滑化，予測，比較における交絡調整などがある（**第11回**）。介入効果を評価する研究で交絡調整のために回帰モデルを用いる場合，交絡因子を説明変数として選択する必要がある。Sauerら[13]が議論している変数選択の方法には，変数（交絡因子の候補）と治療および結果変数との関係に関す

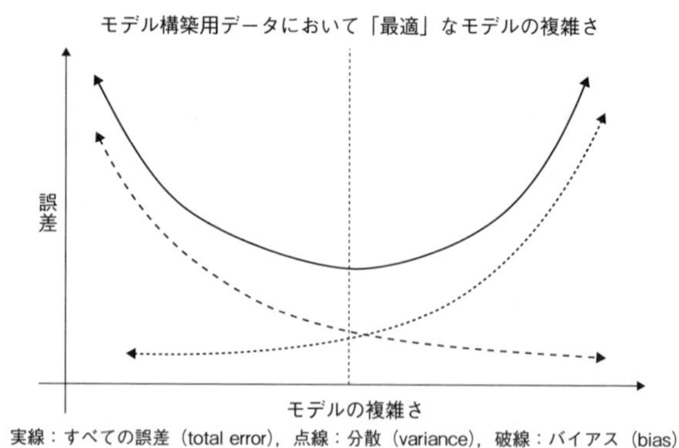

出典　Fortmann-Roe S[12] を参考に改変

図3　モデル構築用データにおけるモデルの複雑さと誤差の関係

る背景知識を用いる，統計的変数選択の方法を用いる，などがある。統計的変数選択の方法は，基準ベース，罰則ベース，スクリーニングベース，樹木ベースなどに分類できる[14]。本節では，基準ベースと罰則ベースをとりあげる。基準ベースの方法には，変数増加法（forward selection），変数減少法（backward selection），変数増減法（stepwise selection）などがある。罰則ベースの方法には，LASSO（Least Absolute Shrinkage and Selection Operator）やBest Subset Selectionなどがある。以下では，統計的変数選択の方法とその問題について紹介する。

変数増加法では，まず，説明変数が1つの回帰モデル（単回帰モデル）を候補となる変数ごとに当てはめる。交絡調整の場合は必ず治療を回帰モデルに含めるが，単純化すると，（治療＋）年齢，（治療＋）性別，（治療＋）喫煙，のような形でそれぞれの変数を回帰モデルに含めるということである。このとき，回帰係数のp値を選択基準として用いると，候補変数の中で基準（例えば，$p<0.05$）を満たした，p値が最も小さい変数を選択することになる。次に，残った候補変数をさらに1つ加えた回帰モデルを当てはめ，前述のように，事前に決めた選択基準を満たす変数を選択する。例えば年齢が選択された後は，（治療＋）年齢＋性別，（治療＋）年齢＋喫煙，のように年齢を必ず含むモデルに1つ変数を追加したものを比較することになる。同様の作業を選択基準を満たす変数がなくなるまで繰り返す。選択基準には，AIC（赤池情報量基準），推定値の変化（change-in-estimate）なども用いられる[15]。状況に応じて，p値の基準を緩めること（例えば，$p<0.20$）もある。

変数減少法は，変数増加法の反対で，まず，候補となる変数をすべて用いた回帰モデルを当てはめ，基準を満たさない変数を除いていく。除外基準にp値を用いる場合，基準（例えば，$p<0.05$）を満たさない，候補変数の中でp値が最も大きい変数を除外することになる。残った候補変数を含む回帰モデルで同様に変数を除外していき，事前に決めた除外基準に達する変数がなくなるまで作業を繰り返す。変数選択の過程ですべての変数を含むモデルを検討できるため，変数増加法より変数減少法が好まれる傾向がある。

基準ベースの統計的変数選択の問題の1つとして，無関係な説明変数が選択されやすいということがある。例として，結果変数と全く関係がない（独立な）候補変数が10個ある場合と50個ある場合に，選択基準のp値の閾値を変えることで少なくとも1つの変数が選択される確率がどのように変化するかを示す（**図4**）。**図4**からも明らかだが，選択基準が緩くなるほど，候補変数が増えるほど，無関係な変数が選択される確率は高くなる。同様の状況で10,000回のシミュレーション実験を行うと，候補変数が10個の場合，選択基準を$p<0.05$とした変数増加法で選択される無関係な説明変数の個数の割合は，1つ：77.01％，2つ：19.30％，3つ：3.17％，4つ：0.47％，5つ：0.05％であった。また，選択された回帰係数の分布を確認すると**図5**のようになる。統計的変数選択を伴わない場合は0を頂点とする正規分布が観察される設定だが，有意になった回帰係数のみを報告しているため，0付近の結果は観察されない。この

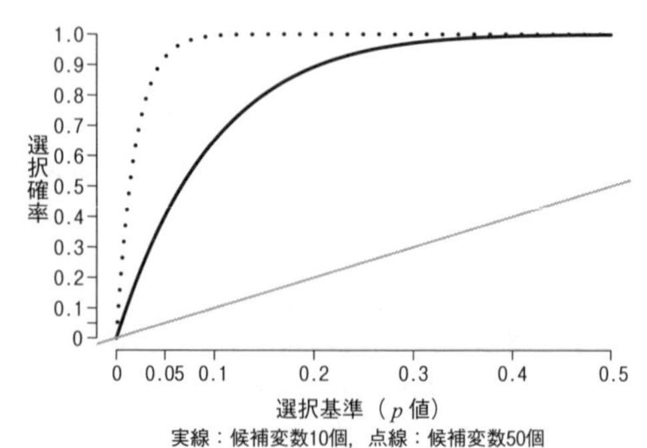

図4　結果変数と独立な変数が少なくとも1つ選択される確率

ような現象は解析方法の統計的な性質が担保されない場合と考えられる。

罰則ベースの方法は，回帰モデルの推定において罰則を利用することで変数選択を行う。例えば，最小二乗法（**第11回**）で用いる関数を$\min(\|y-X\beta\|_2^2)$と表現すると，

$$\min(\|y-X\beta\|_2^2+\lambda\|\beta\|_p^p)$$

のような形でL_p罰則（$\lambda\|\beta\|_p^p$）を用いる方法により変数を選択する。L_p罰則のうち，L_0罰則（$\|\beta\|_0$）を用いるのがBest Subset Selection，L_1罰則（$\|\beta\|_1$）を用いるのがLASSOである。ちなみに，L_2罰則（$\|\beta\|_2^2$）を用いるとRidge回帰と呼ばれる方法になるが，これは変数選択を行わない。それぞれの罰則の詳細についてはHastieら[16]を参照してほしい。

罰則を用いることで変数選択がなされるのは，**図6**のような形で回帰係数が推定さ

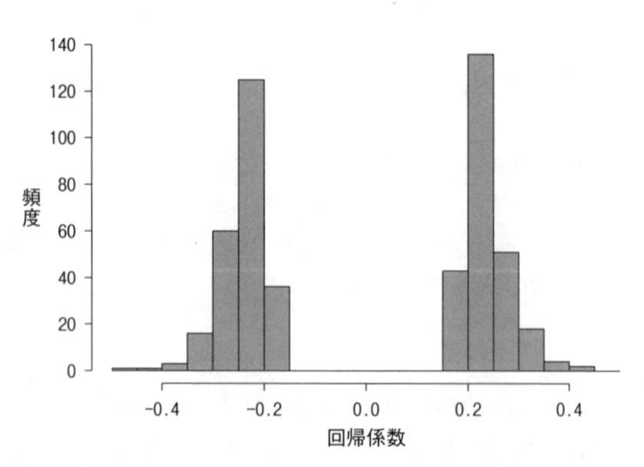

図5　結果変数と独立な変数に対して変数増加法を用いた場合の回帰係数の分布

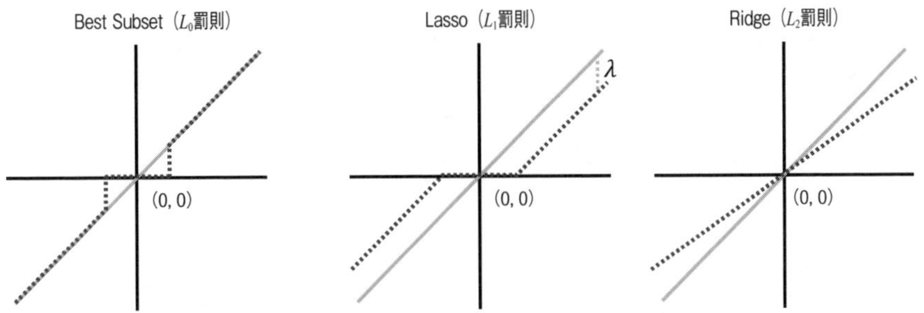

出典　Hastieら[16]を参考に改変

図6　罰則を伴う推定における回帰係数の推定値

れるからである。つまり，結果変数とほぼ無関係な変数の回帰係数の推定値が0になるため，回帰モデルにその変数が選択されないということである。ただし，L_1罰則（L_2罰則）を用いることで回帰係数の推定値に常に過小方向のバイアスが入る点に注意が必要である。これも解析方法の統計的な性質が担保されない場合の1つといえる。このとき，最小二乗法に基づく検定や信頼区間の構成は解釈不能となるため，適切な調整をしなければ，回帰モデル自体を解釈することは難しい。

3.2　過学習（Overfitting）

図3は，モデル構築用データ（training data）におけるモデルの当てはめの問題を表していた。予測などが目的の場合，回帰モデルはより一般的な集団に対する推測を与えることが望ましい。つまり，仮に複雑なモデルを推定するに十分なデータがあったとしても，それがモデル構築用のデータでのみ機能するのでは意味がないということである。変数選択やモデル選択を伴う場合，モデル構築用データにのみ過剰に当てはまるモデルが選択される可能性がある。この問題を過学習（overfitting）という。図7は，モデル構築用データで推定したモデルの性能（予測誤差）がモデル構築用データと検証用データ（validation dataまたはtest data）でどのように異なるかを表したものである（ただし，深層学習などの分野ではtraining data，validation data，test dataの使い方は異なる）。図7が示すのは，「結果のいいとこ取り」によって一般化できない回帰モデルが報告される問題が生じるということである。このような過学習を防ぐためには，cross-validationなどの方法を用いる必要があるが，詳細についてはHastieら[16]を参照してほしい。

4.　おわりに

今回は，仮定に対する検定の頑健性や「結果のいいとこ取り」が回帰モデルでも生じることを説明してきた。解析方法の性質を正しく理解し，検定の選択や変数選択な

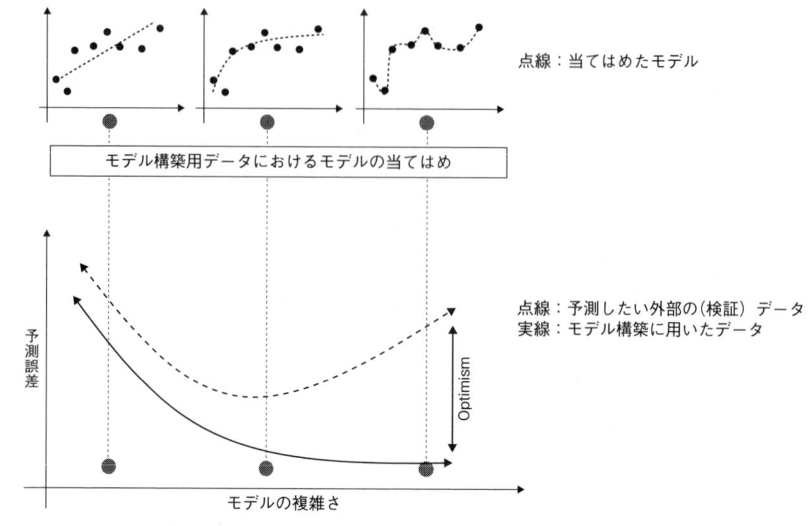

出典　Fortmann-Roe S[17] を参考に改変

図7　推定したモデルと予測誤差の関係

どでどのような問題が生じるかを知らなければ，解析結果を正しく解釈することはできない。これらは，無計画に解析することで，間違った判断をしたり，間違った結果を報告する可能性があることを示唆している。今回は取り扱わなかったが，回帰モデルを用いて介入効果を推定する場合に統計的変数選択がどのような影響を及ぼすかなども関連する話題として重要である。

解析を計画する際，その方法を正しく用いる計画も重要であるが，結果の報告方法も注意して計画してほしい。統計的有意性と P 値に関するASA声明[1]には，以下のようなことが述べられている。

> 「報告すべきことを研究者が統計的な結果に基づいて選択する場合，選択を行ったことと選択の根拠を読者が知らなければ，報告された結果の妥当な解釈は常に極めて難しくなる。研究の中で調べる仮説の数，データ収集の際に行ったすべての決定，実行したすべての統計解析，そして計算したすべての P 値を研究者は開示すべきである。少なくとも，どのような解析がいくつ行われたか，報告する際に解析と P 値をどのように選んだのかを知らなければ，P 値と関連した解析に基づいて妥当な科学的結論を導くことはできない」

主解析に対する感度解析を妨げる必要は全くないが，事前にどう解析を計画すべきかは様々な観点から考えておく必要がある。以上の解説から「選択」に伴う問題を理解し，適切な研究実施につなげてほしい。

文　献

1）Wasserstein RL, Lazar NA. Editorial：The ASA's statement on p-values：Context, process, and purpose. *The American Statistician* 2016；70，129-33．佐藤俊哉 訳. 統計的有意性と P値に関するASA声明．日本計量生物学会．(http://www.biometrics.gr.jp/news/all/ASA.pdf)．2021.6.15.

2）Kerr NL. HARKing：Hypothesizing after the results are known. *Personality and Social Psychology Review*1998；2：196-217.

3）Peng R. The reproducibility crisis in science：a statistical counterattack. *Significance* 2015：12；30-2.

4）International Council for Harmonisation. General considerations for clinical studies E 8 （R 1）.（https://database.ich.org/sites/default/files/E 8 -R 1 _Guideline_Step 4 _2021_1006.pdf）2022.3.10.

5）Gamble C, Krishan A, Stocken D, et al. Guidelines for the content of statistical analysis plans in clinical trials. *JAMA* 2017；318（23）：2337-43.

6）坂巻顕太郎，寒水孝司，濱崎俊光．多重比較法（統計解析スタンダード）．朝倉書店．2019.

7）村上秀俊．ノンパラメトリック法（統計解析スタンダード）．朝倉書店．2015.

8）Rochon J, Gondan M, Kieser M. To test or not to test：Preliminary assessment of normality when comparing two independent samples. *BMC Medical Research Methodology* 2012；12（1）：1-11.

9）Fagerland MW, Sandvik L. The Wilcoxon-Mann-Whitney test under scrutiny. *Statistics in Medicine* 2009；28（10）：1487-97.

10）Fay MP, Proschan MA. Wilcoxon-Mann-Whitney or t-test? On assumptions for hypothesis tests and multiple interpretations of decision rules. *Statistics Surveys* 2010；4：1.

11）Gurven M, Blackwell AD, Rodríguez DE, et al. Does blood pressure inevitably rise with age? Longitudinal evidence among forager-horticulturalists. *Hypertension* 2012；60：25-33.

12）Fortmann-Roe S. Understanding the bias-variance tradeoff. 2012.（ http://scott. fortmann-roe. com/docs/BiasVariance.html）2022.3.10.

13）Sauer BC, Brookhart MA, Roy J, et al. A review of covariate selection for non-experimental comparative effectiveness research. *Pharmacoepidemiology and Drug Safety* 2013；22：1139-45.

14）Bag S, Gupta K, Deb S. A review and recommendations on variable selection methods in regression models for binary data. *arXiv* 2201.06063.

15）Heinze G, Wallisch C, Dunkler D. Variable selection-a review and recommendations for the practicing statistician. *Biometrical Journal* 2018；60：431-49.

16）Hastie T, Tibshirani R, Friedman JH, et al. *The elements of statistical learning：data mining, inference, and prediction*（*Vol.2*），New York：springer, 2009.

17）Fortmann-Roe, S. Accurately measuring model prediction error.（ http://scott. fortmann-roe. com/docs/MeasuringError.html）2022.3.10.

第16回　データ数に関する議論

上村　鋼平

1.　はじめに

研究を計画する際，集められるデータの数からどの程度確度のある結論をいうことができるか，もしくは，確度の高い結論をいうためにどのくらいのデータ数を集めればよいか，などのデータ数（サンプルサイズ）に関する議論を行うことは必要不可欠である。特に，試験治療などの介入効果を評価する臨床試験では事前にサンプルサイズを設定することが必須である。事前に設定したサンプルサイズが不十分である場合，試験治療が真に有効であったとしても，試験を実施した結果として統計的有意差が得られる可能性は低いかもしれない。一方，事前に設定したサンプルサイズが過剰である場合，統計的有意差が得られる可能性が高い，確度の高い治療効果の推測ができるなどの利点はあるものの，試験治療が有害だった場合には必要以上に多くの対象者がその危険にさらされる可能性が高くなるなどの欠点もある。また，対象者を集めるために時間がかかったり，研究期間が長期に及んだりすることで試験を実施するためのコストが追加で必要になるなど，過剰な場合は試験の実施可能性（完遂可能性）にも問題が生じる。したがって，試験の目的を達成するために必要最小限のサンプルサイズ（必要サンプルサイズ）を見積もる（設定する）ことは，臨床試験を計画するうえで最も重要な課題の1つとなる。

臨床試験の必要サンプルサイズは，治療効果の大きさや各対象者のデータのばらつきの大きさなどに依存する。試験治療が非常に有効で対照治療との差が明確である（治療効果が大きい）ほど，統計的有意差をつけるために必要サンプルサイズは少なくて済む。一方，試験治療と対照治療の有効性の違い（治療効果の大きさ）に対して，アウトカムの個人差が大きい（データのばらつきが大きい）場合，統計的有意差を得ることは容易ではなく，必要サンプルサイズも大きくなる。また，必要サンプルサイズは，エンドポイント（アウトカム）を何に設定するか，試験デザインを比較試験とするか単群試験とするか，などにも依存する。連続変数として測定されるアウトカムよりも，2値アウトカムやtime-to-event型のアウトカムのほうが必要サンプルサイズは大きくなる傾向がある。また，比較試験よりも単群試験のほうが必要サンプルサイズは小さくなる傾向がある。

以下では，臨床試験を計画する際に重要な要素となるデータ数の議論について，サンプルサイズ設計の基礎的な方法論を，実際の臨床試験の事例を挙げながら解説する。

2.　仮説検定とサンプルサイズ設計の基礎

2.1　仮説検定の復習

以下では，まず仮説検定（**第8回**）について復習する。**図1**は，仮説検定における2種類の過誤確率と検出力を表したものである。ここではアウトカムの平均の差（δ）に関する仮説検定を想定している。

仮説検定では，比較する群間で平均に差がない（$\delta=0$）という帰無仮説が正しいと仮定した下ではどのような結果が得られる可能性があるだろうかをまず考える。そして，データが得られたら，実際に観察された平均の差以上に差があるという結果が観測される可能性（確率）を前述の想定の下で計算する。この確率が p 値であり，差が無いという帰無仮説とデータとの矛盾の程度を表す。p 値が小さければ帰無仮説を否定（棄却）し，「統計的に有意な差がある」という判断をするわけだが，その基準となるカットオフ値（有意水準）は，国際的にコンセンサス[1)]である片側2.5%または両側5%が検証的な臨床試験における値として採用されることが多い。ただし，試験目的や状況により，片側5%または両側10%等が有意水準として設定されることもある。このような判断の方法は，帰無仮説が真に正しい場合でも，「統計的に有意な差がある」と判断する誤りを一定程度は許容するということになる。この誤りのことを第一種の過誤，それが生じ得る可能性（確率）を第一種の過誤確率と呼ぶ。有意水準は第一種の過誤確率が片側2.5%または両側5%以下に制御するためのカットオフ値である。**図1**の確率分布は平均の差に関するものであるが，有意水準に対応する平均の差の値（検定統計量に対する棄却限界値）を決めることで，その値以上の平均の差が観察されたら帰無仮説を棄却することもできる。

帰無仮説の下で定められた棄却限界値は，実際のデータが従っていると期待する仮

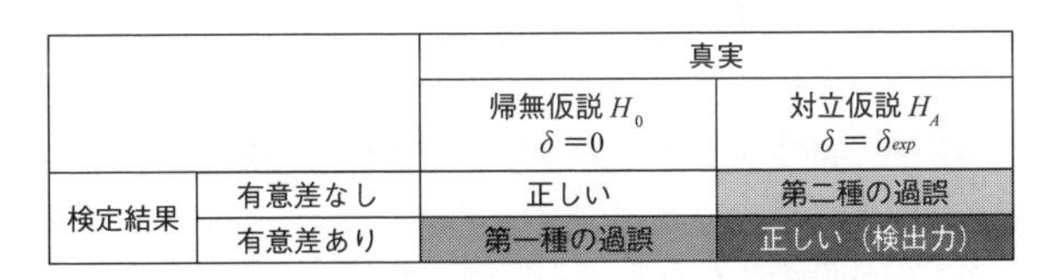

		真実	
		帰無仮説 H_0 $\delta=0$	対立仮説 H_A $\delta=\delta_{exp}$
検定結果	有意差なし	正しい	第二種の過誤
	有意差あり	第一種の過誤	正しい（検出力）

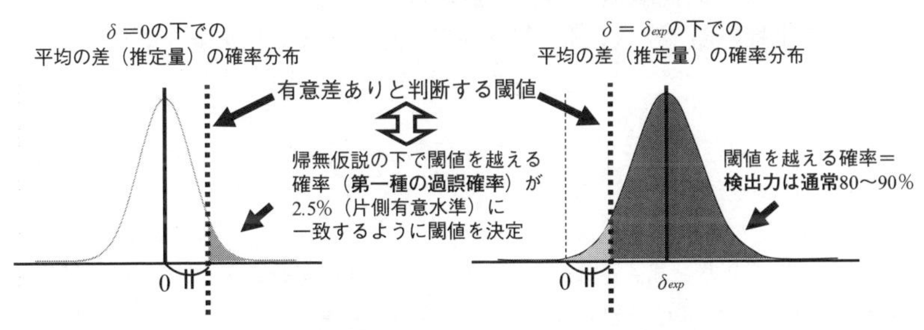

図1　仮説検定の2種の過誤確率と検出力

説（対立仮説：$\delta = \delta_{exp}$）の下で第二種の過誤確率（サンプルサイズ設計で重要になる指標）の計算を行う際にも用いられる。対立仮説が真に正しい場合でも，試験結果のランダムネス（同じ試験デザインの研究をランダムに繰り返すことによる結果の違い；**第7回**）により観測される差が棄却限界値を超えない場合はある。その場合，誤って帰無仮説を棄却しない，すなわち統計的有意差がないと誤って判断することになる。この誤りのことを第二種の過誤，それが生じ得る可能性（確率）を第二種の過誤確率と呼ぶ。逆に，正しく帰無仮説を棄却できる，すなわち統計的有意差があると正しく判断できる可能性（確率）を検出力と呼ぶ。**図1**に示すように，対立仮説の下での確率分布は第二種の過誤確率と検出力に分けることができるから，1から第二種の過誤確率を引いたものが検出力になる。検証的な臨床試験におけるサンプルサイズ設計は検出力を80～90％に保つように行うことが国際的なコンセンサスになっている[1)]。

2.2　サンプルサイズ設計の基礎

では，サンプルサイズ設計と関連する検出力の計算はどのように行えばよいか。ここで，2群の平均の差の推定値である$\hat{\delta}$に対し，仮説の下で想定するδを引いて，「$\hat{\delta}$の標準誤差」で割ることを考える（この操作を標準化と呼ぶ)。すると，データが十分多い場合，観測され得る平均の差$\hat{\delta}$の従う確率分布を標準正規分布に近似することができる（**図2**）。

このとき，$\hat{\delta}$の標準誤差にサンプルサイズが影響していることに着目する。例えば，アウトカムが正規分布に従う連続変数の場合，$\hat{\delta}$の標準誤差は，

$$\text{標準誤差} = \sqrt{\left(\frac{1}{n_1}+\frac{1}{n_2}\right)\widehat{\sigma^2}}$$

となる。ただし，$\widehat{\sigma^2}$はアウトカムが従う正規分布の分散の推定値，n_1，n_2は各群のサンプルサイズである（割り付け比が1：1の場合は$n_1 = n_2$)。アウトカムが2値変数の場合，対立仮説の下での各群のイベント発生確率（奏効確率など）をp_1，p_2とすると，$\delta_{exp} = p_1 - p_2$と平均の差（リスク差）によって治療効果を表現することができ，$\hat{\delta}$の標準誤差は，

$$\text{標準誤差} = \sqrt{\frac{\widehat{p_1}(1-\widehat{p_1})}{n_1}+\frac{\widehat{p_2}(1-\widehat{p_2})}{n_2}}$$

と求めることができる（$\widehat{p_1}$，$\widehat{p_2}$はp_1，p_2の推定値)。2値変数のアウトカムに対する帰無仮説の場合も同様に標準誤差にサンプルサイズが影響する。アウトカムが生存時間データの場合は3節で事例と共に解説するが，他のアウトカムと同様に治療効果とサ

ンプルサイズが関係する統計量に着目している。

標準化により治療効果（平均の差）の推定量を変換した「$\widehat{\delta}$/標準誤差」を検定統計量としたとき，その確率分布は標準正規分布に近似できることから，検出力を簡単に求めることができる。標準正規分布の特徴は**図2**の右側に示したが，分布の中心からの距離の関係と裾の確率は分布を並行移動しただけでは特に変わらない。つまり，対立仮説の場合の標準化は$\{(\widehat{\delta}-\delta_{exp})$/標準誤差$\}$であり，これが標準正規分布に従うわけだが，対立仮説の下での検定統計量の確率分布は，平均がδ_{exp}/標準誤差，分散が1の正規分布と考えることができ，これに対しても標準正規分布と同様の特徴が当てはまるということである。**図2**の特徴をどう利用するかは**図3**を用いて後述する。

以上のことをまとめると，

$$帰無仮説：\frac{\widehat{\delta}}{\widehat{\delta}の標準誤差}\sim N(0,1)$$

$$対立仮説：\frac{\widehat{\delta}}{\widehat{\delta}の標準誤差}\sim N\left(\frac{\delta exp}{\widehat{\delta}の標準誤差},1\right)$$

となることから，各仮説の下での検定統計量の確率分布を**図3**のように表すことができる。**図3**は**図1**を検定統計量で表現し直したものとなる。**図3**では，検定の棄却限界値を標準正規分布の上側2.5%点である1.96としていることがわかる。これは，第一種の過誤確率を片側2.5%（両側5%）以下に抑えるためである。ここで，対立仮説の下で第二種の過誤確率を10～20%に制御するために，**図3**において，棄却限界値1.96以下の裾面積が10～20%になるための条件を考える。そのためには，対立仮説で

検定とサンプルサイズ設計の簡略化のために標準化を利用

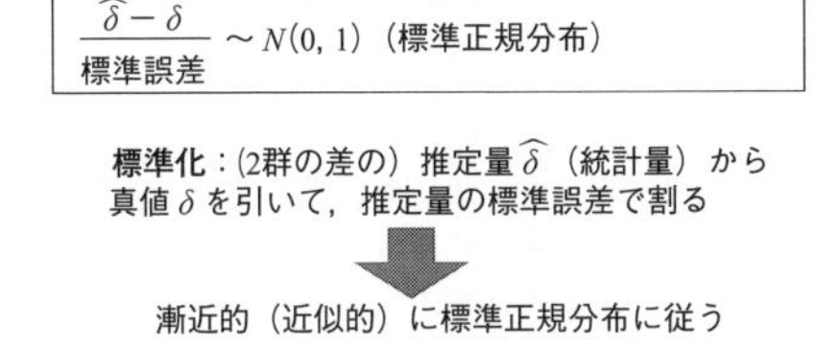

注　データが従う確率分布が正規分布である必要はない！
データが十分多い場合、正規近似を用いた確率計算を多くの手法で行っている（中心極限定理）。

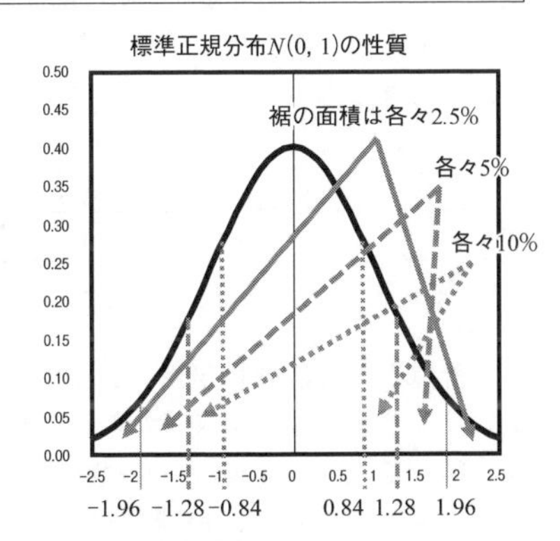

図2　サンプルサイズ設計に必要な標準化

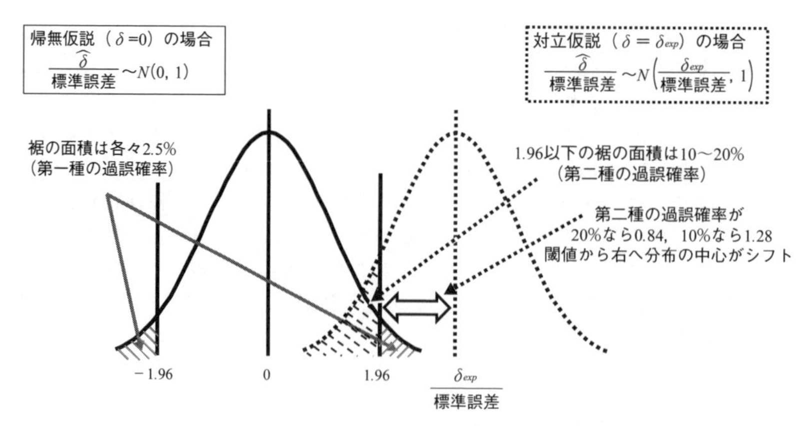

図3　サンプルサイズの計算に必要となる検定統計量の確率分布

の分布の中心が棄却限界値である1.96よりもさらに右側へ0.84～1.28だけシフトしている必要がある。したがって，以下の式が成り立つ。

$$検出力が80\%の場合：\frac{\delta_{exp}}{\hat{\delta}の標準誤差} = 1.96 + 0.84 = 2.8$$

$$検出力が90\%の場合：\frac{\delta_{exp}}{\hat{\delta}の標準誤差} = 1.96 + 1.28 = 3.24$$

ここで，$\hat{\delta}$の標準誤差の計算にサンプルサイズが影響していたことを思い出してほしい。期待する治療効果δ_{exp}とデータのばらつきσ^2が事前にある程度想定できるような状況であれば，それぞれの検出力に対応した必要サンプルサイズを上式から計算することができる。例えば，アウトカムが正規分布に従う連続変数の場合，検出力80%，$n_1 = n_2 = n$とすると，

$$\frac{\delta_{exp}}{\sqrt{\left(\frac{1}{n}+\frac{1}{n}\right)\sigma^2}} = 2.8 \leftrightarrow n = \frac{2.8^2 \times 2\sigma^2}{\delta_{exp}^2}$$

という計算から各群の必要サンプルサイズが求まる。

上式は，サンプルサイズが大きくなるほど標準誤差が小さくなり，対立仮説における検定統計量の確率分布の中心が右側へシフトし，検出力が高まることを意味している。別の見方をすれば，治療効果が大きければ必要サンプルサイズは小さくなる，データのばらつきが小さくなれば必要サンプルサイズは小さくなる，ということも示

していることになる。

3. 生存時間データに対するサンプルサイズ設計

ここでは，健康な高齢者においてアスピリンのdisability-free survivalを延長させる効果を調べた二重盲検ランダム化プラセボ対照一次予防試験であるAPREE試験（the Aspirin in Reducing Events in the Elderly（ASPREE）trial）[2)]を例に，生存時間がアウトカムの場合のサンプルサイズ設計について概説する。

3.1 ASPREE試験について

ASPREE試験の対象者は，心血管疾患，認知症または身体的障害のいずれも有さない70歳以上の地域住民で，オーストラリアと米国において2010年から2014年にかけて試験の組み入れがなされた。対象者はアスピリン腸溶錠100mgまたはプラセボを1日1回経口投与する群へランダムに割り付けられた。主要エンドポイントは，死亡，認知症，持続的な身体的障害の複合エンドポイントであり，いずれかのイベントが最初に発症するまでの時間（disability-free survival）についての解析が予定された（生存時間解析については**第13回**）。ASPREE試験の目標サンプルサイズは19,000例，必要イベント数は3,787イベントであり，この計算（サンプルサイズ設計）に用いた仮定は次のとおりである。アスピリンによる主要エンドポイントの発症予防効果はdisability-free survivalに対してハザード比で0.9（プラセボに対して10％の発症ハザードの相対的な減少）と見積もり，両側5％の有意水準の下，90％の検出力となることを見込んだ。

では，この試験の必要サンプルサイズが19,000例と膨大になるのはなぜか。生存時間解析における必要サンプルサイズは，以下の2段階の計算を経て算出されるため，以下の2点に分けて検討する。

1） 想定する効果を検証するための必要イベント数を計算する
2） 必要イベント数を試験期間に観察するための必要サンプルサイズを計算する

このように必要イベント数を最初に計算するのは，**第13回**で説明したように，生存時間データではすべての対象者でイベントが観察されるわけではない（打ち切りデータが存在する）からである。

3.2 必要なイベント数の計算

治療効果をハザード比により評価する場合，必要イベント数の計算にはフリードマンの方法[3)]やシェーンフェルドの方法[4)]を用いることができる。

$$\text{フリードマンの方法：}\frac{(1.96+z_{0.9})^2(\text{ハザード比}+1)^2}{(\text{ハザード比}-1)^2}$$

$$\text{シェーンフェルドの方法：}\frac{4(1.96+z_{0.9})^2}{(\text{対数ハザード比})^2}$$

$z_{0.9}$は標準正規分布の90％点を表し，**図2**より$z_{0.9}=1.28$である。1.96は標準正規分布の97.5％点の値であり，両側有意水準5％の検定の際に用いる棄却限界値の値である。

表1は，有意水準を両側5％，10％の2通り，検出力を80，90％の2通り，想定するアスピリンの効果をハザード比として0.5，0.6，0.7，0.8，0.9の5通りの各組み合わせに対し，必要総イベント数（2群の総計）を計算した結果を示したものである。有意水準について比較すると，5％よりも10％のほうが必要イベント数は減少し，検出力について比較すると，80％よりも90％の方が必要イベント数は増加していることがわかる。試験の目的や試験の実施可能性に応じて，有意水準，検出力あるいはその組み合わせを調整することにより，必要イベント数を検討することが可能である。ただし，試験結果の確度を根拠なく下げることは許容されない。なお，フリードマンの方法での必要イベント数のほうがシェーンフェルドの方法での必要イベント数よりも若干多くなるものの，ほとんど差はなく，他の要因の影響と比べると無視できるレベルであると考えてよい。

表1で最も注目してほしいのは，想定するハザード比がどの程度必要イベント数へ

表1　必要イベント数の計算結果

有意水準（両側）（％）	検出力（％）	想定するハザード比	フリードマンの必要総イベント数	シェーンフェルドの必要総イベント数
5	80	0.5	71	65
5	80	0.6	126	120
5	80	0.7	252	247
5	80	0.8	636	631
5	80	0.9	2 833	2 828
5	90	0.5	95	87
5	90	0.6	168	161
5	90	0.7	337	330
5	90	0.8	851	844
5	90	0.9	3 793	3 786
10	80	0.5	56	51
10	80	0.6	99	95
10	80	0.7	199	194
10	80	0.8	501	497
10	80	0.9	2 232	2 228
10	90	0.5	77	71
10	90	0.6	137	131
10	90	0.7	275	269
10	90	0.8	694	688
10	90	0.9	3 092	3 086

影響を与えているかである。例えば，有意水準2.5%，検出力90%でのフリードマンの方法での必要イベント数を見てみると，ハザード比が0.5の場合の必要イベント数は95であるのに対し，ハザード比が0.9の場合の必要イベント数は3,793となり，想定するハザード比の大きさにより必要イベント数は約40倍も異なることになる。ハザード比が0.6以下であれば1群当たりの必要イベント数は100を下回るが，例えば，全生存期間に対する有効性を評価するような進行がんを対象とした臨床試験でハザード比が0.6以下になるとすると，治療効果は相当大きいという印象があり，その想定は妥当ではないかもしれない。ハザード比0.7前後が期待したい効果，ハザード比0.8以上となると効果がそれほど大きくはないと考える場合，それらに対する必要イベント数は1群当たり数百となり，この必要イベント数に対応する臨床試験の規模はかなり大きなものとなる（後述)。また，ハザード比の見積もりにおいて注意してほしい点は，ハザード比が0.6から0.7へ0.1上昇しても必要イベント数は337－168＝169しか増加しないのに対し，ハザード比が0.7から0.8へ0.1上昇すると必要イベント数は851－337＝514も増加し，さらにハザード比が0.8から0.9へ0.1上昇すると必要イベント数は3,793－851＝2,942も大幅に増加する点である。つまり，ハザード比が0.7～0.9のゾーンにおいては，特に効果の大きさの見積もりが必要イベント数へ与える影響がかなりシビアであり，非常に慎重な検討が必要になるということになる。

では，ASPREE試験ではなぜハザード比を0.9と見積もったのか。その根拠が，プロトコールのAPPENDIX 2. SAMPLE SIZE&POWER CALCULATIONSに示されている。アスピリンには，血小板中のシクロオキシゲナーゼ1（COX-1）を阻害して，トロンボキサンA2（TXA2）の産生を抑えることにより，血小板凝集を抑制することにより，血液が凝固して血管がつまるのを防ぐ効果がある。したがって，主要エンドポイントである死亡，認知症，持続的な身体的障害の複合エンドポイントの発症を予防する効果が期待された。既存のエビデンスである6つの一次予防試験のメタアナリシスによると，70歳以上の対象者において全死亡のみのイベントに対し，ハザード比0.95（95%信頼区間は0.70－1.14）を示しており，心血管イベントに対してはハザード比0.87（95%信頼区間は0.65－1.16）を示していた。また，これらの試験では，割り付けられた治療から他の治療へのクロスオーバーが発生していた。例えば，致命的ではない軽い心血管または脳血管イベントを起こした対象者は，アスピリン療法を必要とすることから，プラセボ群であっても途中でアスピリン投与を開始できた。これらの治療のクロスオーバーは，倫理的に許容されるべきものであり，クロスオーバーにより治療効果が薄まったとしても，Intention-to-treat（ITT）の原則[1]に基づき，最初に割り付けられた治療群に従って解析がなされる。以上を踏まえ，ハザード比は0.9と設定された。

なお，研究をデザインする際はITT解析とそれによって得られる治療効果の意義について考慮する必要があるが，これらは医薬品規制調和国際会議（ICH：International Council for Harmonisation of Technical Requirements for Pharmaceuticals for Human Use）のE9として発出されている「臨床試験のための統計的原則」[1]およびE9の補遺（R1）である「臨床試験のための統計的原則補遺 臨床試験におけるestimandと感度分析」[5]において示されており，現在までに多くの議論がなされている。

3.3 必要イベント数を観察するために必要サンプルサイズの計算

必要イベント数を計算した後に試験期間内に必要イベント数を観察するために必要なサンプルサイズを計算するには，試験の追跡期間が終了した時点でイベントを発生する人がどの程度の割合で見込まれるか予測しておく必要がある。

ASPREE試験では，年齢，性別，人種といった構成割合，各国の年齢層別に死亡イベント，認知症イベント，持続的な身体的障害イベントの発症率が詳細に見積もられた。ここではその詳細は割愛するが，最終的に主要エンドポイントである複合エンドポイントの発生率は，オーストラリアと米国の白人集団において，1,000人年当たり45.4イベント，米国におけるその他の集団では1,000人年当たり52.3イベントと予測された。

また，平均して5年間の追跡期間（at risk期間）を目標としてASPREE試験は実施される予定だったが，実際には追跡不能やイベント発生による追跡終了により，1人当たりの主要エンドポイントのat risk期間としては，平均4.25年に減少すると予測された。なお，追跡不能については，認知症のスクリーニングや診断，ADLの評価が中断されることによる認知症イベントや持続的な身体的障害イベントの追跡不能が年間に5%の対象者に発生すると見積もられた。

最終的には，ハザード比0.9のアスピリンのイベント発症予防効果を検出力90%で統計学的に有意な差を検出するために必要なイベント数である3,787イベントを観測するには，米国のその他の集団の4,500例から1,000イベント，オーストラリアと米国の白人集団の14,459例から2,787イベントを観測することが必要と計算され，組み入れとしてはオーストラリアで12,500例，米国で6,500例，計19,000例を目標サンプルサイズとして設定した。

以上より，1,000人年当たり約50イベントの発生率（ハザード）を想定していることから，1人当たり約5年間の追跡期間が必要となるだけでなく，必要総イベント数を得るためには大きなサンプルサイズが必要になることがわかる。試験期間内に観察される総イベント数は19,000×4.25×(50÷1,000)と近似的に計算することができ，イベントが観測される対象者の割合は，おおよそ19,000×4.25×(50÷1,000)÷19,000×100=21.25(%)となる。したがって，約5年間の追跡期間で試験を実施したとしても，2割程度の対象者でしかイベントを観測できないことから，必要イベント数である3,787に対し，約5倍の19,000例が必要になったことがわかる。仮に1年間の追跡期間の場合には，19,000×1.0×(50÷1000)÷19,000×100=5(%)となるため，必要イベント数の約20倍の75,740例のサンプルサイズが必要になってくる。このように，生存時間をエンドポイントとする臨床試験のサンプルサイズ設計では，必要イベント数を観察するために必要なサンプルサイズを計算する際に追跡期間を何年間に設定するかも併せて検討する必要がある。

4. まとめ

今回は，サンプルサイズ設計の基礎的な方法について，統計的仮説検定における2種類の過誤確率を設定することにより計算が可能となる原理について概説した。特に，アウトカムが連続変数の場合と2値変数の場合でサンプルサイズの計算に必要となる標準誤差を示した。また，アウトカムが生存時間の場合には，必要なサンプルサイズが大規模となる可能性があり，見積もりの根拠となるエビデンスに基づき慎重な検討が求められることも解説した。サンプルサイズ設計についてより理解を深めるためには，Machin Dら[6]の教科書等を参照するとよいだろう。

文　献

1）平成10年11月30日医薬審第1047号各都道府県衛生主管部（局）長あて厚生省医薬安全局審査管理課長通知. 臨床試験の統計的原則, 1998.（https://www.pmda.go.jp/files/000156112.pdf）2022.3.15.

2）McNeil JJ, Woods RL, Nelson MR, et al. Effect of Aspirin on Disability-free Survival in the Healthy Elderly. *N Engl J Med*. 2018；379（16）：1499-508. doi：10.1056／NEJMoa1800722

3）Freedman LS. Tables of the number of patients required in clinical trials using the logrank test. *Stat Med*. 1982；1：121-9.

4）Schoenfeld D. The asymptotic properties of nonparametric tests for comparing survival distributions. *Biometrika*. 1981；68：316-9.

5）ICH E 9（R 1）. 臨床試験のための統計的原則補遺 臨床試験におけるestimandと感度分析（原文）.（https://www.pmda.go.jp/files/000232860.pdf）2022.3.15.

6）Machin D, Campbell MJ, Tan SB, et al. Sample Sizes for Clinical, Laboratory and Epidemiology Studies, 4 th edition. Wiley-Blackwell: New Jersey, 2018.（田中司朗, 耒海美穂, 清水さやか, 他（訳）. 医学のためのサンプルサイズ設計: 臨床試験・基礎実験・疫学研究. 京都大学学術出版会 2022.）

第17回　統計解析ソフトRによる図表の作成と統計解析

川原　拓也，坂巻　顕太郎

1．はじめに

第5・6回では図表によるデータの要約，**第8回**では検定，**第11，12，14回**では回帰モデルについての解説がなされた。CSV形式やTSV形式などで入力されたデータを用いてこれらの分析を実行するためには，コンピュータソフトウェアを利用することが必須である。代表的なソフトウェアとして，Microsoft Excel（Microsoft Corp.）やNumbers（Apple Inc.）などの表計算ソフトや，JMP（SAS Institute Inc.），SAS（SAS Institute Inc.），R（R Core Team），SPSS（IBM Corp.），Stata（Stata Corp.）などの統計解析ソフトが挙げられる。今回は，図表の作成と統計解析の実行の点で非常に優れたソフトウェアである，Rの使い方について紹介する。

1.1　Rを選択する理由

Excelのような表計算ソフトは，データの単純な要約や可視化（グラフ作成）には便利であるが，統計解析には特化しておらず，研究目的を達成するための統計解析が実行できないことが多い。また，グラフ作成においても柔軟性が低いという問題もある。そのため，論文投稿や研究発表を目指すには統計解析ソフトを用いることが望ましい。統計解析ソフトの選択には，適用したい統計解析方法が実行可能であるか，コスト，使いやすさなどが考慮される[1)]。数ある統計解析ソフトのなかでRを推奨するのは，次のような理由である[2)]。

- Rは無料で，主要なOS（Windows, Mac, Linux）で利用できる
- Rの分析結果は，プログラム（とデータ）を共有すれば，誰でも再現できる
- データ加工（読み込みやハンドリングなど），可視化，統計モデリング，機械学習などに対する膨大なパッケージ(作業に必要な関数などをまとめたもの)を有する
- 統計学や機械学習の研究者は，Rプログラムを公表論文の付録やGitHubなどに公開することが多く，最新方法でも実行可能である

Rは最低限のプログラムを組むことが必須であり，Excel, JMPやSPSSなどのGUI操作（マウスのみでの操作）によるグラフ作成や統計解析に慣れた研究者にとっては，Rを使うことに障壁を感じることがあるかもしれない。しかし，Rは基本的な操作を覚えるだけでも実行できることは無限大である。また，論文投稿・研究発表にそのまま使える表（集団の要約など）を作成できたり（2節），美しいグラフを作成できたり

（3節），Excelでは不可能なことがRだけで実行できる。いくつかの汎用される関数（パッケージ）に関しては，R Commander[3]を立ち上げれば，マウス操作でも統計解析が実行できるようになる（4節）。これらが実行できるだけでも，Rが研究の助けになるソフトウェアであることがわかる。

1.2　Rの基礎

ここでは，Rの初学者に向けて，RStudio（RStudio, PBC）というソフトウェアを用いた統計解析の実行方法を解説する。2節以降は，本節のプログラムを実行することで付随してダウンロードされるテストデータを用いた説明をする。プログラムを転記すれば各自で実行可能であるため，手を動かしながらの学習を勧める。なお，初学者が読み進めやすいように，正確な表現でない場合がある（例えば，データフレームを「データ」と呼ぶ)。今回の解説を超えてRの学習を進める場合には，この点に留意してほしい。

コンピュータにRの環境がない場合，RとRStudioをインストールする必要がある。インストールのためのexeファイルは各サイト（http://www.r-project.org/）（https://posit.co/）からダウンロード可能である。インストールの詳細は，書籍[4]やウェブサイトが多くあるため，これらを参照してほしいが，基本的にはexeファイルを実行し，指示どおりに進めるだけで十分である。R言語を使ってデータ分析を行う場合，RStudioのような「統合開発環境」を使うことが多い。RStudioを立ち上げると，**図1**のようなペーン（pane）と呼ばれる4つのウィンドウに区切られたものが現れる。スクリプト（Script）ウィンドウが表示されていない場合，左上のタブから，File>New File>R Script，で表示できる。各ペーンの簡単な説明は**図1**のとおりである。

Rのプログラムは，あるディレクトリ（フォルダ）上で実行されるため，すべての入力と出力を行うための作業用フォルダ（working directory）を設定し，そこへ分析に必要なファイルをまとめておくとよい。そして，作業用フォルダは，RStudioのプロジェクトに指定しておくと便利である。そのためには，RStudioを立ち上げ，File>New Projectで，New Directoryを選び，新規プロジェクトを作成し，作業用フォルダを指定すればよい。

プロジェクトを立ち上げ，ペーンが現れたら，スクリプトウィンドウにプログラムを記載する。`2+3`と入力し，Run（もしくは実行したいプログラムを選択した状態でCtrl+Enter）を押下すると，以下のような計算結果がコンソール（Console）ウィンドウに表示される。

```
>2+3
[1]5
```

図表作成や統計解析を実行するためには，デフォルトで準備されているパッケージ

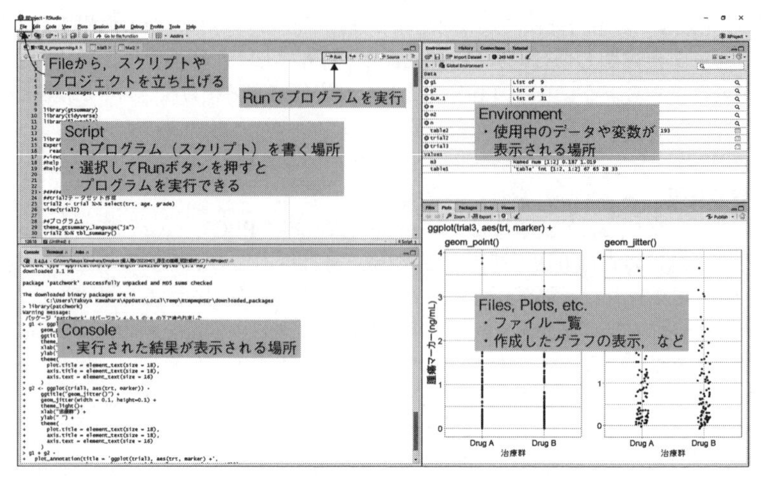

図1　RStudioの4つのペーン

以外は，install.packages()関数などを用いてパッケージをインストールする必要がある。インストールされているパッケージを用いるには，library()関数を用いて毎回呼び出す必要がある。2節以降で用いるパッケージをインストールするために，以下のプログラムを実行する。

```
install.packages(c(
  "gtsummary","tidyverse","flextable","Rcmdr"
))
library(gtsummary)
library(tidyverse)
library(flextable)
```

Rでは1つのプログラムは1行で書く必要があるが，プログラムが終了していないと判定できる場合は改行を用いることができるため，ここでは見やすいように改行している（1つのプログラムの終点を明示する場合は；を最後につける)。プログラム入力時は，大文字・小文字など細かい部分にも注意しなければならない。また，プログラム実行後には，コンソール画面にエラーが出力されていないか，出力されている場合にはその内容を，毎回確認してほしい。

readxlパッケージにより，Excelデータ（.xlsxファイル）を読み込んで解析に用いるデータをR上に作成できる。あるパッケージ内で他のパッケージを利用している場合は一緒にインストールされるため，ここではreadxlパッケージを単独でインストールしなくともすでに利用可能な状態になっている点に注意してほしい。例えば，作業用フォルダに「CTdata.xlsx」というファイルがある場合，以下のプログラムにより，R上にデータ「Experiment」を作ることができる。

```
library(readxl)
Experiment <- read_excel('CTdata.xlsx')
```

不要な空白セルや合計行などがExcelデータに含まれている場合，想定どおり読み込まれない場合がある。Excelで管理するデータは，最低限，以下に注意してほしい[5)]。

・変数の入力コード（例：男性，女性）を一貫して使う
・変数名に注意する（例：ブランクを入れない）
・空白セルを作らない
・1セルに1つの情報をいれる
・セル内で改行はしない
・セル内でカンマやタブは使わない
・セル結合しない

RStudioでは，help()関数によりパッケージや関数のマニュアルを確認することができる。例えば，read_excel()関数のマニュアルを見るには，`help(read_excel)`を入力し実行すればよい。その他，`help(readxl)`を実行するなど，今回解説しきれない各関数の役割やそのオプションなどは，各自マニュアルを参照してほしい。

2．集団を要約する表の作成：tbl_summary()関数（gtsummaryパッケージ）

データを得た集団の特徴を示す表を作ることの重要性を，**第5回**で述べた。Excelで集計して研究発表用の表を作るのは大変であるが，Rではgtsummaryパッケージに含まれるtbl_summary()関数を用いることで，集団を要約する表を容易に作成できる。ここでは，trialという名前のデータセット（サンプルデータとしてRに含まれているもの）で一部の変数のみを残したtrial2データを用いて説明を進める。**図2**「##trial2データセット作成」下部のプログラムを実行することで，View()関数によりtrial2データが表示される。その結果，trt（治療群），age（年齢），grade（TNM分類のTグレード）の3変数に絞られたことがわかる。

trial2データの3変数に関する要約の表をtbl_summary()関数で作成するためには，**図2**「##プログラム1」下部の2行のプログラムを実行すればよい（1行目は日本語で出力するためのプログラムである）。このプログラムによる出力結果は**図3左**であるが，提示されている情報に関して，以下の点に注意する。

```
##trial2データセット作成
trial2 <- trial %>% select(trt, age, grade)
View(trial2)

##プログラム1
theme_gtsummary_language("ja")
trial2 %>% tbl_summary()

##プログラム2
baseline <-
  trial2 %>%
    tbl_summary(
      by = trt,
      type = all_continuous() ~ "continuous2",
      statistic = all_continuous() ~ c("{N_nonmiss}",
                                       "{mean} ({sd})"),
      label = list(age ~ "年齢(歳)", grade ~ "グレード"),
      missing = "no"
    ) %>%
    add_p(pvalue_fun = ~style_pvalue(.x, digits = 2)) %>%
    add_overall() %>%
    as_flex_table()
print(baseline)

##PowerPoint形式での表の出力
print(baseline, preview = "pptx")
```

図2　2節のRプログラム

プログラム1

変数	N = 200[1]
Chemotherapy Treatment	
Drug A	98(49%)
Drug B	102(51%)
Age	47(38, 57)
不明	11
Grade	
I	68(34%)
II	68(34%)
III	64(32%)

[1]n (%)；中央値（四分位範囲）

プログラム2

変数	全体, N = 200[1]	Drug A,N = 98[1]	Drug B,N = 102[1]	P値[2]
年齢（歳）				0.72
N	189	91	98	
平均値(標準偏差)	47(14)	47(15)	47(14)	
グレード				0.87
I	68(34%)	35(36%)	33(32%)	
II	68(34%)	32(33%)	36(35%)	
III	64(32%)	31(32%)	33(32%)	

[1]n (%)
[2]Wilcoxonの順位和検定；カイ2乗検定

図3　Rのtbl_summary()関数による集団特性に関する表（プログラム1, 2は図2参照）

・変数の型が自動で選択され，離散変数は頻度（割合），連続変数は中央値（四分位範囲）で要約される
・因子のラベル（見出し）は，データのラベルがそのまま表示される
・欠測値は，不明と表示される

何も指定せずに表示される表（**図3左**）は，群が併合された対象者全体での集計結果であるため，介入研究の背景因子の提示としては不十分である（**第5回**）。プログラム1に修正を加えることで，群別の提示を追加したり，提示する要約統計量およびラベルを変更したりできる。**図2**「##プログラム2」以下の実行結果（**図3右**）は，群別の集計となっており，群間での背景因子の検定結果のp値（**第1回，第8回**）も記載されている。なお，脚注箇所を指定する番号の位置はさらに工夫できる。

なお，ランダム化比較試験における背景因子の群間での検定は，原理的には意味がない。**第8回**で説明したように，「真」のモデルを観察できないから検定を行うのに対し，背景因子の比較では（ランダム化が正しく行われていれば）「同一の母集団から確率的要素のみにより2群に割り付けている」という真のモデルがわかっている状況だからである。したがって，検定で「有意である」と判断されたとしても，それは第一種の過誤であるという結論に至るのみである。このため，このような検定は誤用であると指摘されている[6)]（**第1回**）。

作成した表は，gtsummaryパッケージに含まれるas_flex_table()関数によりWord形式やPowerPoint形式として出力することができる。**図2**「##PowerPoint形式での表の出力」下部のプログラムでは，baselineという名前で保存したプログラム2の表（as_flex_table()関数で出力可能な形式に変換している）を，PowerPoint形式に出力している。Word形式に出力する場合には，“pptx”を“docx”に変更すればよい。

なお，変数が多い場合には，変数ごとに提示する要約統計量や検定を指定することもできる。ただし，手法を適切に指定するためにはデータの分布を確認する必要があり（**第5回**），これには3節で紹介するggplot2パッケージが有用である。

3. データの可視化：ggplot 2 パッケージ

3.1 ggplot 2 パッケージによるグラフ作成

データの特徴を把握するためには，グラフによる提示が有用である（**第5回**）。Rでは，tidyverseパッケージに含まれるggplot2パッケージを用いることで多種多様なグラフによるデータの可視化ができる。ここでは，**図4**「##trial3データセット作成」以下を実行して得られる，trt, age, gradeにmarker（腫瘍マーカー（ng／mL））とresponse（奏効の有無）を加えた5変数をもつtrial3データを使って説明する。

ggplot2パッケージの関数によりグラフを作成する際に必須となる要素は，①データ，②aesthetic mappings（aes()関数），③geom()関数である（**図5**）。①でデータを指定し（ここではtrial3），②でグラフのX軸とY軸に当てはめる変数などを記載する。③ではデータをどのようにグラフ化するかを指定する。geom_boxplot()関数は1例であり，他にも多くのグラフが作成できる。チートシート（https://posit.co/wp-content/uploads/2022/10/data-visualization-1.pdf）のData visualization with ggplot2に簡潔にまとめられているが，**第5・6回**で紹介したグラフを作るための関数を以下に示す。

```
##trial3データセット作成
trial3 <- trial %>%
  select(trt, age, grade, marker, response)
View(trial3)

##グラフの作成
#一変数のグラフ
ggplot(trial3, aes(response)) + geom_bar()
ggplot(trial3, aes(marker)) + geom_histogram()
ggplot(trial3, aes(age)) + geom_dotplot()
#介入群ごとの一変数のグラフ
ggplot(trial3, aes(trt, marker))  + geom_boxplot()
ggplot(trial3, aes(trt, age)) + geom_violin()
#二つの連続変数の関係を表すグラフ
ggplot(trial3, aes(age, marker)) + geom_point()
ggplot(trial3, aes(age, marker)) + geom_jitter()
ggplot(trial3, aes(age, marker)) + geom_smooth()

##png形式のグラフの出力
ggsave("Fig1. png")
```

図4　3節のRプログラム

```
ggplot(data = trial3, aes(x = trt, y = marker)) + geom_boxplot()
```

①データ　②軸などの見た目の指定を行う aesthetic mappings ("x ="と"y =" は省略可能)　③geom関数のレイヤ

図5　Rのggplot2パッケージを用いたグラフ作成で必須の要素

1変数のグラフを作成する関数には，以下のようなものがある（実行例は，図4「##グラフの作成」参照)。

介入群ごとに1変数のグラフを作成する場合(**第6回**)にもこれらを利用可能である。

・棒グラフを作成するgeom_bar()関数
・ヒストグラムを作成するgeom_histogram()関数
・データをすべてプロットするgeom_dotplot()関数
・箱ひげ図を作成するgeom_boxplot()関数
・バイオリンプロットを作成するgeom_violin()関数

2つの連続変数の関連を表すグラフを作成する関数には，以下のようなものがある。

・散布図を作成するgeom_point()関数やgeom_jitter()関数
・推定した回帰モデルを図示するgeom_smooth()関数

一般的な散布図はgeom_point()関数で作成できるが，いずれかの軸のデータが離散変数である場合や，データ数が多い場合には，プロットが重なることでうまく可視化できない場合がある。このような場合，**図6上**のように，重なりを避けるようにデータをプロットできるgeom_jitter()関数が有用である（jitteringは「データに微小なノイズを付加すること」を意味し，図では治療群（Y軸）方向にノイズを加えている)。

第3の変数を含めたグラフも作成できる[7]。例えば，群ごとに異なる色でプロットしたい場合には，ggplot2の必須要素（**図5**）の2つ目のaes()関数で`colour=trt`と指定すればよい。他にも，2変数の組に対する頻度などの値を色や濃淡で表現したヒートマップ（遺伝子クラスタリングなどの結果を表す際に用いられる）は，geom_tile()関数で作成できる。

Kaplan-Meier曲線は，生存時間データの代表的な要約方法であることを**第13回**で述べた。事前に時点ごとの生存確率を計算すれば，折れ線グラフを作成するgeom_line()関数によりKaplan-Meier曲線を作成できる。ggplot2パッケージではなく，専用

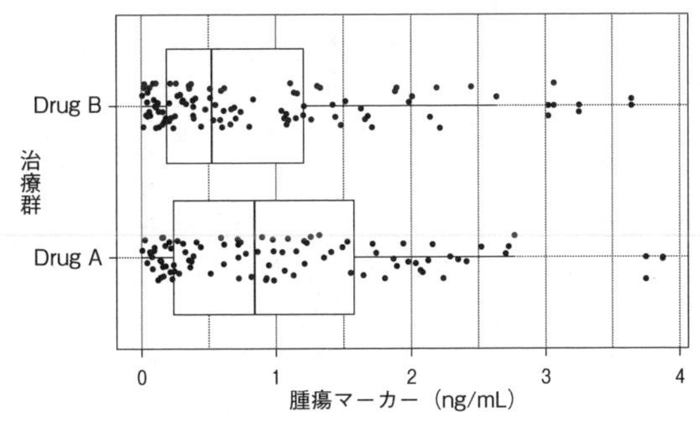


```
##箱ひげ図とプロットの重ね合わせ：レイヤ追加
ggplot(trial3, aes(marker, trt)) +
  geom_boxplot() +
  geom_jitter(width = 0, height = 0.15) +
  theme_light() +
  ylab("治療群") +
  xlab("腫瘍マーカー(ng/mL)") +
  theme(
    plot.title = element_text(size = 18),
    axis.title = element_text(size = 18),
    axis.text  = element_text(size = 16)
  )
##グラフの出力：形式，解像度，大きさを指定
ggsave("Fig_layers.png", dpi = 300,
       width = 16, height = 10, units = "cm")
```

図6　Rのggplot2パッケージによる，レイヤを追加したRプログラムとグラフの例

のパッケージ（https://CRAN.R-project.org/package=survminer）を用いた作成方法もあるので，生存時間解析を行う場合は書籍[8]等を参照して実施してほしい。

作成したグラフは，ggsave()関数を用いて作業フォルダに保存をする（図4「##png形式のグラフの出力」）。なお，プログラムを実行すると，欠測例が存在するというwarningがコンソールウィンドウに出力される場合がある。今回は詳細の説明はしないが，どの変数にどの程度の欠測が発生しているのかなどを解析準備時に確認することが肝要である。

3.2　グラフの調整

ggplot2パッケージを用いる利点の1つは，グラフ（レイヤの1つ）の重ね合わせが容易にできることである。そのためには，重ねたいgeom()関数のレイヤを+で接続すればよい。図6は，レイヤを追加したプログラムとグラフの例である。図6のグラフは，研究発表にそのまま使っても問題ない完成度といえる。

図6のプログラムでは，以下のような調整を行っている。

- theme_light()により背景色を白，枠線を薄い黒線，グリッド線を薄いグレーに変更
- xlabとylabによりX軸とY軸のラベル（タイトル）を指定
- theme()関数でグラフ内の文字に関するスタイルを指定（表1）

詳細は他の書籍[9]に譲るが，geom()関数以外にも要約統計量を示すレイヤや，注釈をつけるレイヤなど，グラフの調整を可能にするいくつかのレイヤがある。

図6では，ggsave()関数を用いて，形式をpng，解像度を300dpi，横16cm，縦10cmとしてグラフを保存している。論文投稿時では，グラフの保存形式や解像度が指定さ

表1　Rのggplot2パッケージを用いたグラフに関する指定の一部

外枠	コード	内容
theme()	plot.title	グラフのタイトル
	axis.text	軸の値
	axis.text.x	X軸の値
	axis.text.y	Y軸の値
	axis.title	軸タイトル
	axis.title.x	X軸タイトル
	axis.title.y	Y軸タイトル
element_text()	family	文字フォント
	face	イタリックや太字
	colour	色(colorでもよい)
	size	サイズ(pts)
	hjust	水平方向の位置調整(0～1)
	vjust	垂直方向の位置調整(0～1)
	angle	角度(0～360)

れていることがあるが，ggsave()関数を使えば投稿規定に沿ったグラフの作成が容易にできる。

4．R Commanderによる統計解析

2節と3節では，Rによる図表の作成について説明したが，Rの強みは，膨大な種類の統計解析が実行できることである。**表2**によく用いられる統計解析の方法を実行できる関数を提示した。ここまでの各回で紹介した，分割表に対するカイ二乗（χ^2）検定（**第8回**），回帰モデルの当てはめ（**第11, 12, 14回**），サンプルサイズ設計（**第16回**）など，**図4**「##trial3データセット作成」で作成したデータを用いて実行できるプログラムを例としてまとめている。①から順に実行を試してほしい。

これらの解析の多くは，R Commanderで実行することもできる。R Commanderは，GUI操作でRでの解析を行いたい研究者には便利なパッケージである。`library(Rcmdr)`を実行することで，R Commanderを立ち上げることができる。回帰モデル

表2　統計解析に関係するRの関数の一部

	関　数	内　容
①	summary(trial3)	要約統計量の算出
②	mean(trial3$age, na.rm=TRUE)	平均値の算出（na.rm=TRUEで欠損値を除外）
③	sd(trial3$age, na.rm=TRUE)	標準偏差の算出（不偏分散の平方根）
④	t.test(marker~trt, data=trial3)	trt間でのmarkerのt検定（Welchのt検定）
⑤	wilcox.test(marker~trt, data=trial3)	trt間でのmarkerのWilcoxon順位和（Mann-WhitneyのU）検定
⑥	lmfit <- lm(marker~trt+age, data=trial3)	markerを結果変数，trtとageを説明変数とした線形モデルの当てはめ（lmfitへ出力）
⑦	anova(lmfit)	lmfitに含まれる分散分析表の表示
⑧	summary(lmfit)	lmfitに含まれる当てはめたモデルの要約の表示
⑨	tbl <- xtabs(~trt+response, data=trial3)	trtとresponseの分割表の作成（tblへ出力）
⑩	addmargins(tbl)	分割表tblに周辺和を追加
⑪	prop.table(tbl)	分割表tblの各セルの割合の表示（行方向の割合はmargin=1を追加）
⑫	chisq.test(tbl)	分割表tblに対するカイ二乗検定
⑬	fisher.test(tbl)	分割表tblに対するFisherの直接確率検定
⑭	trial3$response1 <- as.factor(trial3$response)	responseを順序なし因子のresponse1に変換
⑮	trial3$response1 <- relevel(trial3$response1, ref="0")	response1の基準を0に設定
⑯	glm(response~trt+age, data=trial3, family="binomial")	responseを結果変数，trtとageを説明変数としたロジスティック回帰モデルの当てはめ
⑰	power.t.test(power=0.8, sd=5, delta=3)	t検定に基づく症例数計算
⑱	power.prop.test(power=0.8, p1=0.1, p2=0.3)	割合の差の検定に基づく症例数計算

の当てはめ（**第11回**）をR Commanderで実行するための画面を**図7**に示した。当てはめたいモデルを設定した後に**図7右**の「適用」を押下することで，RStudioのコンソールウィンドウに当てはめたモデルに関する結果が出力される。なお，実行後に「OK」を押下して**図7左**の画面に戻ると，GUI操作によりlm()関数（**表2**の⑥参照）を用いたプログラムが作成されていたことがわかる。R Commanderによるその他の統計解析の実行方法については，書籍[10]等を参考にしてほしい。

5．おわりに

統計解析ソフトウェアRを用いた図表の作成と統計解析の方法を概観した。今回はRパッケージに含まれるテストデータを用いたため，2−4節で紹介した解析を実行するためのデータハンドリングは必要なかった。しかし，実際の解析では，データクレンジングや特徴量の作成など，行いたい解析によってR上でのデータハンドリングが必要かもしれない。データハンドリングの柔軟性もRの特長の1つである。文献[7]の9−16章やその他の書籍[4]等を参照しながら，必要に応じて実施してほしい。

GUIで操作できるパッケージとしてRcmdr（R Commander）を紹介したが，R CommanderをカスタマイズしたRcmdrPlugin.EZRパッケージ（EZR[11]）を用いることで，より広範な統計解析を行うことができる。R CommanderやEZRではGUI操作に対応するプログラムを自動で作成してくれるため（4節参照），このプログラムを保存しておくことで後から統計解析を再現できる。ただし，プログラムによる統計解析で指定できるオプションの一部が，R CommanderやEZRを用いた統計解析では指定できないことには注意が必要である。

文　　献

1）川原拓也．統計解析ソフトの比較．整形外科．2020：71(6)：594-7.

2）Wickham H. 1 Introduction. In：*Advanced R*, 2nd ed. New York：Chapman and Hall/CRC

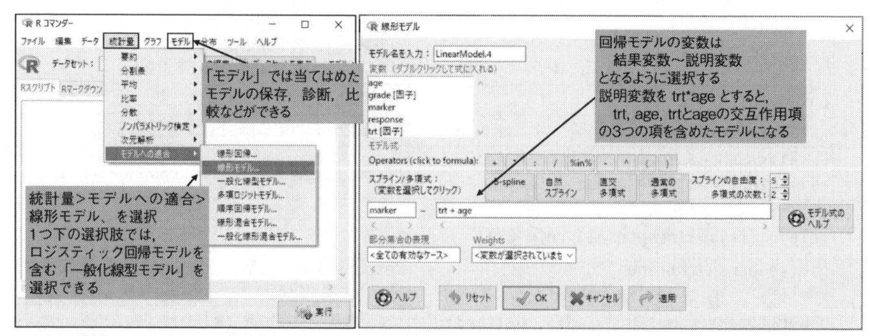

図7　R Commander（Rcmdrパッケージ）による線形モデル分析の画面

Press；2019.

3）Fox J. *Using the R Commander*. Boca Raton, FL：Chapman and Hall／CRC Press；2017.

4）松村優哉，湯谷啓明，紀ノ定保礼，他．Rユーザのための RStudio［実践］入門〜tidyverseによるモダンな分析フローの世界．第2版．東京，技術評論社．2021.

5）Broman KW, Woo KH. Data Organization in Spreadsheets. *Am Stat*. 2018；72(1)：2-10.

6）Senn S. 6. Allocating Treatments to Patients in Clinical Trials. In：*Statistical Issues in Drug Development*, 3rd ed. Hoboken, NJ：John Wiley and Sons. 2021.

7）Wickham H, Grolemund, G. 7. Exploratory Data Analysis. In：*R for Data Science: Import, tidy, transform, visualize, and model data*. Sebastopol, CA：O'Reilly Media, Inc.；2016.

8）Moore DF. 3. Nonparametric Survival Curve Estimation. In：*Applied Survival Analysis Using R*. Switzerland：Springer；2016.

9）Chang W. *R Graphics Cookbook: Practical Recipes for Visualizing Data*. 2nd ed. Sebastopol, CA：O'Reilly Media, Inc.；2018.

10）大森崇，阪田真己子，宿久洋．R Commanderによるデータ解析，第2版．東京，共立出版．2014.

11）Kanda Y. Investigation of the freely available easy-to-use software 'EZR' for medical statistics. *Bone Marrow Transplant*. 2013；48(3)：452-8.

第18回　文献検討の進め方

米倉　佑貴

1.　はじめに

第2回でよいリサーチクエスチョン・研究テーマの条件として“FINER”を紹介した。Fは“Feasibility”で実現可能性，Ｉは“Interesting”でテーマの興味深さ，Nは“Novel”で新規性，ＥはEthicalで倫理性，Ｒは“Relevant”で必要性である。研究計画書を作成する際や研究成果を論文や報告書としてまとめる際には，研究テーマで扱う事象や背景についてわかりやすく説明し，そのテーマに関する既存の研究成果を確認して，批判的に吟味し，研究の必要性や新規性を示す必要がある。

保健医療系の量的研究の計画書や論文においては，その研究テーマで扱う健康問題の発生状況，健康問題の個人や社会に与える影響の程度が統計結果や先行文献で明らかになっていることを示すことで，研究の必要性を示す。また，その健康問題に関連する要因にはどのようなものがあるか，要因に対する介入や治療にはどのようなものがあるか，などについて文献やデータから検討することにより，研究の必要性や新規性を示していく。

今回は，文献検討の進め方や文献検討をする際に有用なツールなどを紹介する。

2.　文献検討とは

文献検討は，すでに発表されている研究成果を確認し，これから行う研究の新規性や必要性，興味深さを示すために必要なステップである。また，コクランレビュー[1]のように系統立った方法に基づいて行われ，それ単体で論文として公表されるものもある。大木[2]は前者のような一次文献の中で研究の新規性や必要性を示すために行われる文献の検討を「文献検討」，後者のコクランレビューのようにそれ自体を1つの研究として行う文献の検討を「文献レビュー」として区別している。研究計画書や一次文献における「文献検討」では，論文全体のページ数や引用文献数の制限があるため，文献検索の方法や選択基準，文献から抽出する情報やその抽出方法などの文献検討の方法について記述することや，検討の対象となる文献の網羅性は求められないことが多い。しかしながら，系統だった方法により網羅的に文献を検討することで，偏りなく，十分な根拠をもってこれから行う研究の必要性や新規性を示すことができるため，可能な限り系統だった方法で行うことが望ましい。

以下では，大木[2]の分類の「文献検討」を念頭においてその手順を解説していく。

3.　文献検討の進め方

文献検討の進め方は通常の研究の進め方と類似しており，通常の研究の対象者が

「文献」に置き換わったとみることもできる。文献検討は，(1)文献検討の目的や問い（レビュークエスチョン）を決め，(2)必要な文献（データ）を収集し，(3)文献（データ）の内容を分析し，(4)分析結果を解釈し，(5)結果をまとめる，という流れで進めることができる。通常の研究と異なるのは，データ収集に当たる文献の検索や収集は通常の人を対象とした研究よりもかかるコストや労力が低く，繰り返し行うのが比較的容易であるということである。したがって，一連の文献検討を行った時点で新たな問いが出たら，それについて再び文献検討を行うことや，分析途中で文献検索を再度行い，分析対象を追加するということも可能である。

3.1　文献検討に必要な予備知識・スキル

文献検討に必要な予備知識・スキルは，これから研究を始める分野についての基礎知識，研究方法に関する知識，英文読解のスキルである。

まず，文献検討をするためには，読むべき文献を探す必要がある。いきなり文献検索を始めても効率よく文献を見つけることは難しい。文献検索のためには，適切なキーワードを選択する必要がある。そのためには，**第2回**で触れた，その分野についての基本的な知識である「背景疑問」に対する答えや知識が必要となる。こうした知識や情報の収集は，文献データベースで検索してヒットする個々の論文を読むよりも，解説や総説のようなレビュー論文，体系書，教科書，ガイドラインといった，その分野の知見がまとめられたものを読むほうが効率的に行える。こうした文献は，検索して見つける以外にも，研究テーマに関連する論文の文献リストから探したり，同僚や先輩，指導者，指導教員などその分野の専門知識がある人に紹介してもらったりすることでも見つけることができる。

次に，見つけた文献を読み，その内容を理解するためには，研究デザインやデータの測定方法，統計解析などの方法論についての知識も必要となる。量的研究についてのこのような知識は各回で扱っているので，必要な箇所を適宜確認するとよい。

また，文献が書かれる言語は英語が圧倒的に多いため，英語の文献を避けてしまうと，情報量が大幅に制限されてしまう。近年では，日本人を対象とした研究も日本語ではなく英語で発表されることが多い。特に質の高い研究結果はまず英文誌に投稿される。したがって，日本語文献だけでは，日本での研究の状況も十分に把握することが困難である場合が多い。英文を読解するスキルは，文献検討を行ううえで必須のスキルといえる。

3.2　文献検討のステップ

文献検討のステップは，1）文献検討の目的を決める，2）文献を探す，3）文献のスクリーニングと保存，4）文献の内容を整理し，知見を統合する，の4つの順に進む。以下でそれぞれを解説する。

第18回

1) 文献検討の目的を決める

文献検討を始める際にはまず，何について調べるか，どのようなことを明らかにしたいか，文献検討の目的を決める必要がある。量的研究を行う際の文献検討で確認すべき典型的な情報は，先に述べたとおり，研究で扱う健康問題の発生状況，健康問題が個人や社会に与える影響の程度，その健康問題に関連する要因の種類や関連の強さ，要因に対する介入や治療の方法と効果，などである。これらに関する問いを，**第2回**で紹介したPICOやPECOにしたがって整理すると，文献を探す時のキーワードや検索条件を決めるのに役立つ。

2) 文献を探す

文献を探すステップは通常の量的研究，質的研究における対象者のリクルートに相当する。したがって，通常の研究と同様に，目的に合致した対象（文献）を選定して，その対象からデータを収集する必要がある。量的研究において，対象者として選定する基準や除外する基準を設定するのと同様に，文献検討においても目的に合わせて選択基準と除外基準を設定するとよい。基準を設定するポイントとしては，トピック，研究対象者の属性，文献の出版年，文献の言語，文献の種類，研究デザインなどがある（**表1**）。

選択基準，除外基準を設定できたら，検索のためにそれぞれの基準をキーワードや検索条件に落とし込んでいく。基準の中には，出版年や言語，文献の種類のように検索する文献データベースの機能で絞り込むことができるものもある。一方で，研究対象者の属性などはキーワードで検索することが難しい場合もあるので，検索したあとに抄録を読み，取捨選択していく。

文献を探す方法は，データベースや検索エンジンによって電子的に探す方法と，こ

表1　文献の選択基準，除外基準の例

項目	例
トピック	・要介護認定の関連要因についての研究 ・乳がん患者に対する意思決定支援の介入について扱ったもの ・40歳から69歳以下の日本人を対象とした研究
研究対象者の属性	・18歳未満の者を対象としたもの ・医療機関で働く看護職を対象としたもの
出版年	・2010年4月以降に出版されたものを対象とする
言語	・日本語および英語で書かれたものを対象とする
文献の種類	・原著論文のみ対象とする ・会議録は除く
研究デザイン	・ランダム化比較試験のみを対象とする ・ケース・コントロール研究およびコホート研究を対象とする ・ランダム化が行われていない研究は除外する

れらのツールによらない方法がある。**表2**に保健医療分野で使用される主な文献データベースを示した。システマティックレビューを行う際には，これらの文献データベースを複数組み合わせて網羅的に検索する必要があるが，所属機関の状況によっては使用できないデータベースもある。無料で利用できるCiNii，PubMed，Google Scholarでも多くの文献を探すことができるので，システマティックレビューを行うのでなければ，これらで検索すれば十分必要な情報を得ることができる。ツールによらない方法としては，同僚や指導者などに紹介してもらう方法や，文献の引用文献リストから探す方法などがある。検索による方法だけでは見落としてしまう文献もあるので，両者を組み合わせて探すことで，網羅的に文献を探すことができる。また，先に述べたように，文献検討を行う分野についての知識があまりない場合は，検索による方法よりも，人に紹介してもらったり，文献リストから重要文献を探したりするほうが効率がよいこともある。

文献データベースでの検索では，通常のキーワード検索（自然語検索）以外に，同義語・類義語などをまとめたシソーラスによる検索（主題検索）を行うことができるものもある。医中誌Web（https://login.jamas.or.jp/）の医学用語シソーラスやPubMed（https://pubmed.ncbi.nlm.nih.gov/）で使用できるMeSH（Medical Subject Headings）タームなどがある。例えば，tumorやcancerなどのがんや腫瘍に関連する言葉はMeSHではneoplasmsにまとめられている（https://www.ncbi.nlm.nih.gov/mesh/68009369）。シソーラス検索を使用できるデータベースでは，収録されている文献にキーワードが関連づけられており，それらの文献を検索することができる。つ

表2　保健医療分野の研究で使用される主な文献データベース

データベース名	内容	URL
医中誌web	特定非営利活動法人医学中央雑誌刊行会（略称：医中誌）が作成・運営する，国内医学論文情報のインターネット検索サービス	契約しないと利用不可
CiNii Research	国立情報学研究所が運営している，論文，図書，雑誌，博士論文などを収録したデータベース	https://cir.nii.ac.jp/
PubMed	米国国立医学図書館が提供する，生物医学，生命科学の文献データベース	https://pubmed.ncbi.nlm.nih.gov/
CINAHL	看護学および隣接領域の文献データベース	契約しないと利用不可
Cochrane Library	コクランレビュー，臨床試験等の情報を収録したデータベース	https://www.cochranelibrary.com/
Embase	エルゼビア社が提供する生物医学系の文献データベース	契約しないと利用不可
APA PsychInfo	アメリカ心理学会の心理学関連の文献データベース	契約しないと利用不可
Google Scholar	Googleの文献検索サービス	https://scholar.google.co.jp/

まり，1つのキーワードで同義語・類義語を含む文献をまとめて検索できるということである。シソーラスは分野ごとに用語の抽象度に応じて階層構造に整理されており，用語間の関係やシソーラス用語（統制語）に含まれる類義語，同義語などを調べることもできる。主題検索は類義語・同義語を含む文献を一括で検索できる点は有用であるが，新しい用語や古い用語はシソーラスに含まれておらず，検索から漏れてしまうという欠点もある。そのため，自然語検索と主題検索を組み合わせてそれぞれの欠点を補うとよい。

3） 文献のスクリーニングと保存

データベースでの検索では選択基準に合致しない文献，除外基準に該当する文献も検索結果に含まれてくる。また，複数のデータベースを使って検索した場合，いくつかのデータベースに収録されていて，重複する文献も出てくる。そのような文献を除外するのが，検索結果のスクリーニングである。検索にヒットする文献が少ない場合は，データベースの検索結果から，タイトル，抄録を確認して，全文を読む必要がある文献を選択してもよいが，ヒットする文献が多い場合はそれでは効率が悪い。そのような場合，システマティックレビューの際に文献のスクリーニングに使用されるウェブサービスのRayyan（レイヤン）[3]を利用するとよい。Rayyanは文献データベースの検索結果を読み取り，電子メールのプレビュー画面のように（図1），文献のリストと抄録を見ながら必要な文献とそうでない文献を効率的に振り分けることができる。重複文献の検出，除外した際の理由やラベルによる分類，キーワード検索，複数人での共同作業など様々な機能がある。詳細な使用方法は，公式のチュートリアル動画[4]（英語）や片岡[5]などで紹介されている。

図1　Rayyanのインターフェース

文献をスクリーニングして読むべき文献のリストができたら，文献データベースの検索結果やRayyanから文献情報をエクスポートして，文献管理ソフトに文献情報をとり込んでおくとよい。文献管理ソフトは，文献の書誌情報や本文の電子ファイルを保存できる，自分だけの文献データベースを作り管理することができるもので，多くの便利な機能がある。特に論文を執筆する際に有用なのは，ワープロソフト（Microsoft Wordなど）と連携して，本文中での引用や引用文献リストのスタイルを自動的に整える機能である。手作業で論文中の引用文献を管理しようとすると，書誌情報の入力ミスや引用スタイルのミスが起こりやすくなるうえ，バンクーバー方式のように文献を本文中での登場順に番号をつけてリストにするようなスタイルでは，本文を修正して順番が入れ替わった際に，番号や文献リストにも入れ替え作業が発生し，非常に煩雑になる。また，論文を投稿して不採択になり，引用スタイルが異なる他の雑誌に投稿する際も，手作業では気の遠くなるような作業が必要になるが，文献管理ソフトを使用していればすぐに変換することができる。**表3**に示すように，無料のソフトでも十分な機能を有しているので，導入するとよい。

4) 文献の内容を整理し，知見を統合する

読むべき文献を抽出できたら，文献の本文をとり寄せて読み，批判的に吟味していく。文献の読み方については，量的研究，質的研究の違いや，研究デザインによる違いがあるため，詳細はここでは割愛するが，CONSORT（Consolidated Standards of Reporting Trials），や STROBE（Strengthening the Reporting of Observational Studies in Epidemiology）等の研究デザインごとの報告ガイドライン（**第21回**）の

表3　無料で使用できる文献管理ソフトの機能比較

		Endnote basic	Mendeley Desktop	Zotero
登録可能文献数		50000	無制限	無制限
添付ファイル保存容量		2GB	2GB(1)	300MB(5)
ウェブサービス		○	○	○
デスクトップアプリ		×	○	○
文献データのとり込み	エクスポートファイルから	○	○	○
	ブラウザから	○	○	○
	PDFから	×	○	○
ワープロソフトとの連携	Word	○	○	○
	Libre Office	×	○(2)	○
	Google document	×	×	○
引用スタイル	サポートするスタイル数	21	8000以上(3)	100,000以上(6)
	インポート	×	○	○
	編集・作成	×	○(4)	○

注 (1) オンライン分。有料プランあり。デスクトップアプリの添付ファイル容量はPCの保存容量まで。
(2) Mendeley desktopのプラグインで可能。Mendeley CiteはWordのみ対応
(3) （https://www.mendeley.com/reference-management/mendeley-desktop）（2022年5月14日参照）
(4) Mendeley desktopのみ。Mendeley Reference Managerは不可。
(5) オンライン分。有料プランあり。デスクトップアプリの添付ファイル容量はPCの保存容量まで。
(6) （https://www.zotero.org/）（2022年5月14日参照）

チェックポイントに注目する方法などがある。

批判的吟味による研究の質の評価とあわせて，研究の主要なポイントを比較できるように情報を抽出して整理していく。抽出すべき情報は，文献検討の目的や研究の種類によっても異なるが，量的研究であれば，研究目的，研究デザイン，対象者のリクルート方法（母集団や抽出方法），データ収集方法，使用されている変数とその測定方法，統計解析の方法，主な結果などである。

各文献の内容が整理できたら，文献検討の目的にしたがって，結果を統合していく。統合の方法には大きく分けて，質的な統合と量的な統合がある[2)]。質的な統合は，研究間の共通点や相違点を記述したり，研究をカテゴリに分類して統合したりするものである。量的な統合は，研究の属性ごとに集計することや，メタアナリシス（**第20回**）が該当する。量的な統合をする場合は，分析対象となる文献に偏りがあっては誤った結論を導いてしまうので，システマティックレビューのように網羅的に文献を収集する必要がある。

4．まとめ

今回は，文献検討の進め方の概要を解説した。文献検討は臨床における疑問を解決したり，これから行う研究の必要性，重要性，新規性を示したりするために，重要な方法，ステップである。系統的な文献検討，文献レビューの方法は，大木[2)]の他にも，保健医療系の研究者や学生向けにまとめられた書籍がいくつもある[6)-8)]。文献検討のスキルは研究を行ううえで重要なものであるので，これらの書籍などを参考に体系的なスキルを身につけておくとよいだろう。

文　献

1）Cochrane Library. About Cochrane Reviews.（https://www.cochranelibrary.com/about/about-cochrane-reviews）2022.5.15.

2）大木秀一．文献レビューのきほん：看護研究・看護実践の質を高める．医歯薬出版，2013.

3）Ouzzani M, Hammady H, Fedorowicz Z, et al. *Rayyan-a web and mobile app for systematic reviews.* Systematic Reviews 2016；5（1）：210．doi：10.1186/s13643-016-0384-4

4）Rayyan Help Center. Rayyan Systematic Review Tutorial.（https://help.rayyan.ai/hc/en-us/articles/4412340931345-Rayyan-Systematic-Review-Tutorial-）2022.5.15.

5）片岡裕貴．日常診療で臨床疑問に出会ったとき何をすべきかがわかる本．中外医学社，2019.

6）Garrard J．安部陽子（訳）．看護研究のための文献レビュー：マトリックス方式．医学書院，2012.

7）Booth A, Sutton A, Clowes M, et al. *Systematic Approaches to a Successful Literature Review.* 3rd ed. Sage，2021.

8）Aveyard H. *Doing a Literature Review in Health and Social Care：A Practical Guide.* 4th ed. Open University Press，2019.

第19回　既存データの利用

米倉　佑貴

1．はじめに

国や企業，研究者など，様々な実施主体により調査が行われ，データは収集・記録されている。また，医療機関における診療記録や医療費請求のためのレセプト，企業によって運営されているオンラインサービスやオンラインショッピングの利用記録など，能動的な調査以外にも，業務等で蓄積されているデータは多い。既存の調査のデータや業務等で蓄積されたデータは近年では電子化されたものも多く，研究のためのデータとして比較的容易に利用することができるものもある。今回はこうした既存のデータの利用について，どのようなデータが利用できるか，利用の仕方などについて解説していく。

2．既存データの研究での利用

研究における既存データ，統計調査結果の用途は，研究テーマで扱う健康問題等の記述的なエビデンスを論文や研究計画書の緒言や背景において示すような，文献としての利用と，統計解析，分析の対象としての利用に大別できる。前者の場合，計画書や論文を執筆する際にほぼ必須といえるため，主要な指標や調査項目について，どのような統計調査にアクセスすれば良いのかを知っておくことが重要となる。後者の場合，冒頭に述べたように，利用可能なデータの増加に伴って，既存データを再利用する二次分析の研究や研究目的ではなく収集されたデータを分析する研究は増加しているが，メリット・デメリットを理解することが重要である。実際，自分の研究テーマに合致する既存データがいつも見つかるとは限らないため，二次分析を行うことができないこともあるが，二次分析が可能であれば，対象者の負担もかからないうえ，調査にかかる費用や労力，時間を大幅に削減することができるという大きなメリットがある。したがって，新規に調査を計画する前に，既存のデータで自分の研究テーマに合致するものがないか探すと良い。完全に自分のテーマに合致するものが見つからなくても，近いテーマで行われた調査データを見つけることができれば，その調査のデザインや質問項目を参考にすることで，自分の調査の質を高めることもできる。

3．保健医療系の研究で使用できる既存データ

3.1　公的統計

公的統計とは，国の行政機関や地方公共団体（まとめて行政機関等と呼ばれる）が作成する統計のことである。公的統計は，さらに，統計調査を行うことにより作成される調査統計，業務データを集計することで作成される業務統計，他の統計を加工す

ることで作成される加工統計に分類される。

国が実施・作成した統計調査・統計は，統計法に基づき調査を所管する行政機関がウェブサイト等で公開している。保健医療に関係する統計調査の例は，**表1**のとおりである。これらの統計調査結果は，政府統計のポータルサイトであるe-Stat（https://www.e-stat.go.jp/）から閲覧・入手することができる。e-Statでは政府統計の結果を検索してダウンロードできるほか，時系列，地域別の集計や，地域別の集計結果の図示など，結果を加工することもできる。

公的統計のデータは，集計する前の個票データも一定の条件で利用することができる。公的統計の個票データの利用形態は，「匿名データの利用」「オーダーメード集計の利用」「調査票情報の利用」の3種類がある[1]。「匿名データの利用」は，個票データを回答者が特定されないように調査票情報を加工したうえで提供されるデータである。「オーダーメード集計」は，調査の所管省庁に集計を委託し，集計した結果の提供を受けるものである。性・年齢・地域別等の基本的な集計については，e-Statに収載されているものもあるが，必ずしも自分が関心のある項目で層別して集計した結果が提供されているとは限らない。「オーダーメード集計」では，そのようなe-Statに掲載されていない統計表の作成を依頼し，提供を受けることができる。「調査票情報の利用」は，加工されていない調査票情報を利用する方法である。調査票情報は，公的機関との共同研究や公的機関から委託を受けた研究などの研究目的や行政機関等の長が政策の企画立案に有用であると認める場合等の，公益性を有する場合に利用可能である（統計法第三十三条第一項第二号)。また，2019年5月に施行された改正統計法により，上記の要件に加えて，大学や大学等に所属する教員が行う学術研究や，高等教育の発展に資する統計の作成のために使用する場合は，情報セキュリティが確保されたオンサイト施設で調査票情報を利用するオンサイト利用が可能となっている。

上記のような個票データの利用の方法や利用できるデータについては，ミクロデータ利用ポータルサイト[2]で詳しく紹介されている。

表1　保健医療関連の公的統計

所管省庁	調査名	主な調査項目
総務省	国勢調査	人口，世帯に関する情報
厚生労働省	人口動態調査	出生，死産，死亡，婚姻，離婚に関する情報
	国民生活基礎調査	世帯の状況，家計支出，年金の加入状況，介護，所得，健康状態に関する情報
	国民健康栄養調査	身体状況（身長，体重等），栄養摂取状況，生活習慣に関する情報
	患者調査	受療状況，推計患者数に関する情報
文部科学省	学校保健統計調査	児童・生徒の発育状態，健康状態に関する情報

3.2　行政・公的機関の保有する情報

行政機関と共同研究を行う場合や，法令に基づいて請求することで行政の保有する情報を利用することもできる。

一般住民を対象とした調査を実施する際のサンプリングでは，住民基本台帳や選挙人名簿を閲覧することで，対象者を抽出することができる。また，住民基本台帳の情報はコホート研究等で追跡対象者の異動（転居や死亡）を確認する際にも重要なデータ源にもなる。住民基本台帳は，住民基本台帳法第十一条の二に基づき，申請して許可されれば閲覧することができる。選挙人名簿については，公職選挙法第二十八条の三に基づき，政治または選挙に関する統計調査や学術研究を行う場合に，申請して許可されれば利用することができる。

公的機関の保有する情報の利用の例としては，国立がん研究センターが管理する全国がん登録の情報の利用も挙げられる。全国がん登録情報は集計統計利用による調査研究や，リンケージ利用（匿名化が行われていない情報の利用）による調査研究に利用することができる。前者は匿名化が行われた全国がん登録情報（特定匿名化情報を含む）を利用して，国や都道府県が定期的に公表していない詳細部位や地理的区分の「がん」の罹患数・率や生存率を調べることができるもの[3]で，後者はコホート研究等利用者が保有するデータに含まれる参加者等の情報と照合して利用するものである。

その他，レセプト情報・特定健診等情報データベース（NDB）[4]や匿名介護情報[5]等を利用した研究も可能である。

3.3　データ・アーカイブ等の利用

データ・アーカイブは大学や行政機関，企業等やそこに所属する研究者や職員が実施した調査の個票データを調査の実施者からの寄託を受け，そのデータを整理・保存するとともに，そのデータを利用したい研究者等に提供する機関である。欧米諸国では，学術目的で行われた調査のデータをデータ・アーカイブに寄託し再利用できるようにするのは，半ば常識となっており[6]，アメリカのICPSR（Inter-university Consortium for Political and Social Research）[7]や UKDA（United Kingdom Data Archive）[8]をはじめ，多くのデータ・アーカイブが整備されている。日本では，東京大学社会科学研究所附属社会調査・データアーカイブ研究センターが運営するSocial Science Japan Data Archive（SSJDA）[9]や立教大学社会情報教育研究センターによって運営されているRikkyo University Data Archive（RUDA）[10]等の大学が運営しているもの，労働政策研究・研修機構が運営しているJILPTデータ・アーカイブ[11]のように独立行政法人が運営しているものなどがある。

データ・アーカイブ以外にも，単体のプロジェクトでデータ共有をしている場合もある。そのような例としては，東北メディカル・メガバンク計画[12]や，日本老年学的評価研究[13]などがある。

3.4 診療情報の利用

医療機関等に所属している場合は，所属している機関の診療情報を記録した電子カルテ等のデータを利用して研究を行うこともできる。こうした情報を利用する場合，電子カルテ等のデータのみを利用して後ろ向き研究を行うこともできるし，電子カルテ等のデータのみでは不十分な場合は新たに調査等を行い，そのデータと組み合わせて分析を行うこともできる。新たに調査等を行う場合でも，電子カルテ等で補完できる情報については，調査する必要がなくなるため，うまく利用すれば対象者の負担を軽減することができる。利用に当たっては，個人情報保護法および人を対象とする生命科学・医学系研究に関する倫理指針[14]に従って同意取得やオプトアウト等の手続きを行う必要がある。

4. おわりに

今回は，既存データの利用について解説した。公的統計や疾患登録などのデータは研究を始める前に研究テーマとして扱う健康問題の現状を知るうえでも重要な情報であり，知りたい情報がどこにあるかを知っておくと，スムーズに研究を進めることができる。すでに行われた調査のデータを研究データとして使用することができれば，調査のための費用や労力，時間を大幅に削減できるため，新規の調査を企画する前に自分のテーマに合致したデータを探す価値は十分にある。また，データを利用するだけでなく，自分が行った調査，研究のデータを他の研究者が利用できるようにすることで，自分のデータが他の研究者の助けになることもある。研究費や調査にかけることができる時間，労力には限りがあるため，データを共有して最大限活用することは重要である。

文献

1）e-Stat. ミクロデータ利用.（https://www.e-stat.go.jp/microdata/micro）2022.6.11.

2）e-Stat. ミクロデータ利用ポータルサイト.（https://www.e-stat.go.jp/microdata/）2022.6.13.

3）国立研究開発法人国立がん研究センター. 全国がん登録の情報の利用をご検討の皆様へ：[国立がん研究センターがん情報サービス医療関係者の方へ].（https://ganjoho.jp/med_pro/cancer_control/can_reg/national/datause/general.html）2022.6.7.

4）厚生労働省. 匿名レセプト情報・匿名特定健診等情報の提供に関するホームページ. 2022.（https://www.mhlw.go.jp/stf/seisakunitsuite/bunya/kenkou_iryou/iryouhoken/reseputo/index.html）2022.6.11.

5）厚生労働省. 匿名介護情報等の提供について.（https://www.mhlw.go.jp/stf/shingi2/0000198094_00033.html）2022.6.11.

6）前田幸男. 世論調査データの行方--データ・アーカイブの役割. 中央調査報. 2004；(558)：4973-6.

7）Institute of Social Research, University of Michigan. ICPSR.（https://www.icpsr.umich.edu/

web/pages/）2022.6.11.
8）University of Essex. UK Data Archive. （https://www.data-archive.ac.uk/）2022.6.11.
9）東京大学社会科学研究所附属社会調査・データアーカイブ研究センター．SSJデータアーカイブ．（https://csrda.iss.u-tokyo.ac.jp/infrastructure/index.html）2022.6.11.
10）立教大学社会情報教育研究センター．Rikkyo University Data Archive. （https://ruda.rikkyo.ac.jp/dspace/）2022.6.11.
11）労働政策研究・研修機構．JILPTデータ・アーカイブ．（https://www.jil.go.jp/kokunai/statistics/archive/index.html）2022.6.11.
12）東北メディカルメガバンク機構．東北メディカル・メガバンク計画バイオバンク試料・情報関連ウェブサイト．（http://www.dist.megabank.tohoku.ac.jp/）2022.6.11.
13）日本老年学的評価研究．データ利用案内-JAGESプロジェクト．（https://www.jages.net/kenkyuseika/datariyou/）2022.6.11.
14）文部科学省，厚生労働省，経済産業省．人を対象とする生命科学・医学系研究に関する倫理指針．（https://www.mhlw.go.jp/content/000909926.pdf）2022.6.13.

第20回　メタアナリシスの紹介

大庭　幸治

1.　はじめに

EBM（Evidence Based Medicine）の普及に伴い，医学分野におけるメタアナリシスの報告は増加の一途をたどっている[1]。疫学・公衆衛生学においても科学的根拠に基づいた意思決定のために，観察研究から得られた複数の研究結果を統合し，より高い見地から科学的根拠を共有するという試みが広く行われるようになっている。一方で，論文数の増加とともに，様々な"問題のある"メタアナリシスを実施した論文も増えてきた。今回は，メタアナリシスの基礎を解説するとともに，結果を読みとる際の留意点について説明する。

2.　システマティックレビューとメタアナリシス

システマティックレビューとメタアナリシスは，以下のように使い分けられることが多い。

・システマティックレビュー：質の高い証拠を系統的に収集して行う総合的評価
・メタアナリシス：知見の統合を目的とした複数の研究結果の統計解析であり，狭義にはシステマティックレビューの統計解析部分

この整理に基づくと，メタアナリシス自体は結果の客観性，透明性，再現性を担保できる一方で，エビデンスの包括的な評価を行うという観点では，その研究の意義や質に大きく影響するのは，システマティックレビュー部分であるといえる。具体的には，メタアナリシスで明らかにしたい研究仮説の設定，研究プロトコールの作成と登録，検索データベースの決定と検索式の決定，検索された文献の1次・2次スクリーニング（通常，複数名で実施），組み入れ研究の質評価（GRADEシステム（https://www.gradeworkinggroup.org/）などの利用），解析に必要な項目の収集，これらを前提として，ようやくメタアナリシスが実施できる（図1）。特に，観察研究の報告は十分に詳細かつ明確とはいえないことが多く，不十分な報告により，バイアスの評価，一般化可能性の評価が妨げられやすい状況にある[2]。したがってメタアナリシスの結果を解釈するうえでは，解析対象とする研究をレビューする段階で，事前の対応がどの程度しっかりなされているかを確認するのが重要であるといえる。

各組み入れ試験の質評価に関するGRADE（The Grading of Recommendations Assessment, Development and Evaluation）について簡単に紹介する。GRADEは，システマティックレビューやガイドラインにおけるエビデンスの質の評価，また総体

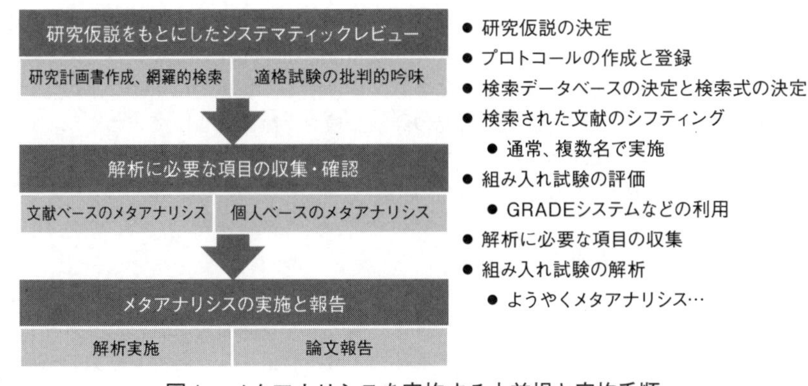

図1　メタアナリシスを実施する大前提と実施手順

としての勧告の強さを評価するシステムとして開発され，今も更新されている。あくまで医療に関する推奨を格付けするシステムであるものの，メタアナリシスの実施にあたっては研究の質評価のために頻用されている。例えば，提案されている個々の研究の質評価は，**図2**のようなプロセスで実施される。GRADEでは，研究デザイン（ランダム化比較試験or観察研究）に基づいて初期の評価を定めたのち，バイアスのリスク（Risk of bias），結果の非一貫性（inconsistency：アウトカムによって結果の方向性が一貫しているかどうか），結果の不精確さ（imprecision：効果指標の信頼区

<table>
<tr><th>研究デザイン</th><th colspan="2">初期評価</th><th>グレードを下げる5要因</th><th>グレードを上げる3要因
（主に観察研究に対して適用）</th></tr>
<tr><td>RCT</td><td colspan="2">高（High）</td><td rowspan="8">①研究の限界・バイアスのリスク
(Risk of bias)
－1 Serious
－2 Very serious
②非一貫性（inconsistency）
－1 Serious
－2 Very serious
③非直接性（indirectness）
－1 Serious
－2 Very serious
④不精確さ（imprecision）
－1 Serious
－2 Very serious
⑤出版バイアス（publication bias）
－1 Likely
－2 Very likely</td><td rowspan="8">①効果の大きさ（large effect）
＋1 Large effect：RR＞2 あるいは＜0.5
＋2 Very large：RR＞5 あるいは＜0.2
②用量－反応勾配の有無
(dose-dependent gradient)
＋1 あり
③ありうる交絡因子による過小評価の有無
(plausible confounder)
＋1 提示された効果を減弱させている
＋1 効果が観察されなかった場合に，効果を増加させる方向に働いている</td></tr>
<tr><td>観察研究</td><td colspan="2">低（Low）</td></tr>
<tr><td rowspan="2">エビデンスの質</td><td colspan="2">表記</td></tr>
<tr><td>記号</td><td>文字</td></tr>
<tr><td>高</td><td>⊕⊕⊕⊕</td><td>A</td></tr>
<tr><td>中</td><td>⊕⊕⊕○</td><td>B</td></tr>
<tr><td>低</td><td>⊕⊕○○</td><td>C</td></tr>
<tr><td>非常に低</td><td>⊕○○○</td><td>D</td></tr>
</table>

GRADEのアップダウンは**定量的には行わない**
（単純なポイント計算でエビデンスの質を決めない）

図2　GRADEシステムの質評価プロセスの概要

間が十分に狭いかどうか)，非直接性（indirectness：関心のある仮説について直接的なエビデンスかどうか)，効果の大きさ（magnitude of effect）に基づいてエビデンスの質を「非常に低」から「高」までにランクづけする。機械的にポイントの上げ下げで質を決めるのではなく，個別の研究の詳細な検討と議論によって定められるのも特徴である。このような評価がなされたうえで，メタアナリシスの質の議論が可能となることを重ねて強調しておきたい。

3.　メタアナリシスの基礎：結果の統合

実際のメタアナリシスの基礎をおさらいしよう。例えば，**図3**のような試験Aと試験Bの結果が得られているとする。これらをメタアナリシスして統合したリスク比を算出したい。このとき，試験を無視して単純に人数を合計することで，結果の統合を行うことも考えられるが，これはメタアナリシスでは行われない。メタアナリシスでは，各試験で得られている効果指標の結果と，その推定精度（つまりは推定値の分散の逆数）を重みとした重み付き平均によって算出される。この統合方法は，逆分散法，と呼ばれる。逆分散法では，1つ注意点がある。**図3**のように統合したい効果指標が比の指標の場合，指標は0以上の値しかとらない。そのため，一般にはその対数をとったもの（この例では対数リスク比）とその対数をとったものの分散（対数リスク比の分散）の逆数を重みとするのが通常である。

具体的に計算してみよう。試験Aでは，リスク比が1.60（95％信頼区間（以下，95％CI)：1.14，2.25）と報告されている。これらをいったん，自然対数のスケールに変換すると，log(1.60)＝0.47，log(1.14)＝0.13，log(2.25)＝0.81となる。このとき，対数のスケールで95％CIの上下限値を比較すると，0.81－0.47＝0.34，0.47－0.13＝0.34となり，点推定値の0.47から左右対称に0.34の幅となっていることがわかる。正規近似を用いた95％CIの場合，推定値に標準誤差の1.96倍を左右対称につけ

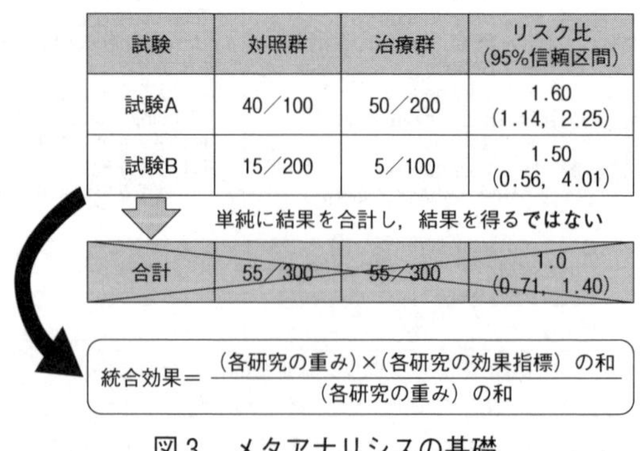

試験	対照群	治療群	リスク比（95%信頼区間）
試験A	40／100	50／200	1.60（1.14，2.25）
試験B	15／200	5／100	1.50（0.56，4.01）
合計	55／300	55／300	1.0（0.71，1.40）

図3　メタアナリシスの基礎

る方法を用いているため，共通幅である0.34を1.96で割ったもの（=0.17）が対数リスク比の標準誤差となる。そのため，この2乗をとった値が重みに利用される分散（$0.17^2=0.03$）となる。同様に試験Bについても算出すると，対数リスク比はlog（1.50）=0.405，その分散は0.25となる。したがって，逆分散法に基づいて計算される統合した対数リスク比は，

$$\frac{\left(0.47\times\frac{1}{0.03}+0.405\times\frac{1}{0.25}\right)}{\left(\frac{1}{0.03}+\frac{1}{0.25}\right)}=0.46$$

となり，元のスケールに戻すと，exp(0.46)=1.59が統合したリスク比となる。また，統合した対数リスク比の分散は，それぞれの重みを足し合わせた逆数

$$\frac{1}{\left(\frac{1}{0.03}+\frac{1}{0.25}\right)}=0.027$$

となるため，その95%CIは$0.46\pm1.96\times\sqrt{0.027}=0.46\pm1.96\times0.16$となる。それぞれを元のスケールに戻すと，exp(0.14)=1.15，exp(0.785)=2.19となり，統合したリスク比の95%CIは1.15～2.19となる。この95%CIは1をまたいでいないことから，両側5%水準の検定でも統計学的に有意に対照治療群のリスクが高いことがわかる。

メタアナリシスでは，このような統合結果をフォレストプロットという図とともに示すのが一般的である（**図4**）。**図4**は，Review Manager[3]というフリーソフトで作成した。左側に**図3**と同様の各試験の内訳と対数リスク比の分散の逆数（の割合）が**図4**中のWeightの列に記載されている。統合したリスク比が上で計算した値と同じものになっていることが確認できる。右側の図がフォレストプロットと呼ばれるものであり，一般には各試験の重みに対応した大きさの■と95%CIのバーで各試験が表現され，それらを統合した結果と95%CIが◆を用いて表現されることが多い。これ

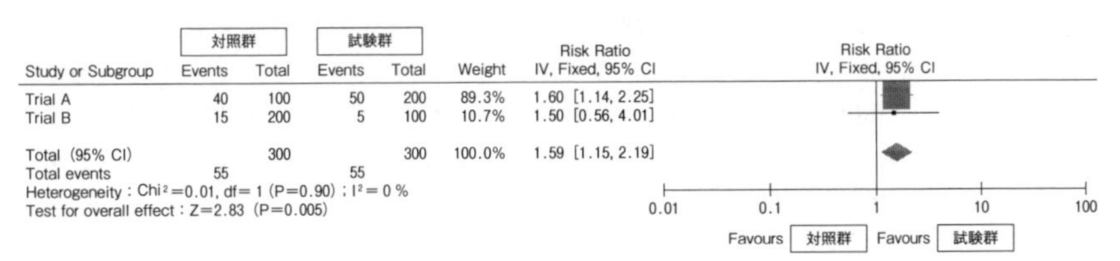

図4　2試験のメタアナリシスを示すフォレストプロット

により視覚的にも各試験の結果のばらつきを確認することができる。左下には，Heterogeneity，Test for overall effectとの記載が見られる。Heterogeneityは各試験の結果の均一性の程度を表しており，次節で説明する。Test for overall effectでは統合したリスク比に対する検定結果が示されており，Z検定の結果，$p=0.005$ということで両側5%有意水準の下，統計学的に有意であったと解釈できる。

4. 結果の均質性の評価

メタアナリシスは，単純に結果を統合することだけが目的ではない。検討している仮説について過去のエビデンスがどれだけ均質な結果であるか，それとも異質な結果（食い違った結果）であるかというのも重要な関心事項である。結果が食い違っている場合には，その原因を探索していく必要がある。では，どれだけ結果が均質であるか。これを定量化したものが，先の**図4**中のHeterogeneityに示されているχ^2とI^2である。χ^2は，統合した対数リスク比と各試験の対数リスク比の差の重み付き2乗和をとったものがもとになっている。この指標が自由度（試験数-1）のχ^2分布に従うことを利用して，均質性の検定結果が$p=0.90$と示されている。しかし，試験数が少ない場合には検出力が低いため，検定による均質性の判断は難しいことが多く，この検定のみで異質性の有無を評価するのはあまり適切ではない。そのため，その他の定量的な指標としてI^2が併せて示されている。I^2は全体のばらつきのうち，試験間のばらつきが占める割合を定量化している。0～100%の範囲となり，0に近い場合は効果の均質性が高く，100%に近い方が効果の異質性が高いことを示す。

試験間に効果の異質性が確認された場合，興味はその原因を探索することとなる。原因には様々なものが考えられる。試験レベルの特性（対照治療や用量の違い，実施環境など）による場合や，個人レベルの特性（年齢，疾患の重症度など）による場合もある。仮に質の高い試験のみでも異質性が確認されるようであれば，それは重要な効果修飾因子（Effect modifier）が存在する可能性がある。文献ベースのメタアナリシスではすべての効果修飾因子についての結果が示されているわけでないため，異質性の原因探索には限界があることが多いが，その中でもよく実施されるのがメタ回帰分析である。メタ回帰分析は，X軸に検討したい要因，Y軸に治療効果をプロットし，回帰モデルをあてはめるものであり，検討したい要因の試験レベルでの要約値と推定された治療効果との関連性を評価することができる。しかし，仮にランダム化比較試験で評価したとしても，試験間で検討したい要因と治療効果の関連を見ているため，ランダム化の恩恵が得られるわけではなく，他の要因が交絡している可能性がある。また，ecological fallacyに代表される解釈の困難さがあるため，結果の解釈には十分に注意が必要である[4)]。このようなこともあり，少なくとも10試験未満のメタアナリシスでは，メタ回帰はあまり推奨されていない[5)]。

5. 固定効果モデルと変量効果モデル

効果の統合の際に紹介した逆分散法は，試験間の治療効果のばらつきは純粋な偶然誤差であると仮定している。この状況を背後に想定したモデルのことを，メタアナリシスでは固定効果モデルと呼んでいる。一方で，試験間のプロトコールの違いなど原因は不明だが試験間に存在する異質性を最初から考慮したモデルも提案されており，これを変量効果モデルと呼ぶ。計算上は，簡単な場合，固定効果モデルの場合には，統合の際に重みに治療効果の分散のみの逆数を用いるが，変量効果モデルでは，治療効果の分散に試験間の分散を足し合わせたものの逆数を重みに使う，という違いに対応する。これにより推定精度の小さい小規模試験（＝固定効果モデルで重みが小さい試験）に試験間分散が加わるため，固定効果モデルと比べると小規模試験の影響が大きくなる。

どちらのモデルを用いるべきかということについては，いくつかの議論がある。例えば，上述した均質性の検定によりモデルの選択を行うことが考えられる。つまり，有意であれば（＝異質性があれば）変量効果モデル，そうでなければ固定効果モデルにより統合するという実践であるが，これは仮説検定の誤った使い方であり，統計的な性質も悪いため避けた方がよい。変量効果モデルは，試験間にはプロトコールなどに起因する細かな違いがあり，本質的に試験間差があると考えるのが自然であり，その背後に想定される共通の効果を評価したいような状況が想定されている。そのため，比較的メタアナリシスを実施する状況に合致していることが多く，いくつかの疾患領域では，特に文献ベースのメタアナリシスにおいて変量効果モデルの利用を推奨している[6)]。一方で，変量効果モデルが小規模試験の影響を相対的に大きく受けることや変量効果モデルがあたかも異質な試験を統合できるという誤解を生むことが好ましくないという主張もある[7)]。異質性が高い場合には，どちらのモデルを選択するべきかというよりも，その原因を探索することが重要であり，原因がわからない場合は，各試験の結果のみの提示，もしくは単なる重み付き平均として固定効果モデルの結果を示すのがよいという主張も理解できる。研究対象の性質や目的に応じて，より適切なモデルを採用すべきである。

6. 出版バイアス

メタアナリシスから妥当な結論を得るための重要な前提は，対象となる研究がすべて同定・評価されることである。ただし，古くからポジティブな試験がネガティブな試験に比べて発表されやすいという現象や，小規模試験は大規模試験よりも公表されない可能性が高いことが知られており，その結果，統合した結果には，出版バイアス（publication bias）という選択バイアスが生じてしまう。メタアナリシスにおいては出版バイアスの有無を確認するために，Funnel plot（漏斗プロット）を用いて視覚的な確認を行うことが多い（**図5**）。Funnel plotは，X軸に効果指標の推定値，Y軸にその標準誤差（もしくは逆数）をとるプロットである。仮に出版バイアスがなけれ

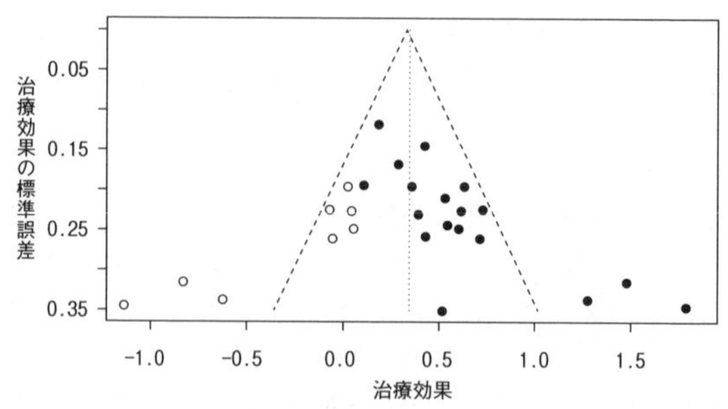

出典（https://bookdown.org/MathiasHarrer/Doing_Meta_Analysis_in_R/metareg.html）の参照データより作成

図5　Funnelプロット

ば，図は左右対称になることが期待されるため，**図5**において○が観測されていないような場合であれば，出版バイアスが疑われることになる。

出版バイアスは疑われるだけであり，いくつか提案されている補正方法もあくまで感度解析的な評価にとどまる。そのため，出版バイアスを防ぐ唯一の方法は，すべての臨床試験の登録と公表であるという主張もある。近年では，臨床試験を実施する前の登録はヘルシンキ宣言においても義務化されている。対象試験の検索の際には，公表されている論文だけでなく，臨床試験登録の情報も参照するとよい。

7.　論文の標準化

これまでに述べたような観点が論文からわかりやすく理解できるように，メタアナリシスに関する論文報告のガイドラインが公表されている。介入効果のメタアナリシスに関しては，Preferred Reporting Items for Systematic Reviews and Meta-Analyses（PRISMA）ガイドラインが広く利用されている[8]。観察研究のメタアナリシスについては，Meta-analyses of observational studies in epidemiology：a proposal for reporting（MOOSE）が利用されている[9]。MOOSEでは，6つの大項目の下に，35項目からなるチェックリストが示されている（**表**）。メタアナリシスの論文を読む際には参照しながら読むことで，必要な報告が十分になされているかを確認でき，誤った解釈を避けることができる。これら論文報告のガイドラインは，論文を出版する，読むときだけでなく，実際にメタアナリシスを実施する計画を立てる際にも有用である。

8.　まとめ

近年は，半分自動的に行われたかのようなメタアナリシスも増えており，表面的には適切そうに見えるメタアナリシスも多い。通常の臨床研究・疫学研究と同様に，検討している仮説が本当に意味のあるものであるのか，適切な計画がなされたうえでメタアナリシスが実施されているか，いままで触れたようなポイントについて適切な解釈がなされているかを確認することが重要である。今回の解説が，質の高い新たなメ

表　MOOSEチェックリスト

大項目	小項目
背景の報告に含まれるべき事項	
	問題の定義
	仮説の提示
	研究アウトカムの記述
	使用された曝露もしくは介入のタイプ
	使用された研究デザインのタイプ
	研究対象
検索ストラテジーの報告に含まれるべき事項	
	検索担当者の適格性
	検索ストラテジー（統合および検索キーワードを含める期限を含む）
	すべての入手可能な研究を盛り込む努力（著者との連絡を含む）
	対象となったすべてのデータベースおよび研究登録
	使用された検索ソフトウエアの名前とバージョン
	ハンドサーチの使用について（例えば，入手した論文の参考文献リスト）
	特定された文献のリストおよび除外された文献のリスト（除外の理由を含む）
	英語以外で発表された文献の取り扱い方法
	抄録および未発表の研究の取り扱い方法
	いかなる形式であれ著者と連絡をとった事実があれば，それについての説明
方法の報告に含まれるべき事項	
	検証すべき仮説を評価するために集められた研究の妥当性および適切性についての記述
	データの選択およびコーディングに関する論理的根拠（例えば，確固とした臨床的原則，または臨床上の便宜）
	データの分類とコーディングの方法に関する詳細な記述（例えば，複数評価者，盲検，評価者間信頼性）
	交絡の評価（例えば，適切な設定であれば，研究の症例と対照の比較可能性）
	研究の質の評価（研究の質の評価者に対する盲検性，アウトカムの予測因子に関する層別化または回帰を含む）
	不均一性の評価
	統計学的手法について，その再現を可能にする詳細な記述
	適切な表およびグラフの準備
結果の報告に含まれるべき事項	
	個々の研究における推定値および全体の推定値を視覚的に示した要約
	報告に含まれる各研究についての記述的情報を盛り込んだ表
	感度分析の結果（例えば，サブグループ解析）
	知見における統計学的不確かさの提示
考察の報告に含まれるべき事項	
	バイアスの量的評価（例えば，出版バイアス）
	除外の妥当性に関する説明（例えば，非英語引用文献の除外）
	解析に含まれたすべての研究の質的評価
結論の報告に含まれるべき事項	
	観察結果に対する他の説明の考慮
	結論の一般化
	これからの研究に向けての指針
	財源の公表

タアナリシスの実施・報告・解釈につながれば幸いである。

文　献

1）Gurevitch J, Koricheva J, Nakagawa S, et al. Meta-analysis and the science of research synthesis. *Nature* 2018；555(7695)：175-82.

2）Manchikanti L, Singh V, Smith HS, et al. Evidence-based medicine, systematic reviews, and guidelines in interventional pain management：part 4：observational studies. *Pain Physician* 2009；12(1)：73-108.

3）Cochrane Training. Review Manager（RevMan).（https://training.cochrane.org/online-learning/core-software-cochrane-reviews/revman）2022.7.1.

4）Thompson SG, Higgins JPT. How should meta-regression analyses be undertaken and interpreted? *Stat Med* 2002 ; 21(11) : 1559-73.

5) Thompson SG, Sharp SJ. Explaining heterogeneity in meta-analysis : a comparison of methods. *Stat Med* 1999 ; 18(20) : 2693-708.

6) Borenstein M, Hedges LV, Higgins JPT, et al. A basic introduction to fixed-effect and random-effects models for meta-analysis. *Research Synthesis Methods* 2010 ; 1(2) : 97-111.

7) Poole C, Greenland S. Random-effects meta-analyses are not always conservative. *Am J Epidemiol* 1999 ; 150(5) : 469-75.

8) Page MJ, McKenzie JE, Bossuyt PM, et al. The PRISMA 2020 statement : An updated guideline for reporting systematic reviews. *BMJ* 2021 ; 372 : n71.

9) Stroup DF, Berlin JA, Morton SC, et al. Meta-analysis of observational studies in epidemiology : a proposal for reporting. Meta-analysis Of Observational Studies in Epidemiology (MOOSE) group. *JAMA* 2000 ; 283(15) : 2008-12.

第21回　報告ガイドラインの紹介

大野　幸子，坂巻　顕太郎

1.　はじめに

報告ガイドラインは，「特定の種類の研究を報告する際に著者を導くためのチェックリスト，フロー図，または構造化されたテキストで，明示的な方法論を用いて作成されたもの」と定義される。報告ガイドラインという名称から，報告を行う論文著者が活用するものと考えられがちであるが，実際には論文の批判的吟味を行う査読者，エビデンスを活用しようとする読者にとっても，当該論文の質を判断する重要な指針となる。また，報告ガイドラインを遵守した研究論文は，他の研究者が当該研究を再現，拡張する際にも有用であり，科学の発展に寄与するものである。

報告ガイドラインの先駆けとなったのは，1996年に発表されたランダム化比較試験の報告に関するCONSORT声明（Consolidated Standards of Reporting Trials Statement，臨床試験報告に関する統合基準に関する声明）である[1)]。当時，1991年に提唱された根拠に基づく医療（Evidence Based Medicine, EBM）の概念が浸透しつつあり，ランダム化比較試験から得られるエビデンスの重要性が広く認知されるようになった。同時に，透明性（transparency）や客観性（objectivity）に欠ける質の低いランダム化比較試験の報告が特に問題視されるようになり，1996年には最初の報告ガイドラインであるCONSORT声明が発表されるに至った。その後，CONSORT声明は2度のアップデートを経て，現在は2010年版が広く利用されている。また，STROBE（観察研究），PRISMA（システマティックレビュー）をはじめ，各種研究デザインに関する報告ガイドラインも発表されている。このように多数のガイドラインが発表される過程で，2008年には報告ガイドライン普及や作成支援等を目的として，EQUATORネットワークという組織が設立された。EQUATORネットワークのウェブサイト（https://www.equator-network.org/reporting-guidelines/）は統一プラットフォームとして機能しており，2023年5月現在，564の各種報告ガイドラインを提供している。今回は，主要ガイドラインであるCONSORT声明とSTROBE声明の概要を報告されにくい項目の解説とともに紹介する。

2.　CONSORT声明

2.1　概要

CONSORT声明はランダム化比較試験の報告ガイドラインであり，改訂を経て現在は2010年度版が使用されている。英語のオリジナルの他，複数の言語に翻訳されており，日本語版を含む翻訳版がEQUATORのウェブサイトから取得可能である。CONSORTには各段階での対象者の組入れ，除外を記載するフローチャート（フロー

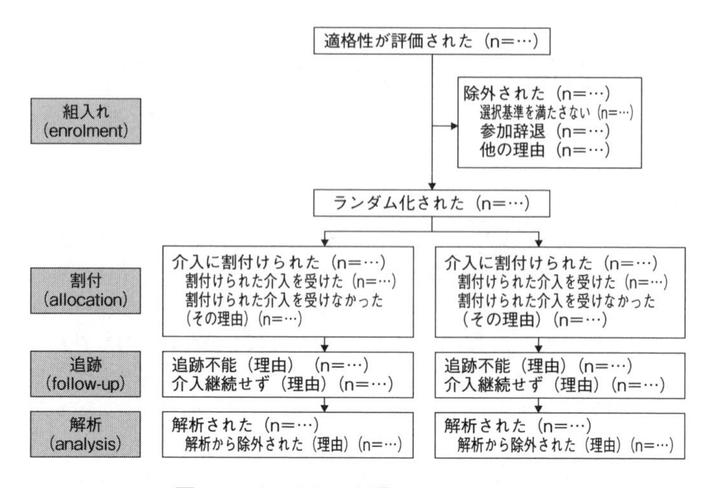

図1　CONSORT声明フローチャート

ダイアグラム）（**図1**）[2)]とチェックリスト（**表1**）[2)]が存在し，多くの雑誌で論文投稿時に両者を提出することが求められる（**図1**と**表1**は英語版を元に作成しているため，日本語版と完全一致はしない）。チェックリストは，タイトルと抄録（Title and abstract），はじめに（Introduction），方法（Method），結果（Result），考察（Discussion），その他の情報（Other information）の6つの章と25のトピックから構成されており，報告すべき内容の概要が簡潔に記載されている。報告に求められる基準の詳細は「CONSORT 2010解説と詳細（CONSORT 2010 explanation and elaboration）」[3)]に記載されており，チェックリストと合わせて使用するよう推奨されている。

2.2　遵守

2012年に行われたシステマティックレビューでは，臨床試験の報告におけるCONSORT声明の遵守と報告された項目の関連について調査しており，CONSORT声明の遵守を投稿規定としない雑誌では，投稿規定に定めている雑誌と比較し，項目9「割付隠匿の仕組み（Allocation concealment mechanism）」（22% vs. 45%）を筆頭に，項目2a「科学的背景と論拠の説明（Scientific background and explanation of rationale）」，項目7「サンプルサイズ（Sample size）」，項目8「順番の作成（Sequence generation）」の詳細が報告されにくいことを指摘している[4)]。また，2017年に行われた研究では，コクラン・レビューに採用された臨床試験を対象に報告の質について調査し，risk of bias（バイアスが生じる危険性）が不明となる頻度の高い項目が，順に，項目9「割付隠匿の仕組み」（57.5%），項目8「順番の作成」（48.7%）であることを明らかにした[5)]。以下で，両研究において懸念が示された項目8「順番の作成」，項目9「割付隠匿の仕組み」について紹介する。

表1　CONSORT声明チェックリスト

章／トピック (Section／Topic)	項目番号 (Item No)	チェックリスト項目 (Checklist Item)	報告したページ番号 (Reported on page No)
タイトルと抄録 (Title and abstract)			
	1a	タイトルにランダム化比較試験と明記	
	1b	試験デザイン，方法，結果，結論の構造化抄録(具体的なガイダンスは抄録のためのCONSORTを参照[1)2)])	
はじめに (Introduction)			
背景と目的 (Background and objective)	2a	科学的背景と論拠 (rationale) の説明	
	2b	特定の目的または仮説	
方法 (Method)			
試験デザイン (Trial design)	3a	割付け比を含む試験デザインの記述 (並行群間，要因計画など)	
	3b	試験開始後の方法 (適格基準など) に関する重要な変更とその理由	
参加者 (Participant)	4a	参加者の適格基準	
	4b	データが収集されたセッティング (setting) と場所	
介入 (Intervention)	5	実際にいつどのように実施されたかを含む，再現可能となるような十分な詳細を伴う各群の介入	
アウトカム (Outcome)	6a	いつどのように評価されたかを含む，事前に特定され詳細に定義された主要・副次アウトカム	
	6b	試験開始後のアウトカムのいかなる変更とその理由	
サンプルサイズ (Sample size)	7a	どのように目標サンプルサイズが決められたか	
	7b	あてはまる場合は，中間解析と中止基準の説明	
ランダム化 (Randomization)			
順番の作成 (Sequence generation)	8a	ランダム割付の順番を作成した方法	
	8b	割付の種類：制約の詳細 (ブロック化，ブロックサイズなど)	
割付隠匿の仕組み (Allocation concealment mechanism)	9	ランダム割付の実施に用いられた仕組み (番号付き容器など)，各群の割付が終了するまで割付順を隠匿するための手順の記述	
実施 (Implementation)	10	誰が割付順を作成したか，誰が参加者を組入れたか，誰が参加者を各群に割付けたか	
盲検化 (Blinding)	11a	盲検化した場合，介入に割付けた後に誰がどのように盲検化かされたか (参加者，介入実施者，アウトカムの評価者など)	
	11b	関連する場合，介入の類似性の記述	
統計手法 (Statistical method)	12a	主要・副次アウトカムの群間比較に用いられた統計手法	
	12b	サブグループ解析や調整解析のような追加解析の手法	
結果 (Results)			
参加者の流れ (Participant flow) (フローチャートを強く推奨)	13a	各群における，ランダム割付けされた人数，意図された治療を受けた人数，主要アウトカムの解析に用いられた人数	
	13b	各群における，追跡不能例とランダム化後の除外例，その理由	
募集 (Recruitment)	14a	募集期間と追跡期間を特定する日付	
	14b	試験が終了または中止した理由	
ベースラインデータ (Baseline data)	15	各群のベースラインにおける人口統計学的 (demographic)，臨床的な特性を示す表	
解析された人数 (Number analyzed)	16	各群について，各解析における参加者数 (分母)，解析が元の割付け群によるものであるか	
アウトカムと推定 (Outcome and estimation)	17a	主要・副次アウトカムのそれぞれについて，各群の結果，推定されたエフェクトサイズとその精度 (95%信頼区間など)	
	17b	2値アウトカムについては，絶対・相対エフェクトサイズの両方を記載することが推奨される	
補助的解析 (Ancillary analysis)	18	探索的解析から事前に特定した解析を区別し，サブグループ解析や調整解析を含んだ，実施した他の解析の結果	
害 (Harm)	19	各群のすべての重要な害 (harm) または意図しない効果 (具体的なガイダンスは害のためのCONSORTを参照[3)])	
考察 (Discussion)			
限界 (Limitation)	20	試験の限界，可能性のあるバイアスや低精度の原因，関連する場合は解析の多重性の原因の説明	
一般化可能性 (Generalisability)	21	試験結果の一般化可能性 (外的妥当性，適用性)	
解釈 (Interpretation)	22	結果，有益性と有害性のバランス，他の関連するエビデンスと一致した解釈	
その他の情報 (Other information)			
登録 (Registration)	23	登録番号と試験登録したレジストリ名	
プロトコール (Protocol)	24	可能であれば，完全なプロトコールの入手方法	
資金提供者 (Funding)	25	資金提供や他の支援 (薬剤の供給など) のソース，資金提供者の役割	

出典　1) Hopewell S, et al. CONSORT for reporting randomized controlled trials in journal and conference abstracts：explanation and elaboration. PLoS Med 2008；5：e20

2) Hopewell S, et al. CONSORT for reporting randomised trials in journal and conference abstracts. Lancet. 2008；371：281-3.（日本語訳：中山健夫．雑誌および会議録でのランダム化試験報告の抄録に関するCONSORT声明．In：中山健夫，津谷喜一郎編著．臨床研究と疫学研究のための国際ルール集．ライフサイエンス出版，2008，p.147-9.）

3) Ioannidis JP, et al. Better reporting of harms in randomized trials：an extension of the CONSORT statement. Ann Intern Med. 2004；141：781-8.（日本語訳：八重ゆかり，訳，大橋靖雄，監訳．ランダム化試験における害（harm）のよりよい報告：CONSORT声明の拡張．中山健夫，津谷喜一郎編著．臨床研究と疫学研究のための国際ルール集．ライフサイエンス出版，2008，p.118-34.）

2.3 報告されにくい項目

項目8「順番の作成（Sequence generation）」は，8a「ランダム割付の順番を作成した方法」と8b「割付の種類」に分かれている。前者はランダムに治療などを割り付ける際の無作為性（randomness）を担保する方法を指し，ランダム割付の順番の作成に使用した乱数の発生方法の詳細が求められる。CONSORT2010声明では，乱数を作成する際に使用した乱数表や乱数生成器などの記載を求めているが，現代ではそのほとんどがコンピューターによる擬似乱数生成アルゴリズムに置き換わっているため，推奨内容が現状にそぐわないものになりつつある。報告の正確性を期すという本来のCONSORT声明の目的に即して，現代では使用したシステムを記載する等の対応が考えられる。後者の項目8b「割付の種類」は，ランダム化の種類とその詳細を指し，置換ブロック法，最小化法など割付方法の記載が求められる。置換ブロック法の場合，ブロックの生成方法，ブロックサイズ，ブロックサイズは固定か，といった詳細を記載し，最小化法の場合は，バランスを取った要因および参加者の割付確率（群間で要因の不均衡が生じた場合に，要因のバランスが取れるように次の参加者を割り付ける確率）について記載する。なお，最小化法には，群間に要因の不均衡がある場合に確率1で要因のバランスが取れる治療群に割り付ける方法に加え，偏コイン（biased coin）を用いて0.8や0.9の確率で要因のバランスを取る方法（minimization with biased coin）を併用するものなどが存在する。割付に使用した要因に関しては，すべてを明記し，カットオフ値（例：年齢のカテゴリ化に使用した値）についても記載する。

項目9「割付隠匿の仕組み（Allocation concealment mechanism）」は，乱数の発生により作成された割付を隠匿する方法を意味し，参加者を登録する者が，次の割付を知ることにより起こる選択バイアスを防ぐために行われる。例えば，医師が次の割付が介入群になることを知っていた場合，意図的に患者の診察の順番を変更し，特定の傾向がある患者を介入群に割り当てることで，介入の効果の推定に影響を与えることが可能になる。このような状況を防ぐために，第三者による割付や，ランダム割付の順番に基づいた通し番号のついた薬剤を準備する等の手段を講じ，割付を隠匿する。本項目では，その隠匿手段の詳細を記述することを求めている。項目11の盲検化と混同されやすいが，割付の隠匿が参加登録時の選択バイアスを防ぐ目的を有する一方，盲検化は割付後の測定バイアス（医師や参加者の期待が結果に影響することにより生じるバイアス）や実行バイアス（治療提供者が割付を知っていることにより，群間で治療を行う姿勢に差が生じ，結果としてアウトカムに差を生じさせるバイアス）などを防ぐために行うものである。

CONSORT声明には35の拡張版（CONSORT Extensions）が存在し（**表2**），EQUATOR，もしくはCONSORT声明のウェブサイト（http://www.consort-statement.org/extensions）からアクセスできる。クラスターランダム化，非劣性および同等性試験，多群並行群間試験，漢方薬，ハーブ等の特定のデザイン・テーマの場合，通常の

表2　CONSORT声明拡張版

デザイン（Designs）	介入（Interventions）	データ（Data）
クラスターランダム化比較試験（Cluster Trials）	ハーブによる医学介入（Herbal Medicinal Interventions）	患者報告アウトカム（CONSORT-PRO）
非劣勢及び同等性試験（Non-Inferiority and Equivalence Trials）	非薬物介入（Non-Pharmacologic Treatment Interventions）	害（Harms）
プラグマティック試験（Pragmatic Trials）	鍼灸介入（Acupuncture Interventions）	抄録（Abstracts）
N-of-1試験（N-of-1 Trials）	漢方薬（Chinese Herbal Medicine Formulas）	エクティ（Equity）
パイロット及び忍容性試験（Pilot and Feasibility Trials）	社会心理学的介入（Social and Psychological Interventions）	ランダム化クロスオーバー試験（Randomised Crossover Trial Reporting）
個人内試験（Within Person Trials）		
多群並行群間試験（Multi-Arm Parallel-Group Randomized Trials）		
アダプティブデザイン（Adaptive Designs）		

CONSORT声明ではなく拡張版の使用が望ましい。

3.　STROBE声明

3.1　概要

STROBE声明（Strengthen the Reporting of Observational Studies in Epidemiology Statement）[6)7)]は，観察研究の報告の質の改善を目的として2004年から開発が開始され，2007年に正式に発表された。当時，ランダム化比較試験の報告ガイドラインであるCONSORT声明は存在したものの，医学研究の多くを占める観察研究に対する報告ガイドラインが存在せず，その報告がしばしば不十分であることが問題視されていた。そこで，方法論学者，研究者，雑誌編集者等が討議し，観察研究で報告すべき22項目をまとめ，STROBE声明が提唱された。STROBE声明は「タイトル（TITLE）」「抄録（ABSTRACT）」「はじめに（INTRODUCTION）」「方法（METHODS）」「結果（RESULTS）」「考察（DISCUSSION）」に関連する22項目のチェックリストを提供しており，18項目はコホート研究，ケース・コントロール研究，横断研究に共通で，残りの4項目はそれぞれの研究デザインごとに設定されている（**表3**；英語版を元に作成しているため，日本語版と完全一致はしない）[7)]。英語のオリジナルの他，複数の言語に翻訳されており，日本語版を含む翻訳版はEQUATORのウェブサイトで取得可能である。また，同ウェブサイトから「STROBE声明の解説と詳細」[8)]の日本語版も取得できる。

3.2　遵守

2014年のシステマティックレビュー[9)]では，STROBE声明が観察研究の報告の質をどの程度改善したかについて検討している。その結果，同一雑誌においてはSTROBE声明の遵守の開始前後で報告の質に差は認めないものの，同時期の遵守と

表3 STROBE声明チェックリスト

	項目番号 (Item No)	推奨 (Recommendation)	報告したページ番号 (Reported on page No)
タイトルと抄録 (TITLE and ABSTRACT)	1	(a)タイトルまたは抄録のなかで，一般に用いられる用語で試験デザインを明示する (b)何が行われ，何が明らかにされたかについて，十分な情報を与え，バランスのとれた要約を抄録に記載する	
はじめに (INTRODUCTION)			
背景 (Background)／論拠 (rationale)	2	報告される研究の科学的背景と論拠を説明する	
目的 (Objectives)	3	事前に決めた仮説を含む特定の目的を明記する	
方法 (METHODS)			
研究デザイン (Study design)	4	論文の早い段階で研究デザインの重要な要素を示す	
セッティング (Setting)	5	登録期間，曝露，追跡，データ収集などに関連する日付，実施場所，セッティングを明記する	
参加者 (Participants)	6	(a)*コホート研究*：適格基準，参加者の母集団，選択方法を明記する。追跡方法も記載する *ケース・コントロール研究*：適格基準，参加者の母集団，ケースの確認方法とコントロールの選択方法を示す。ケースとコントロールの選択における論拠を示す 横断研究：適格基準，参加者の母集団，選択方法を示す (b)*コホート研究*：マッチング研究の場合，マッチングの基準，曝露群と非曝露群の人数を記載する *ケース・コントロール研究*：マッチング研究の場合，マッチングの基準，ケースに対するコントロールの人数を記載する	
変数 (Variables)	7	すべてのアウトカム，曝露，予測因子 (predictor)，潜在的な交絡因子，潜在的な効果修飾因子を明確に定義する。該当する場合は，診断基準を示す	
データソース (Data sources)／測定 (measurement)	8*	興味のある各変数に関する，データソース，評価 (測定) 方法の詳細を示す。二つ以上の群がある場合は，評価方法の比較可能性 (comparability) を明記する	
バイアス (Bias)	9	バイアスの潜在的な源に対応するためのいずれの措置を示す	
研究サイズ (Study size)	10	研究サイズ (研究内の対象者数) がどのように達成されたかを説明する	
量的変数 (Quantitative variables)	11	量的変数の解析でのどのように扱われたかを説明する。該当する場合は，どのグルーピング (grouping) が選ばれたかと理由を記載する	
統計手法 (Statistical methods)	12	(a)交絡因子の調整に用いた方法を含め，すべての統計手法を示す (b)サブグループと交互作用の検討に用いたすべての方法を示す (c)欠損データをどのように扱ったかを説明する (d)*コホート研究*：該当する場合は，脱落例をどのように扱ったかを説明する *ケース・コントロール研究*：該当する場合は，ケースとコントロールのマッチングをどのように行ったかを説明する *横断研究*：該当する場合は，サンプリング方法 (sampling strategy) を考慮した解析方法を記載する (e)あらゆる感度分析 (sensitivity analysis) について記載する	
結果 (RESULTS)			
参加者 (Participants)	13*	(a)研究の各段階における人数を示す (例：潜在的な適格な対象，適格性が調査された数，適格と確認された数，研究に組入れられた数，フォローアップを完遂した数，解析された数) (b)各段階での非参加の理由を示す (c)フローチャートによる記載を考慮する	
記述的データ (Descriptive data)	14*	(a)研究参加者の特徴 (例：人口統計学的，臨床的，社会学的特徴) と曝露や潜在的な交絡因子の情報を記載する (b)興味のある変数それぞれについて，欠測データがある参加者数を記載する (c)*コホート研究*：追跡期間を要約する (例：平均や総量)	
アウトカムデータ (Outcome data)	15*	*コホート研究*：アウトカム事象の発生数や時間に対する要約指標 (summary measure) を示す *ケース・コントロール研究*：各曝露カテゴリーの数，または曝露の要約指標を示す *横断研究*：アウトカム事象の発生数または要約指標を示す	
主たる結果 (Main results)	16	(a)未調整 (unadjusted) の推定値と，該当する場合は交絡因子を調整した推定値，それらの精度 (例：95%信頼区間) を記述する。どの交絡因子を調整し，なぜその因子を用いたかを明確にする (b)連続変数をカテゴリー化したときは，カットオフ値 (category boundary) を報告する (c)適切 (relevant) であれば，意味のある期間における絶対リスクへ相対リスクを変換することを考慮する	
他の解析 (Other analyses)	17	その他に行われた解析 (例：サブグループや交互作用の解析と感度分析) を報告する	
考察 (DISCUSSION)			
鍵となる結果 (Key results)	18	研究目的に関しての鍵となる結果をまとめる	
限界 (Limitations)	19	潜在的なバイアスまたは低精度を考慮して，研究の限界を議論する。いずれの潜在的なバイアスの方向性と大きさをともに議論する	
解釈 (Interpretation)	20	目的，限界，解析の多重性 (multiplicity)，同様の研究で得られた結果やその他の関連するエビデンスを考慮し，結果の注意深い総合的な解釈を記載する	
一般化可能性 (Generalisability)	21	研究結果の一般化可能性 (外的妥当性) を議論する	
その他の情報 (OTHER INFORMATION)			
研究の財源 (Funding)	22	研究の資金源，現在の研究と，該当する場合には，現在の研究の元となる研究 (original study) の資金提供者 (funder) の役割を示す	

注 *ケース・コントロール研究では，ケースとコントロールに分けて記述し，コホート研究と横断研究では，該当する場合には，曝露群と非曝露群に分けて記述する

非遵守の雑誌を比較したところ，STROBE声明を遵守した雑誌では，考察部分，特に「限界（Limitation）」の報告の質が高かった（リスク比：1.51，95％信頼区間：1.05-2.18）。このようにSTROBE声明に一定の効果があることが示された一方で，観察研究全体の報告の質を調査した2016年の研究では，STROBE声明の項目7「変数（Variable）」，項目19「限界」に当たる部分を適切に報告している論文はそれぞれ40％，32％にとどまっていることが明らかになった[10)]。著者らは，観察研究の報告の現状に警鐘を鳴らすとともに，論文投稿時のSTROBEチェックリスト提出を義務づけることにより状況が改善する可能性について言及している。以下では，最も報告率が低かった項目7「変数」，項目19「限界」についてとり上げる。

3.3　報告されにくい項目

項目7「変数（Variable）」では，使用したアウトカム，曝露，予測因子，交絡因子，および効果修飾因子を含め，解析において考慮し投入されたすべての変数についての定義を報告するよう求めている。連続変数をカテゴリー化した場合は，カットオフ値とそのカットオフ値を選択した理由（例：WHOのBMIカテゴリーに基づく）についての記載が求められる。また，各変数の定義に診断が関連する場合は，診断基準の詳細について記載する。診断を行ううえで客観的な指標が存在せず，診断者によって診断精度が異なる可能性がある場合には，診断者の詳細（例：臨床経験10年以上の眼科専門医2名）についても記載を行う。

項目19「限界（Limitation）」は，「潜在的なバイアスまたは低精度を考慮して，研究の限界を議論する。いずれの潜在的なバイアスの方向性と大きさをともに議論する」とされている。潜在的なバイアスとは，具体的には，選択バイアス，情報バイアス（測定バイアス），交絡を指す。研究の中でデザインや解析により制御できなかった可能性があるバイアスについて述べ，それらが結果に与える方向性と大きさについて議論する必要がある。また，本項目では，研究結果の精度の考察も求められる。結果の精度は，曝露・アウトカム・交絡の測定のみならず，研究の規模など研究の様々な側面に影響を受ける。曝露・アウトカム・交絡の測定の不正確性が懸念される場合は，バイアスがかかる方向とその大きさについても検討し，報告を行うことが望ましい。

STROBE声明には19の拡張版（STROBE Extensions）が存在し，EQUATORのウェブサイト，またはSTROBE声明のウェブサイト（https://www.strobe-statement.org/）から取得できる。近年，比較的よく使用されるSTROBE声明の拡張版として，リアルワールドデータを用いた研究の報告基準であるRECORD声明（The Reporting of studies Conducted using Observational Routinely-collected health Data，日々観察されて集められている診療情報を用いた研究の報告基準）が存在する。RECORD声明は，米国のMEDICARE・MEDICADEのような大規模医療データの研究利用の増加を背景に，STROBE声明に13の項目を追加する形で作成された。追加された項目では，タイトルへのデータベース名の記載，使用したコードやデータリンケージの詳細などのリアルワールドデータ特有の問題に対応できるようになっている。チェックリストは，オリジナルの英語版のほか，日本語版もEQUATORのウェブサイトから取得できる。

4．その他のガイドライン

今回はランダム化比較試験のガイドラインであるCONSORT声明，観察研究のガイドラインであるSTROBE声明を紹介したが，主要ガイドラインとして他に，PRISMA声明（Preferred Reporting Items for Systematic reviews and Meta-Analysis，システマティックレビュー報告のためのガイドライン），SPIRIT（Defining Standard Protocol Items for Clinical Trials，臨床試験のための標準的なプロトコール項目の規定），STARD（the Standards for the Reporting of Diagnostic Accuracy Studies，診断・検査精度研究のための報告基準），CARE（CAse REport，症例報告のためのガイドライン），AGREE（Appraisal of Guidelines, Research and Evaluation，診療ガイドラインの評価），MOOSE（Meta-analysis Of Observational Studies in Epidemiology，疫学における観察研究のメタアナリシス報告のためのガイドライン）などが存在する。いずれも拡張版とともにEQUATORのウェブサイトから取得できる。

5．おわりに

今回は臨床試験と観察研究の報告ガイドラインをとり上げ，最も報告が行われにくい項目について若干の解説を加えて紹介した。なお，とり上げなかったその他の項目に関しては，それぞれのガイドラインの「解説と詳細（explanation and elaboration)」を参照されたい。ガイドラインの紹介内容からもわかるように，各種報告ガイドラインは，研究の透明性，客観性を担保するという科学的な貢献の側面ばかりではなく，研究者が研究計画を立てる際や，論文を執筆，あるいは批判的吟味をする際の手がかりとなるという重要な一面を持つ。そういった意味で，報告ガイドラインは，初めて論文に触れる初学者から，大規模研究を主導する研究者まで，広く恩恵を与えるものである。利用者は報告ガイドラインを単に論文投稿時に課される制約と捉えるのではなく，自身の研究活動の質の向上のために役立ててほしい。

文　献

1）Schulz KF, Altman DG, Moher D, CONSORT Group. CONSORT 2010 statement：updated guidelines for reporting parallel group randomized trials. *Ann Intern Med*. 2010；152(11)：726-32.

2）津谷喜一郎，元雄良治，中山健夫．CONSORT 2010声明．*Jpn Pharmacol Ther*（薬理と治療）．2010；38(11)：939-47.

3）Moher D, Hopewell S, Schulz KF, et al. CONSORT 2010 explanation and elaboration：updated

guidelines for reporting parallel group randomised trials. *Int J Surg.* 2012；10(1)：28-55.
4) Turner L, Shamseer L, Altman DG, et al. Consolidated standards of reporting trials（CONSORT） and the completeness of reporting of randomised controlled trials（RCTs） published in medical journals. *Cochrane Database Syst Rev.* 2012；11：MR000030.
5) Dechartres A, Trinquart L, Atal I, et al. Evolution of poor reporting and inadequate methods over time in 20 920 randomised controlled trials included in Cochrane reviews：research on research study. *BMJ.* 2017；357：j2490.
6) von Elm E, Altman DG, Egger M, et al. The Strengthening the Reporting of Observational Studies in Epidemiology（STROBE） statement：guidelines for reporting observational studies. *Ann Intern Med.* 2007；147(8)：573-7.
7) 上岡洋晴，津谷喜一郎（訳）．疫学における観察研究の報告の強化（STROBE声明）：観察研究の報告に関するガイドライン．臨床研究と疫学研究のための国際ルール集．ライフサイエンス出版；2008：202-9.
8) Vandenbroucke JP, von Elm E, Altman DG, et al. Strengthening the Reporting of Observational Studies in Epidemiology（STROBE）：explanation and elaboration. *PLoS Med.* 2007；4(10)：e297.
9) Stevens A, Shamseer L, Weinstein E, et al. Relation of completeness of reporting of health research to journals' endorsement of reporting guidelines：systematic review. *BMJ.* 2014；348：g3804.
10) Pouwels KB, Widyakusuma NN, Groenwold RHH, et al. Quality of reporting of confounding remained suboptimal after the STROBE guideline. *J Clin Epidemiol.* 2016；69：217-24.

第22回　記述疫学

村上　義孝

1.　はじめに

疫学研究をはじめ人間集団を対象とした研究では，通常データを収集した後にデータの特徴や傾向がどうなっているか検討する。この確認作業は表による集計（Tabulation）や図による視覚化（Visualization）を通して人間の目によって行われ，データ記述（Data description）と総称される。データ記述で用いられる手法はすでに**第5・6回**でとり上げられているので参考にしてほしい。今回は公衆衛生分野で用いられる記述疫学のポイントを説明するとともに，保健統計における統計手法の代表である生命表計算（平均寿命）と標準化について，具体例を用いながら説明する。

2.　記述疫学のポイント

記述疫学では疾病の頻度を記述しその特徴を検討する。記述疫学の代表例として，『国民衛生の動向』に掲載されている保健統計の図表や，がん登録の5年生存率のグラフなどが知られている。記述疫学では人，場所，時間（Person，Place，Time）に着目した分析を行う。「だれが」「どこで」「いつ」というのが疫学における疾患頻度の記述の基本であり，図表の表題（例：A地域における循環器死亡率（2015年男性））や論文タイトル（例：B県における新型コロナウイルス感染症の患者数の推移（2021年4月1日－2022年3月31日））で必ず記載すべき事項とされている。人に関する要因として年齢，性別，社会経済的要因（職業，収入，学歴）が代表的であり，欧米などでは人種や民族性（Ethnicity）などが含まれる。場所については国，地方自治体，地域など様々な単位で比較が行われる。時間（Time）については短期・長期など期間をみるほか，周期的変動の検討が含まれる。

3.　人口動態と平均寿命

保健統計において，人口に関する事象の把握は重要である。人口に関する事象は，人口静態と人口動態に分類される。人口静態はある時点での人口のことであり，人口動態は出生や死亡など人口の動きに関する事象を示す。なお代表的な指標である出生，死亡，死産，婚姻，離婚は人口動態5事象と呼ばれている[1)]。平均寿命（平均余命）は最も重要な保健指標であり，メディアや教科書を含め広汎な媒体でその具体的な値などが取り上げられている。その一方で，平均寿命の計算法や考え方はあまり知られていないのが現状である。ここでは「平均寿命とは何か」について，平均寿命（平均余命）の計算なども含めて説明する。

平均寿命（0歳平均余命）とは，平たくいえば「0歳で生まれた子が将来的に何歳まで生きられるかを示した平均値」のことである。ちなみに平均余命とは「ある年齢の人が将来的に何歳まで生きられるかを示した平均値」であり，通常は20歳平均余命のように具体的な年齢とともに記載される。平均寿命や平均余命という「平均値」をどうやって求めるか？が平均寿命に対する理解のポイントとなる。この鍵となるのが生命表（Life table）という考え方である。

生命表は集団における死亡状況をまとめた表のことであるが，その表の作り方や平均寿命など保健指標とともに紹介されることが多い。生命表には世代生命表（Cohort life table）と現状生命表（Current life table）の2種類がある。世代生命表は特定の年に出生した集団を全員死亡するまで追跡，寿命を測定し作成された生命表である。「全員死亡するまでコホート研究を実施する」ことに相当するこの作業は主に歴史人口学などで使用されているものの，現状の集団の健康レベルの検討には向かない。それに対して現状生命表は「現状の年齢別死亡率が将来にわたり不変である」と仮定をおき，計算によって生命表を作成する方法である。現状生命表は世代生命表と異なり汎用性があるため様々な分野で使用されている。このためこれから現状生命表を用いた平均余命計算について説明する。

いま年齢 x 歳の人が $x+1$ 歳になるまでに死亡する確率（死亡確率）を q_x で表す。死亡確率 q_x は x 歳の年齢別死亡率 M_x を用い，$q_x \approx M_x/(1+0.5M_x)$ の近似式で求められる。通常生命表では10万人の出生者が実際の年齢別死亡率に従って死亡していくと仮定する。そのとき年齢 x 歳の生存数を l_x と表わす（図１）。X軸（横軸）に年齢，Y軸（縦軸）に l_x にとり，年齢による l_x の減少傾向を示した曲線を生存曲線と呼ぶ。この曲線で年齢 x 歳の人が $x+1$ 歳になるまでに発生した死亡数を d_x とすると $d_x = l_x \times q_x$ となり，$d_x = l_x - l_{x+1}$ とも表せる。年齢 x 歳の生存数 l_x について x 歳から $x+1$ 歳に達するまでに生存する年数の和を x 歳の定常人口（Stationary population）と呼び，L_x で示す。これ

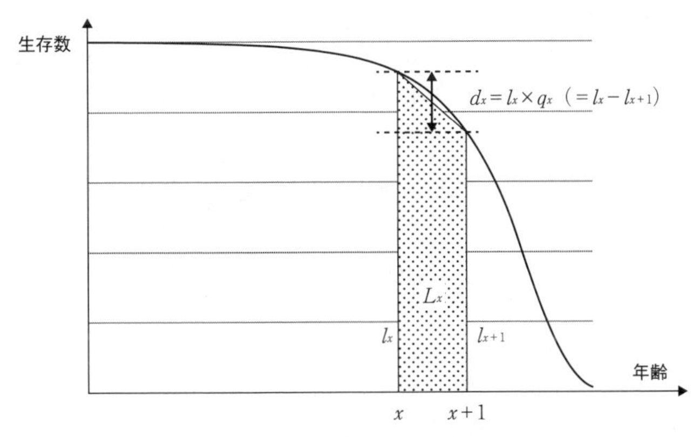

図１　生存曲線と定常人口

は図1の台形で示した部分に相当する。いま x 歳以上の定常人口の和を考えT_xとおく。x 歳の平均余命とは x 歳の生存数l_xの対象集団が x 歳以降に生存する年数の平均のことである。このことから平均余命をLE_xと表すと，$LE_x = T_x / l_x$と計算される。このように1歳刻みの年齢別死亡率の実データを用い「現在の年齢別死亡率が将来にわたり変わらない」と仮定をおき，生存曲線を作成して計算する，という作業から平均寿命（余命）は求められる。平均寿命の意味するところは「現状の死亡率からみた平均生存年数」であり，現在の死亡状況を反映した保健指標といえる。寿命という誰にもわかるテーマを扱った指標であることから広く一般に用いられ，寿命の延長に関わる要因についての検討もされている[2]。

平均寿命は，国もしくは都道府県など人口規模が大きい地域単位で算出されることが多い。この理由として人口が少ない地域では，年齢別死亡率の値が不安定である（偶然変動の影響を受けやすい）ことがあげられる。人口の少ない小地域の平均余命計算では，年齢階級幅を5歳に広げて年齢階級別死亡率を算出，使用する。その際に生存曲線の補正を行う必要がありChiangの方法として知られている[3)4)]。

4. 標準化

標準化（Standardization）は，年齢調整死亡率や標準化死亡比（Standardized mortality ratio，以下，SMR）を求める際に使用する統計手法のことであり，保健統計で広く使用されている。標準化により，人（職種・人種），場所（地域・国），時（年代・時代）の異なる複数のグループの保健指標（例：有病率，罹患率，死亡率）の妥当な比較が可能となる。なお，人・場所・時を考えることは記述疫学の基本であり，それらの影響を考慮した手法である標準化は，疫学では重視される。

数学的には標準化とは各層の重み付き平均（加重平均：Weighted average）として捉えられる。このことを理解するために年齢階級死亡率を例に標準化の説明をしよう。いま各年齢階級を i とし，地域A（集団A）の年齢階級 i の死亡率をI_{Ai}，地域B（集団B）の年齢階級 i の死亡率をI_{Bi}，各年齢層に与える重みをw_iとすると，地域Aの年齢調整死亡率I_A，地域Bの年齢調整死亡率I_Bは，以下のとおりである。

$$I_A = \frac{w_1 I_{A1} + w_2 I_{A2} + \cdots + w_n I_{An}}{w_1 + w_2 + \cdots + w_n} = \frac{\sum_{i=1}^{n} w_i I_{Ai}}{\sum_{i=1}^{n} w_i}$$

$$I_B = \frac{w_1 I_{B1} + w_2 I_{B2} + \cdots + w_n I_{Bn}}{w_1 + w_2 + \cdots + w_n} = \frac{\sum_{i=1}^{n} w_i I_{Bi}}{\sum_{i=1}^{n} w_i}$$

ここでこれら式の重みw_iについて考える。数学的にはw_iはいろいろな値の可能性があるが，保健統計的に解釈可能な重みとして，1）集団A，集団Bとは異なる他の集団（地域）の年齢分布，2）集団Aもしくは集団Bの年齢分布の2種類がある。前者を用いる方法が直接法（Direct methods）による年齢調整死亡率であり，後者の代表として間接法による標準化死亡比（Standardized mortality ratio；SMR）である[5)]。

直接法とは標準化の重みw_iとして，特定の人口集団（以下，基準集団）の年齢分布を用いる方法である。日本では現在，基準集団として平成27年（2015年）平滑化人口が用いられている。この基準人口を用いた年齢調整死亡率の解釈は，「対象集団の年齢分布が2015年日本人口と同じと（仮定）したときの集団全体の死亡率」となる。このように同年次（2015年）や同地域（日本）の年齢分布に仮想的に合わせることにより，年次・地域の年齢分布の影響を受けない集団比較が可能となる。なお，年齢調整死亡率の値自体は基準集団の設定により変化するため，値自体の解釈は難しい。そのため年齢調整死亡率は絶対値よりも相対的な大小に意味があり，直接法による調整指標の実践的な意義は，異なる集団（年次，地域）間の相対的な比較にあるといえる。複数の年齢調整死亡率を比較する指標として，年齢調整死亡率指数（Comparative mortality figure：CMF）が知られている。重み（基準集団）をs_iとしたときの集団A，集団Bの年齢調整死亡率のCMFは以下の式で示される。

$$\mathrm{CMF}=\frac{I_A}{I_B}=\frac{\sum_{i=1}^{n} s_i I_{Ai}}{\sum_{i=1}^{n} s_i I_{Bi}}$$

年齢調整死亡率の限界として，小地域において特定の年齢階級の人口が極端に少ないとき，その階級の年齢階級別死亡率が偶然起こったわずかな死亡の変動により，著しく増大するときがある。これはill-determined caseと呼ばれており，これが疑われるケースでは年齢階級別死亡率をチェックする必要がある[6)]。

間接法とは標準化の重みw_iとして，対象集団それ自体の年齢分布を用いる方法であり，標準化死亡比（Standardized mortality ratio；SMR）がその代表である。ここで集団Aと集団Bの死亡率の比較を考え，このときの標準化の重みを集団A(r_i)の年齢分布とすると，SMRは以下の式となる。

$$\mathrm{SMR}=\frac{I_A}{I_B}=\frac{\sum_{i=1}^{n} r_i I_{Ai}}{\sum_{i=1}^{n} r_i I_{Bi}}$$

このときの重み（r_i）は集団Aの年齢分布である。集団Aの死亡数の合計Mは各年齢別人口に年齢階級別死亡率を掛け合わせた和（$M=\sum_{i=1}^{n} r_i I_{Ai}$）であるため，以下のとおりとなる。

$$\mathrm{SMR}=\frac{M}{\sum_{i=1}^{n} r_i I_{Bi}}$$

この式はSMRの一般的な式として知られており，分子のMは実際に集団Aで発生した（観察された）死亡者数であることから観察（Observed）死亡数と呼ばれる。またSMRの分母は，「集団Bの年齢分布が集団Aと同じと仮定したとき発生する，集団Bの死亡者数」として解釈でき，期待（Expected）死亡数と呼ばれている。間接法では対象集団の総死亡数（M）と年齢別分布（r_i），対照集団の年齢階級別死亡率の3つがわかれば計算できる。このため人口が少なく安定した年齢階級別死亡率を求めることが難しい小地域同士の比較に向いている。

3つ以上の集団の比較を考えると，CMFでは使用する重みが3つとも共通（例：2015年平滑化人口）でありその相互比較には問題はない。一方，SMRでは各々の集団で集団それ自体の重みを使用するため，重みは共通でないことを理由に相互比較は難しいとの説明がある。これからSMRにおける相互比較が成立条件について考えてみよう。CMFとSMRが一致する条件を既出の式で表現すると，以下のとおりである。

$$\frac{\sum_{i=1}^{n} s_i I_{Ai}}{\sum_{i=1}^{n} s_i I_{Bi}} = \frac{\sum_{i=1}^{n} r_i I_{Ai}}{\sum_{i=1}^{n} r_i I_{Bi}}$$

この式は$I_{Ai}=cI_{Bi}$（cは定数），すなわち2群の各年齢階級別死亡率の比が一定のときに成立する。この条件は死亡率の等比性条件と呼ばれている[7)8)]。年齢上昇とともに死亡率が一定の割合で増大する（等比性）ことは様々な場面で観察されていることから，SMRの多数の集団間比較は，多くの場合で実用上問題がないと思われる。

標準化の具体例として，日本の脳血管死亡率について1990年と2018年を比較したものを**表1**に示した。2015年平滑化人口を基準人口としたときの脳血管疾患の年齢調整死亡率（人口10万対）は，1990年は260.2，2018年は79.4でCMFは0.31と対1990年比で2018年の死亡率が約3割であることが示されている。同じデータでSMRによる2018年と1990年の比較を行うと，実際の2018年の脳血管死亡者数（観察死亡数）は108,186人で，期待死亡数は356,303.7人と計算され，SMRは0.30となる。青壮年期で等比性条件を大きく逸脱していないことからCMFとSMRは同程度の値となり，1990年から2018年の約30年間で日本の脳血管死亡者数が7割近く減少したことがわかる。

5. 記述疫学における「仮定法」の発想

記述疫学では，ある種の仮定をおいて計算することが多い。平均寿命（余命）では「この年齢別死亡率が将来にわたり変わらない」，標準化では「集団Aの年齢分布が，集団Bの年齢分布と同じ」などがその代表といえよう。標準化はウィリアム・ファー（William Farr）が人口動態統計（Vital statistics）の解析で実際に使用している。その表中の項目に 'Average Annual Deaths **which would have occurred if** the mortality had been the same as in Healthy Districts.' という記載がある。これは「死亡率が

表1　年齢調整死亡指数（CMF），標準化死亡比（SMR）による日本の脳血管疾患死亡率の年代間比較（1990年，2018年）

男女計	人口(千人)		死亡率(10万対)		期待死亡数(直接法)		期待死亡数(間接法)	等比性条件
	2015年(基準人口)	2018年	2018年	1990年	2018年	1990年	1990年	
0-4歳	5 026	4 838	0.1	0.7	5.0	35.2	33.9	0.14
5-9	5 369	5 184	0.1	0.1	5.4	5.4	5.2	1.00
10-14	5 711	5 392	0.2	0.2	11.4	11.4	10.8	1.00
15-19	6 053	5 907	0.4	0.3	24.2	18.2	17.7	1.33
20-24	6 396	6 330	0.4	0.9	25.6	57.6	57.0	0.44
25-29	6 738	6 223	0.7	1.6	47.2	107.8	99.6	0.44
30-34	7 081	6 936	1.9	3.0	134.5	212.4	208.1	0.63
35-39	7 423	7 694	4.1	6.9	304.3	512.2	530.9	0.59
40-44	7 766	9 093	8.2	15.2	636.8	1 180.4	1 382.1	0.54
45-49	8 108	9 666	13.6	27.5	1 102.7	2 229.7	2 658.2	0.49
50-54	8 451	8 360	20.1	44.1	1 698.7	3 726.9	3 686.8	0.46
55-59	8 793	7 651	26.6	66.6	2 338.9	5 856.1	5 095.6	0.40
60-64	9 135	7 591	39.3	102.2	3 590.1	9 336.0	7 758.0	0.38
65-69	9 246	9 368	61.3	162.9	5 667.8	15 061.7	15 260.5	0.38
70-74	7 892	8 234	99.8	334.0	7 876.2	26 359.3	27 501.6	0.30
75-79	6 306	6 932	175.7	707.2	11 079.6	44 596.0	49 023.1	0.25
80-84	4 720	5 347	350.0	1 396.9	16 520.0	65 933.7	74 692.2	0.25
85歳以上	5 105	5 696	949.7	2 954.4	48 482.2	150 822.1	168 282.6	0.32
合計	125 319	126 442	87.1	99.4	99 551	326 062	356 303.7	
年齢調整死亡率					79.4	260.2		

脳血管死亡者数（2018年）：　108 186
CMF：　0.31
SMR：　0.30

健康な地区と同じであった場合に発生したであろう年間平均死亡数」という意味であり，英文法でいうところの仮定法を用いた表現である。英語の仮定法とは「事実を念頭におきながら，その逆もしくは可能性が非常に低いことを想定して，仮定や願望や後悔などの気持ちを表現する」ことである。このような発想はSF（サイエンティフィック・フィクション）におけるタイムマシンやパラレルワールドなどでもみられる。このように英米の表現では，現実にはない仮想的な状況（反事実，反実仮想）と現実を対比することが日常的に行われるが，このような発想法は日本（日本語）ではなじみが薄く，標準化や平均余命の計算で「なぜそのような仮定をおくのか」「そんなことを考えてどうするのか」等，ピンとこない諸氏もいると思われる（特に初学者はそうであろう）。疫学の考え方の根元に仮定法に代表される反事実の発想があるのは興味深いことである。

6. 最後に

今回は記述疫学の特徴とポイント，記述疫学の代表的な手法である平均寿命と標準化の説明をするとともに，その発想法について私見を述べた。すべてのデータ解析はデータの記述から始まるように，すべての疫学データ解析は記述疫学から始まる。記述疫学の手法の理解が，疫学データ解析を俯瞰するうえで重要であることを強調し，今回を終わりたい。

文　献

1）厚生統計テキストブック第７版．東京：厚生労働統計協会，2020；８．

2）スティーブン・ジョンソン．太田直子（訳）．EXTRA LIFEなぜ100年間で寿命が54年も延びたのか．東京：朝日新聞出版，2022；41-76.

3）福富和夫，永井正規，中村好一，他．ヘルスサイエンスのための基本統計学　第３版．東京：南江堂，2006；147-61.

4）村上義孝．日本疫学会（監）．生命表と平均寿命．疫学の事典．東京，朝倉書店，2023；352-３．

5）村上義孝．日本疫学会（監）．標準化．疫学の事典．東京，朝倉書店，2023；354-５．

6）福富和夫．死亡指標の意味と性格．日公衛誌　1984；31：289-95.

7）福富和夫，橋本修二．標準化死亡比に関する考察．日公衛誌　1989；36；155-60.

8）福富和夫，橋本修二．保健統計・疫学改訂６版．東京：南江堂，2018；45-８．

第23回　質問紙の作り方

米倉　佑貴

1.　はじめに

質問紙法，質問紙調査はいわゆるアンケート（調査）である。質問紙は，人を対象とする研究で対象者に関する情報を収集するために用いることができる簡便な方法である。物理学，化学，生物学のような自然科学の実験とは異なり，特殊な機器や技術を必要とせず，誰でも簡単に実施できるというイメージがあるかもしれない。しかし，専門的な知識に基づいて設計された質問紙調査とそうでないものではデータの質に大きな差が出る。

今回は，質問紙の作成の仕方について扱う。近年では回答用のウェブページを用意し，パソコンやスマートフォンなどの機器でアクセスし，回答してもらうインターネット調査も広く行われている。回答に使用する媒体は紙ではなく画面であるが，紙ベースの調査と共通する点は多いため，今回紹介する内容はインターネット調査を実施する際にも適用できるものもある。

2.　質問紙の構成，作成の手順

通常，質問紙は，表紙と質問部分で構成される。表紙には，調査のタイトル，背景や目的，依頼文，回答方法の指示，調査に関する問い合わせ先などが含まれる。保健医療系の研究では倫理的配慮などの説明事項が多くなるため，背景や目的，方法などはそれらと合わせて別の用紙に分けることもある。インターネット調査の場合も，調査に関する説明のページにアクセスしてもらい，調査に協力する場合に質問のページに進むという構成が一般的である。質問は分量が多いほど回答者の負担が大きく，回答率は下がるため，研究目的に照らし合わせて必要最小限の項目数に留めて質問部分を構成するほうがよい。

質問紙を作成する際の手順は，図1に示したとおりである。以下の節で，それぞれのステップについて紹介していく。

1)　リサーチクエスチョンや仮説を明確にする
2)　必要な質問項目を選定・作成する
3)　質問項目の順番を決める
4)　質問紙（インターネット調査）に起こす
5)　プレテストを行い必要に応じて修正する
6)　完成

図1　質問紙作成の手順

2.1　リサーチクエスチョンや仮説を明確にする

質問紙は，リサーチクエスチョンに対する答えを明らかにすることや仮説を検証するためのデータを収集する道具であるため，リサーチクエスチョンや仮説を明確にしなければ，作成することができない。リサーチクエスチョンや仮説の立て方については，**第2回**で扱っているので，そちらも参考にしてほしい。

2.2　必要な質問項目を選定・作成する

次に，リサーチクエスチョンや仮説を検証するために必要な項目を既存の質問項目から選定するか新しく作成する必要がある。最初から質問項目を選んだり作ったりするのは難しいので，まずは概念やキーワードを挙げていき，次にその概念やキーワードとして挙がったものを測定するために操作的な定義をつける。定義づけができたらその定義に基づいて測定するための質問項目を探し，適当なものがなければ新たに作成する。

質問項目はその役割に応じて，主テーマ質問，副次質問，フェイス項目の3つに分けることができる。主テーマ質問は，研究の主目的に関する質問であり，リサーチクエスチョンのPICO／PECOの要素のうち，I／E（注目する要因）やO（アウトカム）に関するものが該当する。副次質問は，主テーマ質問を補助する質問や分析の際に考慮したい属性や特性についての質問である。フェイス項目は性別や年齢，職業や学歴などの個人属性に関するものである。最終的に質問紙を構成する際には，質問項目の役割などに応じて項目を配置する順番を決めていくので，質問項目を選定・作成する段階で，その項目がどのような役割なのかを決めておくとよい。

質問紙に含める項目のすべてを独自に作成する必要はなく，過去に行われた調査で使用された項目も活用するとよい。過去の調査で使用された項目を再利用することで結果を比較することもできるので，可能な限り既存の調査項目を使うほうがよい。過去に行われた調査の質問紙は，**第19回**の既存データの利用で扱ったような公開データと一緒に公開されていたり，データ・アーカイブでデータとともに公開されていたりする。そのような質問紙の中から実施する調査のテーマに近い過去の調査を探し，そこで用いられている質問項目を使用するとよい。なお，既存の質問項目のうち，性別や年齢，職業などを問うような一般的な項目であればそのまま使用しても問題ないが，心理的な状態や性格などを判定するような心理尺度等は使用するにあたり許諾が必要な場合や利用料金を支払う必要があるものも存在する。そのような手続きが必要かどうかを使用する前に確認しておくとよい。

既存の質問項目では測定したいものが測れない場合には，独自に質問項目を作成することになる。質問項目を作成する場合は，測定したいものが正しく測定できるように様々な点に注意を払う必要がある。以下で，質問項目を作成，既存の項目を採用する際に問題がないかを確認するポイントについて詳しく見ていく。

1) 質問項目の構成

質問項目は，質問に回答する際の条件や回答の仕方などを説明する教示文，対象者に回答してもらいたい質問を表現した質問文，質問への回答を選択・記入してもらう回答欄の3つで構成される。項目を作成する際には，これら3つの要素の表現や回答方法を適切に設定していく。

2) 質問項目の表現に関する注意点

質問紙法には，調査員が調査対象者に質問して回答を記録する他記式調査と，回答者自身が回答を記入する自記式調査がある。これ以降，自記式質問紙調査を念頭において注意点をみていく。自記式質問紙調査では，調査対象者に質問文や選択肢を読んでもらい回答してもらうため，誰にでも理解できるような平易な表現を使い，誰が読んでも同じように解釈ができるような表現を使わなければならない。主な注意点は，以下のとおりである[1)-4)]。

① 曖昧な表現を使わない

対象によって受け取り方が異なる用語や表現は避ける必要がある。例えば，頻度を聞く質問の選択肢では「よく」や「しばしば」といった表現よりも，「毎日」「月に1回」といった具体的な頻度で聞く方が正確である。

② 難しい言葉・専門用語・略語を使わない

対象者に質問を正確に理解してもらうためには，難しい言葉や専門用語，特定の分野でのみ通じるような略語を避ける必要がある。保健医療分野では難解な用語が多いため，専門的な知識がなくても理解できるような用語・表現を使う必要がある。

③ 否定表現を使わない

否定表現を含む文章，特に否定表現を複数含む二重否定の文章は正確に理解するのが困難であるため，使用しないほうがよい。文章は原則として肯定文にして，どうしても否定表現を使わなければならない場合は1つに限定するようにする。

④ ダブル・バーレル（double-barrel）質問を避ける

ダブル・バーレルとは，2つ以上の意味を含む質問のことである。例えば，「あなたは健康のために運動しようと思いますか」という質問に対して，「そう思う」か「そう思わない」で答えてもらう場合，そのとおりだと思う人もいるだろうが，健康以外の理由で運動をしようと思う人，運動は健康のためになるとは思うが，運動をしようとは思わない人がいることが想定される。このような場合，回答者がどちらの意味で回答したらいいのか迷ってしまううえ，回答が得られたとしてもどちらの表現に反応したものなのか判別できなくなってしまう。こうした問題が起こらないように，1つの質問文で聞くことは1つに絞る必要がある。前記の例では，運動をしようと思うかどうかと，その理由を分けて聞くことでダブル・バーレル質問にならないようにすることができる。

⑤　回答を誘導するような表現を使わない

教示文や選択肢の表現で，特定の回答をすることが望ましいと回答者に思わせて回答を誘導してはいけない。そのような方法として，権威のある人・組織の意見や多数派の意見を提示しておいて，その選択肢を選ばせるようなものがある。調査者が望む結果を得るために悪用されることがあるが，そのような調査結果は誤った意思決定につながるばかりか，調査を企画した者や組織の研究者・研究機関としての信用を失墜させることになる。

⑥　黙従傾向・イエステンデンシー

黙従傾向・イエステンデンシーとは，質問に対して「はい」と答える傾向があることである。例えば，「統計学の授業は楽しいですか」と聞くのと「統計学の授業は楽しくないですか」と聞くのとでは，「楽しい」人と「楽しくない」人の割合は異なる。黙従傾向による回答の偏りは質問文や選択肢を中立になるように設定することで，ある程度避けることができる。上の例では，質問文を「統計学の授業は楽しいですか，それとも楽しくないですか」として選択肢を「楽しい，どちらかといえば楽しい，どちらともいえない，どちらかといえば楽しくない，楽しくない」とするのが対策の例である。

3)　質問への回答方法を決める

質問内容が決まったら，その質問に回答する方法を決めていく。一般に，文章で回答する自由記述の方が回答するための労力が大きく，欠損が多くなるうえ，回答内容を再分類しなければ統計解析を行うことが難しくなるため，選択肢を設定して回答してもらうのが原則である。以下，主な回答方法[1)]を説明していく。

①　多肢選択法

多肢選択法は，複数の選択肢から1つだけ選択してもらう方法である。例としては図2のようなものがある。

あなたの健康状態は，全般的に見て，いかがですか
1. よい　　2. まあよい　　3. ふつう　　4. あまりよくない　　5. よくない
あなたの性別を教えて下さい
1. 男性　　2. 女性　　3. 答えたくない

図2　多肢選択法の例

また，多肢選択法の一種として「リッカート法」と呼ばれる測定方法がある。リッカート法は態度や行動などに関する文章に対して，どの程度同意するか同意しないか（当てはまるか，当てはまらないか）を回答してもらう方法であり，心理尺度でよく使われる方法である（**図3**）。リッカート法では共通の選択肢を使うことが多く，**図3**の例のように表にして数字を選んでもらう形式にすることもある。

また，意味微分法（Semantic Differential法：SD法）という方法も多肢選択法の一種である（**図4**）。SD法は数字の列の両極に意味が対になる形容詞を配置し，当てはまる数字を選択してもらう方法である。

多肢選択法の項目作成時の注意点は，選択肢を網羅的かつ排他的に設定することである。例えば，下の悪い例のように数値の範囲を聞く時に区間の上限，下限が重なってしまうとどちらに属するのか判断できず，データが無駄になってしまう。

悪い例：1. 毎日　2. 週5～6日　3. 週3～5日　4. 週3日以下
良い例：1. 毎日　2. 週5～6日　3. 週3～4日　4. 週2日以下

また，選択肢に順序性があるときには，選択肢数をいくつにするかや偶数にするか奇数にするかによって，回答のしやすさやその後の分析での扱い方が変わる。回答を量的変数として扱いたいときは選択肢数は多い（5択～）ほうがよい。選択肢の数を偶数にするか奇数にするかについては，真ん中が存在しない場合やどちらかに態度表明してもらいたい場合は偶数にすることもできるが，真ん中が存在するにもかかわらず選択肢を設けないと無回答が増えてしまうため注意が必要となる。また，選択肢の形容詞・副詞の強さの順序が入れ替わらないように注意する必要があるほか，回答が

	そうである	どちらかといえばそうである	どちらかといえば違う	違う	該当しない
1. 担当教員への質問や相談はしやすかったですか	1	2	3	4	5
2. 担当教員は質問や相談に答えてくれましたか	1	2	3	4	5
3. 担当教員の教え方はわかりやすかったですか	1	2	3	4	5

図3　リッカート法の表形式の例

例：あなたの今の気分はどれですか？
悲しい時は1，うれしい時は7，その間の場合は最も気持ちを表す数字に○をつけてください

悲しい　1　2　3　4　5　6　7　うれしい

図4　意味微分法（SD法）の例

ポジティブ（プラス）な方向とネガティブ（マイナス）な方向の両方がある場合は，選択肢数，表現のバランスをとらないと回答の分布が偏ってしまう。以下の悪い例では賛成の選択肢を1つしか用意しておらず，不適切である。

悪い例：1.賛成　2.どちらともいえない　3.やや反対　4.反対　5.強く反対
良い例：1.賛成　2.やや賛成　3.どちらともいえない　4.やや反対　5.反対

②　複数選択法

複数の選択肢を設定し，当てはまるものをすべて（または指定した数）選択してもらう方法である（図5）。

選択肢は，可能な限り候補を多く示した方がよい。また，「その他」や「当てはまるものはない」のような選択肢を用意しないと，どれも選択されていない場合に無回答なのか当てはまるものがないのか判別できず，処理に困るので注意が必要である。

③　視覚的評価スケール（VAS：Visual Analog Scale），数値評価スケール

視覚的評価スケールは，10センチメートルの線を引き，その両端に状態を示して，当てはまる程度のところに記しをつけてもらい，左端からの長さをその状態の値とするものである（図6）。医療においては，痛みの評価によく使われる。定量的に評価できるのが利点であるが，紙ベースの調査の場合，長さを各対象者について測定しなければならないため，大規模な調査の場合はその手間が膨大となるのが欠点である。一方，インターネット調査の場合はそのような手間がないように設定することもできるため，大規模調査の場合にも使用できる。

あなたが好きなラーメンはどれですか。当てはまるものすべてに丸をつけてください
1.塩ラーメン　2.味噌ラーメン　3.醤油ラーメン　4.とんこつラーメン
5.その他（具体的に　　　）　6.好きなラーメンはない

図5　複数選択法の例

あなたが現在感じる痛みはどの程度ですか.
以下の「痛みなし」から「想像できる最大の痛み」の間に印をつけてください

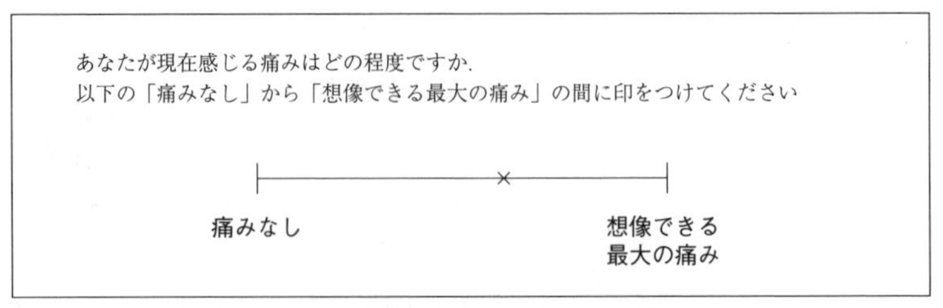

図6　視覚的評価スケールの例

視覚的評価スケールに類似したものとして，0から10などの段階に区切って回答してもらう数値評価スケール（NRS：Numeric Rating Scale）も使用されることがある（図７）。

④　自由記述法

回答欄に自由に記入してもらう方法である。選択肢を事前に設定できないような質問や自由な意見を聞きたい場合に使うことができるが，定量的な分析を行う場合には回答を事後的に分類して数量化するアフターコーディングが必要となる。また，回答者の負担が大きいために無回答が増えたり，意味不明な回答が多くなったりすることがある。そのため，定量的な分析を行う調査ではあまり使用されず，質問紙の最後に自由に意見を述べてもらうことや感想を書いてもらうことに使うことが多い。

⑤　数値記入法

自由記述法のうち，回答を数値に限定したものである。具体的な数値を回答してもらうことができるが，紙ベースの調査ではある程度自由に回答できるため，「30～40」や「<40」のように範囲で回答されることもある。そのような回答をどのように扱うかルールを決める必要がある。インターネット調査では，入力することができる値を限定して，それを逸脱した場合には修正するようにメッセージを表示することも可能であるため，そのような設定をしておくとよい。

⑥　その他の回答形式

上記のほか，選択肢を示して何らかの順位をつけてもらう順位法や重要度の度合いに応じて点数をつけてもらう数値配分法などの方法もある。

2.3　質問項目の順番を決める

質問項目を選定・作成したら，それらをどのような順番で配置するかを決める。質問項目の順番によって回答してもらえるかどうかや，回答の傾向が変わることがある

図７　数値評価スケールの例

ので，項目をやみくもに並べてはいけない。以下のような点に注意して質問項目の順番を決めていくとよい[1)-4)]。

1) 調査のテーマに合致するもの，回答しやすいものを先に配置する

質問の内容は，一般的な内容から特異的な内容に進んでいくのが原則である。また，同じテーマであれば行動に関する質問は，意識・態度に関する質問の前に配置する。これは一般的に行動の方が回答しやすいためである。また，記録や事実に基づいて回答できる項目も回答しやすいため先に配置するとよい。

2) フェイス項目，センシティブな項目，回答するのが面倒な項目は最後の方に配置する

フェイス項目は，通常調査のテーマには直接関係しないものであり，収入や学歴などはセンシティブな項目とみなされる。センシティブな項目，面倒そうな項目を後に配置するのはそのような項目を見て回答をやめてしまうのを避けるためである。ある程度質問に回答したあとでこのような項目が出てきた場合，それまで答えた質問への回答や回答にかけた時間が無駄になってしまうという心理が働くためそのまま回答を続けてもらえる可能性があるが，最初にこのような項目を配置してしまうとその時点で回答する意欲を失わせてしまう可能性がある。

3) キャリーオーバー効果に注意する

キャリーオーバー効果とは，質問への回答がその質問の前にどのような質問に回答したかによって影響を受けることである。例えば，社会保障費についての質問をしたあとに消費増税への賛否を聞くのと，税金の無駄遣いについての質問をしたあとに聞くのでは回答の分布は変わると予想される。質問は順番に配置しなければならない以上，キャリーオーバー効果は完全に排除することができない。キャリーオーバー効果があることを意識したうえで，結果に重大な影響を及ぼさないように質問の順番を設定する必要がある。

2.4 質問紙（インターネット調査）に起こす

質問項目の内容と順番が決まったら，紙ベースの調査の場合はワープロソフト等で原稿を作成する。インターネット調査の場合は使用するインターネット調査ツールにおいて自分で設定するか，調査会社に委託して作成する。

文字は大きく読みやすいフォントを使用し，質問を詰め込み過ぎず適度に間隔を空けて見やすいレイアウトを心がけるとよい。

2.5 プレテストを行う

質問紙（インターネット調査画面）ができたら，自分で確認するとともに，少人数

（～20名程度）に回答してもらい，問題なく回答できるかを確認する。可能であれば，実際の研究対象と同じ特徴を持つ人，質問紙調査の専門家に確認してもらうとよい。ここで確認することは，これまでに紹介してきた，表現や選択肢等の回答方法の設定の仕方，質問の順番が適切かどうかに加えて，誤字脱字がないか，条件分岐の設定に問題がないか，回答にかかる時間はどれくらいか，などの点である。確認した結果，問題があれば修正し，問題点がなくなれば質問紙は完成である。

3. おわりに

今回は，保健医療系の研究でよく用いられる質問紙の作成について扱った。質問紙による調査は手軽なイメージがあり，保健医療系の基礎教育レベルでは専門的な教育を受ける機会もあまりないため，自己流で作成して調査を実施しているケースも見受けられる。自己流で質問紙を作成して調査を行っても運良く失敗しないケースもあるが，思わぬ落とし穴にはまって，とり返しのつかない失敗をしてしまうケースもある。質問紙調査は一度実施してしまうと，やり直すことは難しい。質問紙の作成や調査方法に関する十分な知識を身につけ，調査を実施する前に十分な検討を行って，質の高いデータを収集することで，質の高い研究を行うことができる。

文　献

1）米倉佑貴．質問紙調査によるデータ収集．中山和弘（著者代表）．系統看護学講座 別巻 看護情報学．第３版．医学書院；2021：226-50.

2）盛山和夫．社会調査法入門．有斐閣；2004.

3）鈴木淳子．質問紙デザインの技法．第２版．ナカニシヤ出版；2016.

4）轟亮，杉野勇．入門・社会調査法：２ステップで基礎から学ぶ．第３版．法律文化社；2017.

第24回　スクリーニング検査の評価

坂巻　顕太郎

1．はじめに

検査（test）には，診断（diagnosis），モニタリング（monitoring），スクリーニング（screening），リスク評価（risk assessment），予後予測（prognostic prediction），サーベイランス（surveillance）などの目的がある。医療従事者や政策立案者は，患者に対する重要な転帰（アウトカム：outcome）や集団に対する純便益（ネットベネフィット：net benefit）などに対して望ましい結果をもたらすために，目的に応じた最適な検査戦略の選択が求められる。検査戦略とは，検査とその結果に対する対応のことであり，例えば，簡易的な検査の結果に基づいてより精度の高い検査を実施する，検査結果に基づいて治療を行う，などのことを指す。

中でもスクリーニングとして検査を行う目的は二次予防である。二次予防では，臨床症状がない（無症候性の）状態の疾患に対して治療を行うことで，治癒したり，進行を食い止めたりができる場合に，早期に疾患を検出することを目指す[1)]。そのため，二次予防はスクリーニング検査と治療の2段階のプロセスとなり，場合によってはフォローアップ診断がそこに含まれる。例えば，無症候性のHIV患者に対する定期的なパップスメア検査と治療などが考えられる。

スクリーニングが有効なのは，

1）　疾患が重篤である
2）　臨床症状が表れるまで治療を遅らせるよりも，臨床症状が表れる前に治療したほうが効果的である
3）　臨床前期状態（detectable pre-clinical phase, DPCP）における有病割合が比較的高い

という場合である[2)]。臨床前期状態とは臨床症状がない状態のことであり，この期間に疾患を発見し，早期に治療を開始することで死亡までの期間などを延長することがスクリーニングを実施した効果である（図1）。

スクリーニング後の治療が効果を発揮するためには，スクリーニングで用いた検査の結果が正しいことが重要である。例えば，疾患があるにも関わらず陰性と判断してしまうと，適切な治療を行うことができなくなる。反対に，疾患がないにも関わらず陽性と判断して不必要な治療を行ってしまうと，治療費用や有害事象などの様々なコストを支払う必要が出てしまう。このような検査結果と疾患の有無の関係（検査結果の正誤）はそれぞれ，

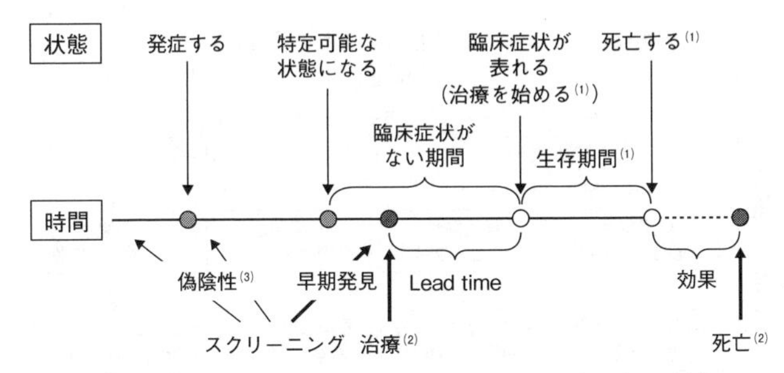

注 (1) スクリーニングなしの場合, (2) スクリーニングありの場合, (3) 発症前の予測を含む
出典 Spixら[3]を参考に改変

図1 二次予防とスクリーニングの考え方

・真陽性（true positive）：疾患ありの人が陽性と正しく診断される
・偽陰性（false negative）：疾患ありの人が陰性と誤って診断される
・偽陽性（false positive）：疾患なしの人が陽性と誤って診断される
・真陰性（true negative）：疾患なしの人が陰性と正しく診断される

と分類される。真陽性や真陰性の確率が高ければ，その検査方法の性能はよいといえる。

二次予防が目的のスクリーニングに対する検査の効果を評価するには，1）検査戦略の効果を評価する，2）検査性能（test accuracy）を評価する，という2つの方法が考えられる。検査に関する研究の評価ツールやガイドラインは，QUADAS-2[4]やSTARD 2015[5]などの検査性能の評価研究に関するものが多かったが，近年は，診療ガイドラインなどのガイドライン策定プロセスで用いるGRADEガイドラインでも検査戦略の効果の評価に関するものが多く出ている[6)-9)]。そこで，スクリーニングにおける検査の評価に関する研究の理解を深めるために，研究のデザインや解析について以下で概説する。

2. 研究デザイン

検査戦略の効果を評価するには，無検査を含む標準的に行われている検査（標準検査）と新たに実施する検査（新検査）に関する比較研究が必要である（**図2A**）。そのため，**第2・3回**で解説したように，PICO（Population, Intervention tests or strategies, Comparison test or strategy, and the Outcomes of interest）を適切に設定する必要がある。例えば，GRADEガイドライン[6]では，低中所得環境において子宮頸部上皮内腫瘍のリスクがある女性に対して，酢酸による頸部視診（Visual Inspection with Acetic acid, VIA）の代わりにヒトパピローマウイルス（Human Papillomavirus, HPV）を検査するスクリーニングの効果を検証する試験でのPICOを以下のように設

第24回

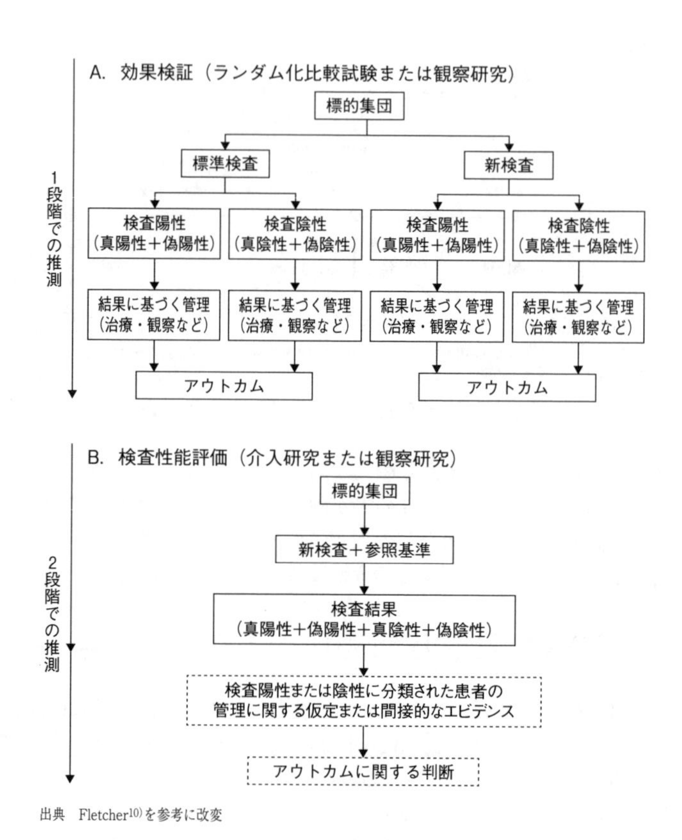

出典　Fletcher[10]を参考に改変

図２　スクリーニングのための検査を評価する際の基本的な研究デザイン

定している。

Population：　低および中所得国で子宮頸部上皮内腫瘍のリスクにさらされている女性
Intervention：HPVによる1回のスクリーニングと子宮頸部上皮内腫瘍の治療
Comparison：VIAによる1回のスクリーニングと子宮頸部上皮内腫瘍の治療
Outcomes：　子宮頸部上皮内腫瘍による死亡，子宮頸部上皮内腫瘍の発生率など

一方で，検査性能を評価するには，ある集団における検査結果を調べる単群試験を行うだけでよい（図２B）。標準検査と新検査の検査性能を比較する研究もあるが，このような研究のデザインは図２Aと異なり，同じ対象者に標準検査と新検査をともに実施した比較を行うことが多い。また，検査性能を評価するための指標（3節参照）はいくつかあるが，それらの指標だけで新検査の検査性能がよいと判断するには，

すべての指標で標準検査よりも優れている必要がある。実際の検査の良し悪しは，その検査にかかる費用や検査そのものの有害事象（例えば，マンモグラフィによる痛み）などのコストも考慮する必要があるため，各指標がどれだけ優れていればよいかの判断は簡単ではない。いくつかの指標間で新検査と標準検査の優劣が異なる場合，コストだけではなく，検査結果に対する対応とその後のアウトカムに関する判断も評価に必要と考えられている（**図2B**）。実際には検査性能に関する比較だけを報告する論文も散見されるが，スクリーニングを目的に行う検査を評価する場合は，検査戦略として必要な情報をすべて報告することが望ましい。

3．検査性能の評価

検査性能を評価するためには，疾患の有無を定義するうえで用いる基準が必要となる。これを至適基準（gold standard），標準基準（criterion standard），参照基準（reference standard）などという。至適基準には，疾患の有無が完全に区別できる完全至適基準（perfect gold standard）と疾患の有無が完全には区別できない不完全至適基準（imperfect gold standard）がある。一般には完全至適基準は存在しないため，どのような基準で検査性能を評価しているかには注意が必要である。以下では完全至適基準に対する検査性能の評価を想定し，検査結果と疾患の有無の関係をまとめた**表1**を用いて各指標について解説する。

3.1　感度・特異度・陽性的中率・陰性的中率

検査性能の評価には，疾患の有無を条件付けたもとで正しい結果を返す確率である，感度（sensitivity），特異度（specificity）という指標がよく用いられる。「疾患の有無の条件付け」は，疾患あり（あるいは疾患なし）の対象における推測を意味し，それぞれの対象を用いて各指標は算出される。感度は「疾患ありの人が正しく陽性と診断される確率」のことで，

$$\text{感度} = \frac{A}{A+C}$$

表1　診断結果と疾患の有無の関係

	疾患あり	疾患なし	計
陽性	A （真陽性の人数）	B （偽陽性の人数）	$A+B$ （陽性の人数）
陰性	C （偽陰性の人数）	D （真陰性の人数）	$C+D$ （陰性の人数）
計	$A+C$ （疾患ありの人数）	$B+D$ （疾患なしの人数）	$A+B+C+D$ （総数）

と計算される。特異度は「疾患なしの人が正しく陰性と診断される確率」のことで，

$$特異度 = \frac{D}{B+D}$$

と計算される。

感度や特異度と混同しやすいが，検査結果を条件付けたもとでの疾患の有無の確率である，陽性的中率（positive predictive value），陰性的中率（negative predictive value）という指標がある。「診断結果の条件付け」は，検査結果が陽性（あるいは陰性）であった対象における推測を意味し，それぞれの対象を用いて各指標は算出される。陽性的中率は「陽性の人に疾患がある確率」のことで，

$$陽性的中率 = \frac{A}{A+B}$$

と計算される。陰性的中率は「陰性の人に疾患がない確率」のことで，

$$陰性的中率 = \frac{D}{C+D}$$

と計算される。陽性的中率は正の予測価，陰性的中率は負の予測価ともいう。

その他の評価指標には，正確度（accuracy），尤度比（likelihood ratio）[11]などがある。正確度は，ある集団において診断が正しく行われる確率であり，

$$正確度 = \frac{A+D}{A+B+C+D}$$

と計算される。尤度比は，疾患ありの確率と疾患なしの確率の比（オッズ）が検査結果によってどう変化するかを評価する指標である。尤度比には，陽性尤度比と陰性尤度比があり，感度と特異度を用いて，

$$陽性尤度比 = \frac{感度}{1-特異度}$$

$$陰性尤度比 = \frac{1-感度}{特異度}$$

とそれぞれ計算される。

3.2　各指標の利用

検査結果に基づいてその後の対応を決定するという観点から，陽性的中率や陰性的

中率は目的に対して直接的な指標（**図2**で示した比較したいアウトカムに直結している指標）であり，感度や特異度よりも臨床的に解釈しやすい指標といえる。これらの指標を評価に用いる際は，集団の大きさや有病率（疾患ありの割合）などの対象集団の特徴，進行速度や重篤性などの疾患の特徴，経過観察や治療などの検査後の対応の特徴，などに注意しなければいけない。

図3左はインフルエンザを罹患している可能性のある集団，**図3右**は乳がんを罹患している可能性のある集団，それぞれに対して検査を行った結果について，数を面積にして模式的に表したものである。ただし，正確にはインフルエンザの検査はスクリーニングが目的ではない点には留意してほしい。

インフルエンザの場合，数多くの人が罹患している可能性がある，治療せずともほとんどが重篤化せずに回復する（小児を除く），早期発見によって多少の効果が望める治療はある，などを考えると，図のような検査に意味はあるかもしれない。乳がんは年齢によって罹患率（または有病率）が大きく異なり，20歳代女性でスクリーニングを行ってもほとんどの人は恩恵を受けず，さらなる検査で有害事象を経験するリスクだけが上がる可能性がある。**図3**のように40歳代女性に絞ることで集団としてのネットベネフィットをあげることも考え得るが，それでも偽陽性は多く発生しており，陽性的中率は非常に低い。マンモグラフィによるスクリーニングは過剰診断（overdiagnosis）の問題も議論されており[12)]，陽性と判明した後にどのような対応をするかを明確にしなければ，それぞれの的中率による検査性能の判断は難しい。例えば，陽性になったら直ちに乳房切除するということになれば，**図3**から計算される陽性的中率ではスクリーニングとして使えないことは明らかである。

陽性的中率や陰性的中率とは異なり，感度や特異度は有病率に依存しない指標である。そのため，ある集団で推定した値は他の集団への外挿可能性を持つ。一方で，陽

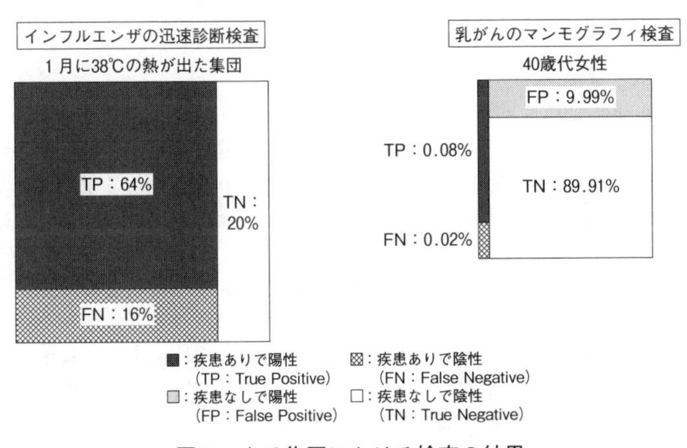

図3　ある集団における検査の結果

性的中率や陰性的中率は有病率に依存する指標であるため，ある集団で推定した値を他の集団に適用することは単純にはできない。このような特徴から，一般に，感度や特異度を用いて検査性能を評価することが多い。しかし，感度や特異度は二次予防の目的に対する評価を直接的には行えないことから，これらだけで十分に評価が行えるとは考えにくい。それでも感度や特異度を性能評価に用いるのは，研究デザイン（データの取り方）によって，陽性的中率や陰性的中率を算出できない状況があることが一因である。本来，二次予防におけるスクリーニングの評価では治療を含めた検査戦略を評価する必要があるが，対象集団における「疾患あり」（ケース）と「疾患なし」（コントロール）をそれぞれ集め，ケース・コントロール研究を実施することで検査性能を評価することもできる。このような研究では，陽性的中率や陰性的中率は仮定なしでは算出できない。このように，研究デザインの特徴も性能評価でどの指標を利用するかに影響する点に注意してほしい。

検査を適用しようとしている集団の有病率がわかる場合，感度，特異度，有病率を用いて，陽性的中率や陰性的中率は以下のように算出することができる。

$$\text{陽性的中率} = \frac{\text{有病率} \times \text{感度}}{\text{有病率} \times \text{感度} + (1 - \text{有病率}) \times (1 - \text{特異度})}$$

$$\text{陰性的中率} = \frac{(1 - \text{有病率}) \times \text{特異度}}{\text{有病率} \times (1 - \text{感度}) + (1 - \text{有病率}) \times \text{特異度}}$$

前述したように，二次予防のアウトカムやネットベネフィットに対する効果を推論するには陽性的中率や陰性的中率は重要であるため，このような方法を用いて算出することが望ましい。

3.3　バイアスと変動

検査の性能評価では，バイアス（bias）と変動（variation）に注意する必要がある[13)]。バイアスは試験デザインや試験実施における欠陥によって引き起こされる結果の歪みのことであり，真に知りたい検査性能との隔たりを引き起こす。一方で，変動は，対象集団，実施状況，検査プロトコール，標的集団の定義などに関する研究間の差異のことであり，検査性能の評価にバイアスは与えないが，試験結果の適応範囲（外挿可能性）に影響を与えるものである。これらは感度や特異度の解釈にも影響を与え得る。そのため，感度や特異度も常に外挿可能ということにはならない。

変動要因には，例えば，人口動態的特徴，疾患の重症度，疾患の有病率，対象集団の選択，検査実施，検査技術がある[13)]。検査は，対象の特徴によって異なる性能を示す可能性があるため，人口動態的特徴は変動要因の1つといえる。前述のマンモグラフィの性能が年齢に依存することがこの例である。対象となる疾患の有病率は検査の実施状況によって異なり，検査性能の推測に影響を与える可能性がある。例えば，有病率が高い状況で検査結果を頻繁に陽性と見なす傾向があることで検査性能は変動する。このような傾向が生じる原因によってはバイアス（context bias）と考えることもできる。検査実施手順の違いによっても検査性能がばらつく可能性がある。そのため，興味のある検査と至適基準の実施についての十分な説明を行ったうえで研究を実施したり，研究結果を解釈したりすることが重要となる。バイアスや変動に関するその他の要因に関しては，Whiting,ら[13]やUsher-Smith,ら[14]を参照してほしい。

3.4 ROC曲線

検査には，血圧やHbA1cなどのマーカー（連続変数）を用いることもある。連続変数を検査に用いる場合，「ある値以下であれば陰性，ある値を超えれば陽性」というルールを定義するカットオフ値を決める必要がある。カットオフ値が決まれば，3.1節で述べた指標を用いて連続変数の検査性能も評価可能である。カットオフ値を決めること（または検査のルールを決めること）は実際に検査を利用するうえでは必須であるが，その前段階として，カットオフ値によらない検査性能の評価方法を用いた評価も可能である。その方法の1つがROC曲線（Receiver Operating Characteristic curve）である。ROC曲線とは，横軸を1－特異度，縦軸を感度とした平面上に，カットオフ値ごとの感度・1－特異度に対応する点をプロットし，これらの点を結んだ曲線のことである。**図4**は収縮期血圧（systolic blood pressure）を高血圧のマーカーとして用いた場合のROC曲線の例である。ROC曲線の曲線下面積（AUC）は，検査性能の1つである判別性能（discrimination）を評価する指標であり，連続変数の検査性能を評価する際によく用いられる。AUCは各カットオフ値に対する特異度を重み

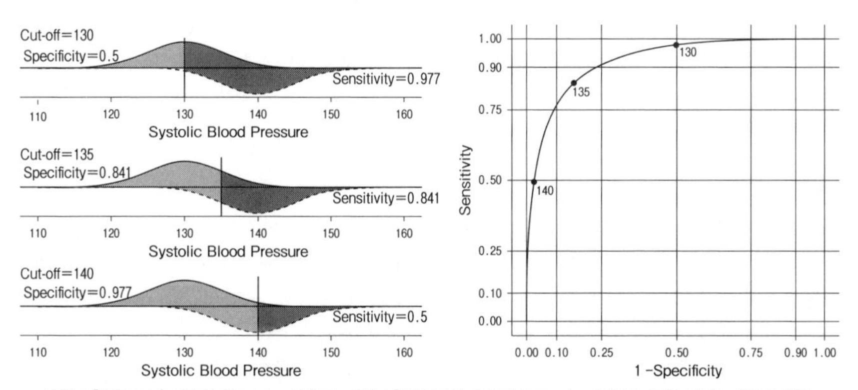

実線：「疾患なし」におけるマーカーの分布，点線：「疾患あり」におけるマーカーの分布，淡灰：陰性，濃灰：陽性

図4　疾患の有無ごとのマーカーの分布とROC曲線

とした感度の重み付き平均としても解釈可能であるなど，様々な特徴を持つ。ROC曲線やAUCの詳細については，坂巻[15]などを参照してほしい。

4．検査戦略の効果検証

治療などの介入研究と同様，多くの研究デザイン上の問題を防ぐことが可能であるため，検査戦略の効果を検証する際はランダム化比較試験を用いることが望ましい。しかし，特に進行が遅い疾患に対するスクリーニングを目的とした検査の効果検証においてアウトカムを重要なイベント（特に死亡）に設定する場合，そのようなイベントの発生はまれであり，ランダム化比較試験で効果を検証するには費用と時間が膨大になってしまう。また，既に容認された検査戦略において疾患を早期に治療できる場合，無検査（プラセボ）群をおくランダム化比較試験の倫理的な問題なども考える必要がある。それでもランダム化比較試験を検討すべきなのは，スクリーニング特有のバイアスである，リードタイムバイアス（lead time bias）に対処可能だからである。ランダム化しない観察研究により効果を検証する場合は，レングスバイアス（length bias）やボランティアバイアス（volunteer bias）などの様々な選択バイアスの影響も考える必要がある。以下ではこれらのバイアスについて概説する。

4.1 リードタイムバイアス

リードタイム（lead time）は，**図1**に示したように，「スクリーニング（新検査）によって疾患を早期発見してから臨床症状が表れた後に通常の診断（標準検査）で疾患が特定されるまでの期間」のことである。リードタイムの長さは，疾患の生物学的進行速度，スクリーニングで疾患をどれだけ早期に検出できるか，などによって異なる[1]。リードタイムバイアスは，アウトカムを生存時間にした場合の時間の原点を疾患の発見時点とすることで，見かけの生存時間が長く見えることを意味する。これは，スクリーニングで検査を実施したことによって真に生存時間が延長したかどうかには関係なく生じる。そのため，時間の原点を比較群間で適切に設定し，リードタイムバイアスを防いだり，リードタイムの大きさを推定したりすることができるランダム化比較試験を用いることが望ましい。

4.2 レングスバイアス

例えば，遅く進行する腫瘍と非常に速く進行する腫瘍が混在するような特定のがんに対するスクリーニングを考える場合，観察研究においてスクリーニングを受ける群に含まれる対象は，進行が遅く，予後がよい患者が多くなる傾向がある[1]。なぜなら，進行の遅い腫瘍は，臨床症状が表れるまでの期間が長く，死亡などのイベントが生じるまでの時間も遅いため，スクリーニングで発見されやすく，患者の予後がよい可能性が高くなるからである。一方で，急速に進行する腫瘍は，スクリーニングを行う前に臨床症状が表れたり，死亡したりする可能性が高くなり，スクリーニングを受ける可能性は低くなる（**図5**）。そのため，観察研究におけるスクリーニングでは予後が良好な腫瘍が見つかる傾向があり，スクリーニングを受けた群でのがんの死亡率は，スクリーニングを受けなかった群でのがんの死亡率よりも低くなる可能性がある。このような選択バイアスのことをレングスバイアスといい，スクリーニングと早期治療がより効果的であるという傾向のバイアスを与える。

レングスバイアスの極端な例が過剰診断である[1)]。スクリーニングにより発見される腫瘍の予後が非常に良好で，特に治療を必要としないものであり，スクリーニングなしでは明らかになることがないものが過剰診断である。例えば，前立腺がんでは，スクリーニングによって前立腺がんと診断された50%が過剰診断であるともいわれている[1)]。

4.3　ボランティアバイアス

スクリーニングに関するプログラムへの参加を選択する人は，選択しない人に比べ，より健康で，より健康的な生活を送る傾向があり，仮に治療が必要となってもより治療を順守する傾向があるため，アウトカムがよりよくなる傾向がある[1)]。このような患者特性によるバイアスをボランティアバイアス（または自己選択バイアス，self-selection bias）という。ただし，ボランティアは「自分のリスクに関して心配する人」の可能性もあり，例えば，乳がんの家族歴がある女性など，無症候性であるがリスクが高い人を表す場合もある[1)]。これらの要因は，スクリーニングが有効であるかのような偏りを与える可能性がある。

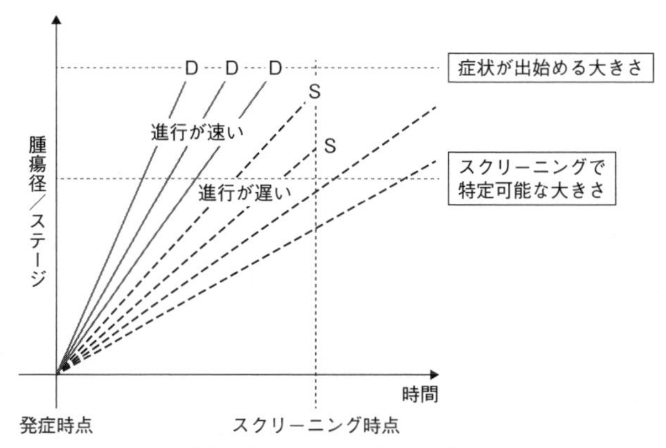

出典　Fletcher[12)]を参考に改変

図5　腫瘍の進行速度と疾患の特定の関係

5. おわりに

スクリーニングは二次予防が目的であり，検査と治療に関する，有効性，安全性，費用などを考慮した評価が必要となる。その際，検査の役割を明確にすることも重要である。例えば，標準検査の代替，トリアージ（標準検査の前に実施），アドオン（標準検査の後に実施），パラレル（標準検査と同時に実施）といった新検査の役割が考えられる[6]。負担が少ない，侵襲性が低い，精度が高いなどの理由から標準検査を新検査に置き換える場合と，侵襲的または高価な標準検査の前段階で新検査を利用する場合とで検査性能の評価の目的は異なり，ランダム化比較試験などの実施手順も異なる可能性がある。特に，スクリーニングのために検査を数回繰り返すような場合には検査の役割に注意した評価を行う必要がある。また，スクリーニングで用いられる検査の意義は一次予防との関係で変わることも意識する必要がある。例えば，子宮頸がん予防のためのHPVワクチン接種が普及し，多くの発がん性HPVに対処できるようになるにつれ，子宮頸がんのスクリーニングの必要性は減少する可能性がある[1]。これは3.2節で解説した有病率の問題とも関係しており，検査を評価する際は実際の利用を意識した評価が必要であることを意味している。これまでの解説を通じて，感度と特異度だけの評価を超えた検査の評価につなげてほしい。

文　　献

1）Fletcher SW, Fletcher RH. Evidence-based approach to prevention. UpToDate.（https://www.uptodate.com/contents/evidence-based-approach-to-prevention）2023.1.5.

2）LaMorte WW. Screening for disease: the utility of screening.（http://sphweb.bumc.bu.edu/otlt/MPH-Modules/EP/EP713_Screening/EP713_Screening2.html）2023.1.5.

3）Spix C, Michaelis J, Berthold F, et al. Lead - time and overdiagnosis estimation in neuroblastoma screening. *Statistics in Medicine* 2003; 22: 2877-92.

4）Whiting PF, Rutjes AWS, Westwood ME, et al. QUADAS-2: a revised tool for the quality assessment of diagnostic accuracy studies. *Annals of Internal Medicine* 2011; 155: 529.

5）Cohen JF, Korevaar DA, Altman DG, et al. STARD 2015 guidelines for reporting diagnostic accuracy studies: explanation and elaboration. *BMJ Open* 2016; 6: e012799.

6）Schünemann HJ, Mustafa RA, Brozek J, et al. GRADE guidelines: 21 part 1. Study design, risk of bias, and indirectness in rating the certainty across a body of evidence for test accuracy. *Journal of Clinical Epidemiology* 2020; 122: 129-41.

7）Schünemann H J, Mustafa RA, Brozek J, et al. GRADE guidelines: 21 part 2. Test accuracy: inconsistency, imprecision, publication bias, and other domains for rating the certainty of evidence and presenting it in evidence profiles and summary of findings tables. *Journal of Clinical Epidemiology* 2020; 122: 142-52.

8）Schünemann HJ, Mustafa RA, Brozek J, et al. GRADE guidelines: 22. The GRADE approach for tests and strategies—from test accuracy to patient-important outcomes and recommendations.

Journal of Clinical Epidemiology 2019; 111: 69-82.

9) Yang B, Mustafa RA, Bossuyt PM, et al. GRADE Guidance 31. Assessing the certainty across a body of evidence for comparative test accuracy. *Journal of Clinical Epidemiology* 2021; 136: 146-56.

10) Fletcher GS. *Clinical epidemiology: the essentials.* Lippincott Williams & Wilkins. 2019.

11) Grimes DA, Schulz KF. Refining clinical diagnosis with likelihood ratios. *Lancet* 2005; 365: 1500-5.

12) Ding L, Poelhekken K, Greuter MJ, et al. Overdiagnosis of invasive breast cancer in population-based breast cancer screening: A short-and long-term perspective. *European Journal of Cancer* 2022; 173: 1-9.

13) Whiting P, Rutjes AW, Reitsma JB, et al. Sources of variation and bias in studies of diagnostic accuracy: a systematic review. *Annals of Internal Medicine* 2004; 140: 189-202.

14) Usher-Smith JA, Sharp SJ, Griffin SJ. The spectrum effect in tests for risk prediction, screening, and diagnosis. *BMJ* 2016; 353.

15) 坂巻顕太郎. 診断に関する基本的事項. 病理と臨床 2015; 33: 777-81.

あとがき

本書は，井部俊子氏（聖路加国際大学名誉教授／株式会社井部看護管理研究所代表）が研究代表者となって取りまとめられた「看護師等の研究企画・分析能力の向上に資する統計学的手法の修得に関する研究」（厚生労働統計協会2017年度調査研究委託事業）における作業部会での報告書が元になっている。研究班には様々な先生方が関わっていたが，特に，友滝愛氏（東海大学特任講師）と藤田烈氏（国際医療福祉大学准教授）には実作業を含め，研究班の成果を元にしたセミナーの実施から本書の出版に至るまで多くの労をとっていただいた。2018年には「統計分析研究・論文作成モニター研修会」，2019年からは「何度でも学びたい量的研究に必要な基礎知識」と名称を変えて現在も継続して実施されているセミナーは，清水陽一氏（国立看護大学校講師）にも監修をご協力いただいている。さらに，『厚生の指標』での連載にあたって，執筆者の一人でもある村上義孝氏（東邦大学教授）に大所高所からご助力いただいた。また，本書の各回を執筆いただいた先生方，また執筆する機会を与えてくださった厚生労働統計協会の方々に大変感謝する。

なお，執筆のための情報収集に際して，JSPS科研費（21K02905）の助成を受けた。

監修・執筆

監修・執筆

坂巻　顕太郎
（順天堂大学健康データサイエンス学部　准教授）

篠崎　智大
（東京理科大学工学部情報工学科　准教授）

執筆

上村　鋼平
（東京大学大学院情報学環　准教授）

上村　夕香理
（国立国際医療研究センター
臨床研究センター生物統計研究室　室長）

大野　幸子
（東京大学大学院医学系研究科　特任講師）

大庭　幸治
（東京大学大学院情報学環/医学系研究科（兼）　准教授）

川原　拓也
（東京大学医学部附属病院臨床研究推進センター　助教）

村上　義孝
（東邦大学医学部社会医学講座医療統計学分野　教授）

米倉　佑貴
（聖路加国際大学大学院看護学研究科　准教授）

索　引

アルファベット

AIC　157
Best Subset Selection　157,158
change-in-estimate　157
clinical question　6
Cohen's d　52
Comparison　17
CONSORT　205
Cox比例ハザードモデル　130,133
cross-sectional study　24
data dredging　16
EQUATOR　209
e-Stat　192
Exposure　17
EZR　182
FINER　16
fractional polynomial regression　140
Framingham Heart Stady　31
funnel プロット　202
generalizalized estimating equations：GEE　147
generalized additive model　155
ggplot2パッケージ　177
GRADE　196,231
gtsummaryパッケージ　175
HARKing　16
help()関数　175
Heterogeneity　200
install.packages()関数　174
Intervention　17
Kaplan-Meier法　130
LASSO　157
least favorable configuration　78
library()関数　174
location shift model　151
log-rank検定　130,132
longitudinal study　24
Mann-Whitney検定　153
MeSH　187
minimum clinically importatnt difference　78
model form　137
MOOSE　202
multivariable regression model　140
multivariable regression models　107
Nurse's Health Study　31
Outcome　17
overfitting　156,159
*p*値　69,149
Pearsonの相関係数　53
PECO　9,17
p-hackinng　16
PICO　17
Population　17
PRISMA　202
QOL（Quality of life）　47
QUADAS-2　231
R　172
R Commander　181
readxl パッケージ　174
research question　6
risk of bias　206
ROC曲線　237
RStudio　173
SMD（standardized mean difference）　52
STARD 2015　231
STROBE　205
t検定　72,150
target difference　78
tbl_summary()関数　175
VAS：Visual Analog Scale　51,226
Welch検定　150,152
Wilcoxon検定　150,152
χ^2検定　74

あ

当てはめ値　105

い

イエステンデンシー　224
一般化Wilcoxon検定　133
一般化可能性　9,38,92
一般化加法モデル　155
一般化推定方程式　147
一般化線型モデル　119
意味微分法　225
因果　47
因果推論　147
陰性的中率　234
インターネット調査　227

う

後ろ向きケース・コントロール研究　33,93
後ろ向きコホート研究　35
打ち切り　88,126

え

エビデンスレベル　6
円グラフ　43

お

横断研究　24
オッズ　115
オッズ比　49
オプトアウト　194
思い出しバイアス　35,86

か

回帰　99,100,110
回帰関数　101
回帰係数　104
回帰スプライン　140
回帰パラメータ　104
回帰分析　99
回帰モデル　12,13,96,99,102,103,110
解析手法による対処　94
階層原理　142
外的妥当性　9,42,59
介入研究　24
介入効果　11
過学習　156,159
可視化　172
仮説検定　65,163
片側検定　78
カットオフ値　237
仮定法　218
過分散　147
加法リスクモデル　114
頑健性　150

観察研究　11,24,29,209
間接法　217
感度　233
関連指標　49

き

キーワード検索　187
偽陰性　231
棄却　78
棄却限界値　74,165
疑似尤度　147
記述疫学　214
記述研究　25
基準ベース　157
既存データ　191
期待される治療効果　78
期待値　99,100
帰無仮説　65,69
逆分散法　198
キャリーオーバー効果　228
95%信頼区間　61
偽陽性　231
共通性の仮定　118
興味深さ　17
曲線下面積（AUC）　237
均質性　200

く

偶然誤差　58,82
区間推定　61
クリニカルクエスチョン　15
クロス集計表　48

け

傾向スコア　147
系統誤差　58,82
ケース　32
ケース・コホート研究　32
ケース・コントロール研究　24,87
結果のいいとこ取り　149
結果変数　100
研究仮説　9
研究デザイン　6,17,27
研究デザインによる対処　91
研究のプロセス　6
検索エンジン　186
検査性能　232
検査戦略　231
検出力　78,164
検証的研究　80
限定　92
検定統計量　72,151,152

こ

効果指標　11,49
効果量　52
交互作用　96
交互作用項　140
交差項　140
高次項　142
公的統計　191
交絡　11,31,108,144
交絡因子　84
交絡バイアス　82,90
交絡変数　108
誤差　99
個人情報保護法　194
固定効果モデル　201
個票データ　192
誤分類バイアス　85
コホート　30
コホート研究　24,30,88,93
コホート内ケース・コントロール研究　32
混合効果モデル　147
コントロール　32

さ

最小二乗　105
最小二乗推定量　105
採択　76
最頻値　40
最尤推定法　120
最尤法　106
サブグループ　100
サブグループ解析　95
残差　105
サンドイッチ分散　123
散布図　53
サンプルサイズ　162,166
サンプルサイズ設計　164,167

し

視覚的評価スケール　226
自記式調査　223
事象時間データ　125
指数型分布族　121
シスマティックレビュー　196
自然語検索　187
シソーラス　187
実現可能性　16
実現値　60
質的研究　26
質問紙　221
至適基準　233
四分位数　42
四分位範囲　42
自由記述法　227
縦断研究　24,30
住民基本台帳　193
主題検索　187
出版バイアス　201
主テーマ質問　222
瞬間のリスク　127,128
順序変数　39
条件付き確率　111
条件付き確率分布　119,120
条件付き期待値　99,100
情報バイアス　84,92
乗法リスクモデル　115
症例集積研究　25
症例報告　25
真陰性　231
新規性　17
人口静態　214
人時間法　129
人口動態　214
真値　82
真陽性　231
信頼係数　64
信頼限界値　66
診療情報　194

す

推定方程式　123
推定量　60
数値記入法　227
スクリーニング　230

せ
正確度　234
正規性　45
正規性の仮定　154
正規分布　41
正準リンク　122
生存確率　130
生存関数　130
生存曲線　130
生存時間解析
125,128,130,167
生存時間データ　126
生存時間変数　38
生命表　215
絶対指標　50
説明変数　100
選挙人名簿　193
前景疑問　15
線形変換　138
線形リスクモデル
112,113,136
全国がん登録情報　193
選択肢　224
選択バイアス　34,82,87,92

そ
相関　47
相関係数　53
相対指標　50
層別解析　94,118

た
第一種の過誤確率
78,153,154,165
対数オッズ　116
対数線形リスクモデル
115,137
対数変換　114
第二種の過誤確率　79,165
対立仮説　77
多肢選択法　224
脱落　88
ダブル・バーレル　223
多変数回帰モデル
107,117,140
ダミー変数　119,142
探索的研究　80

ち
チートシート　177
チェックリスト　205
中央値　40
調整済み　118
調整ハザード比　134
直接法　217

て
定常人口　215
データ・アーカイブ　193
データの中心　40
データのばらつき　41
データの要約　9,38
電子カルテ　194
点推定　60

と
統計解析ソフト　172
統計調査　191
統計的仮説検定　69
統計的に有意　68
統計的変数選択　145,157
特異度　233

な
内的妥当性　9,42,59

に
二次予防　230
2値変数　39

ね
年齢調整死亡率　217
年齢別死亡率　215

は
パーセンタイル　42
バイアス　11,82,236
バイアス・分散トレードオフ
119,145
バイオリンプロット　51
背景疑問　15,185
曝露オッズ比　49
箱ひげ図　44,51
ハザード　127,128,170
ハザード比　129,167
発症オッズ比　49
罰則ベース　157, 158
ばらつき　57
範囲　42

ひ
ビースウォームプロット
44,51
比較　144
比較可能性　9,38,83
ヒストグラム　44
非線形変換　139
必要イベント数　167
必要サンプルサイズ　170
必要性　17
人を対象とする生命科学・医学系研究に関する倫理指針
194
批判的吟味　190
被覆確率　64
標準化　96,165,216
標準化回帰係数　107
標準化差　11,52
標準化死亡比　217
標準誤差　63,165
標準偏差　41
比例ハザード性　129
頻度　39

ふ
フェイス項目　222
フォレストプロット　199
副次質問　222
複数選択法　226
フロー図　205
フローチャート　9
分割表　48
文献管理ソフト　189
文献検索　184
文献検討　184
文献データベース　187
文献のスクリーニング　188
文献レビュー　184
分散　41
分数多項式回帰　140
分析研究　23

へ――
平滑化　106
平均寿命　214
平均値　40
平均値の差　52
ベースラインハザード関数　134
変数減少法　157
変数選択　144,156
変数増加法　157
変動　236
変量効果モデル　201

ほ――
棒グラフ　43
報告ガイドライン　8,189,205
ボランティアバイアス　239
保留　76

ま――
前向きなケース・コントロール研究　33
マッチング　93

み――
見かけ上の相関　47,83

む――
無作為　91
無作為割付　36

め――
名義変数　39
メタアナリシス　196
メタ回帰　200
面接者バイアス　87

も――
盲検化　92
黙従傾向　224
最も不利な状況　78
モデリング　136
モデル誤特定　146
モデル選択　159
モデル特定　136
モデルにもとづく回帰標準化　147

ゆ――
有意水準　78
有意性検定　69
尤度関数　120,121
尤度比　234

よ――
陽性的中率　234
要約　172
要約統計量　38
予測　107,145
予測誤差　159
予測値　105

ら――
ランダム化　36,59,91
ランダム化比較試験　73,205,209
ランダム化臨床試験　24,36
ランダムサンプリング　58

り――
リードタイムバイアス　238
リサーチクエスチョン　15,22,29,222
離散変数　38,39
離散変数化　43
リスク因子　12
リスク差　49,114
リスク集団　32
リスク比　49,115
率　128
リッカート法　225
両側検定　78
リンク関数　119
臨床試験登録　202
臨床的疑問　6,9,15
臨床的に重要な最低限の治療効果　78
臨床的に有意　68
倫理性　17

れ――
レングスバイアス　238
連続変数　39

ろ――
ロジスティック回帰モデル　12,116,122,137
ロバスト分散　123,147
論文報告　6

わ――
歪度　154
割合　39

生物統計学の道標

研究デザインから論文報告までをより深く理解するための24講

2023年10月10日　第1版1刷発行

監　修　　坂巻顕太郎　篠崎智大

編集・発行　　一般財団法人 厚生労働統計協会

〒103-0001
東京都中央区日本橋小伝馬町4番9号
小伝馬町新日本橋ビルディング3階

電話　03-5623-4123（代表）
　　　03-5623-4124（編集部）
FAX　03-5623-4125

ホームページ
http://www.hws-kyokai.or.jp/

印刷　奥村印刷株式会社

ISBN978-4-87511-894-7